Uni-Taschenbücher 210

UTB

Eine Arbeitsgemeinschaft der Verlage

Birkhäuser Verlag Basel und Stuttgart
Wilhelm Fink Verlag München
Gustav Fischer Verlag Stuttgart
Francke Verlag München
Harper & Row New York
Paul Haupt Verlag Bern und Stuttgart
Dr. Alfred Hüthig Verlag Heidelberg
Leske Verlag + Budrich GmbH Opladen
J. C. B. Mohr (Paul Siebeck) Tübingen
C. F. Müller Juristischer Verlag – R. v. Decker's Verlag Heidelberg
Quelle & Meyer Heidelberg
Ernst Reinhardt Verlag München und Basel
K. G. Saur München · New York · London · Paris
F. K. Schattauer Verlag Stuttgart · New York
Ferdinand Schöningh Verlag Paderborn · München · Wien · Zürich
Eugen Ulmer Verlag Stuttgart
Vandenhoeck & Ruprecht in Göttingen und Zürich

Raimund Apfelbach
Jürgen Döhl

Verhaltensforschung

Eine Einführung

3., neu bearbeitete und erweiterte Auflage

71 Abbildungen und 2 Tabellen

Gustav Fischer Verlag · Stuttgart · New York

Anschriften der Autoren:

Professor Dr. Raimund Apfelbach
Lehrstuhl Zoophysiologie der Universität Tübingen
Institut für Biologie III
Auf der Morgenstelle 28, D – 7400 Tübingen

Professor Dr. Jürgen Döhl
Universität Bielefeld
Universitätsstraße, D – 4800 Bielefeld

CIP-Kurztitelaufnahme der Deutschen Bibliothek

Apfelbach, Raimund:
Verhaltensforschung : e. Einf. / Raimund Apfelbach ; Jürgen Döhl. – 3., neu bearb. u. erw. Aufl. – Stuttgart, New York : Fischer, 1980.
(Uni-Taschenbücher ; 210)
ISBN 3-437-20236-7

NE: Döhl, Jürgen:

Wollgrasweg 49 · D 7000 Stuttgart 70 (Hohenheim)

Satz: Bauer & Bökeler Filmsatz KG, Denkendorf
Druck: Offsetdruckerei Karl Grammlich, Pliezhausen
Einband: Großbuchbinderei Sigloch, Leonberg
Printed in Germany

Vorwort zur dritten Auflage

Neben zahlreichen Ergänzungen, Aktualisierungen und stilistischen Überarbeitungen des gesamten Textes seien folgende größere Änderungen genannt: Das 4. Kapitel wurde um einen Abschnitt über die zentralnervöse Kontrolle der Lauterzeugung bei Insekten erweitert. An verschiedenen Stellen haben wir – mit der nötigen Vorsicht, wie wir hoffen – weitere Befunde zur Ethologie des Menschen eingearbeitet. Die Zahl der Abbildungen wurde wesentlich erhöht. Für das Anfertigen von Zeichnungen danken wir Herrn W. Bauschert und Frl. U. Wester, Tübingen.

Tübingen, August 1980 R. Apfelbach
Bielefeld J. Döhl

Vorwort zur ersten Auflage

Mit diesem Band der UTB-Reihe wollen wir in die Verhaltensforschung als ein Teilgebiet der Biologie einführen, das mit den anderen biologischen Disziplinen in vielfältigen Wechselbeziehungen steht und nicht ausschließlich unter einem Blickwinkel, etwa dem des menschlichen Verhaltens, gesehen werden darf. Wichtig ist uns vor allem, die Denkweisen und Einstellungen, die für die biologische Verhaltensforschung charakteristisch sind, aufzuzeigen. Das soll vielfach durch Beispiele geschehen, von denen ältere oft weniger kompliziert und deshalb ‹durchsichtiger› sind als neuere. Wir haben uns bemüht, möglichst vieles so ausführlich zu schildern, daß man in etwa abschätzen kann, wie weitreichend die Aussagen sind. Eine Reihe von Zitaten – aus Doktorarbeiten und Lebenserinnerungen, aus wenigseitigen Publikationen und umfangreichen Darstellungen – soll Arbeitsweisen, Ergebnisse und Reflexionen verschiedener Autoren in ihrer Sprache zum Ausdruck bringen und zugleich ‹Appetit› auf das für tieferes theoretisches Eindringen in die Verhaltensbiologie notwendige Studium größerer Lehrbücher und der Originalliteratur machen.

Das Büchlein ist vornehmlich für Anfänger gedacht, z. B. jüngere Biologiestudenten an Universitäten und Pädagogischen Hochschulen. Wir empfehlen, es in der Reihenfolge der Kapitel durchzuarbeiten (obwohl die hier gewählte Kapitelfolge nicht die einzig mögliche ist). Begriffe lassen sich über das Register auffinden.

Verschiedene Kollegen haben uns dankenswerterweise Fotos und Abbildungen zur Verfügung gestellt. Für unermüdliche Hilfe beim Schreiben des Textes und für die Anfertigung der Zeichnungen danken wir Frl. U. Wester, Tübingen.

Tübingen, August 1976 — R. Apfelbach
Bielefeld — J. Döhl

Inhalt

1. Aufgaben und Methoden der Verhaltensforschung

1.1. Verhaltensforschung als biologische Disziplin

Eine große Anzahl biologischer Disziplinen befaßt sich mit den vielfältigen Lebenserscheinungen der Organismen. Es ist jedoch kaum möglich oder wäre wohl Aufgabe einer eigenen Disziplin, festzustellen, was eine biologische Disziplin eigentlich ist; und erst wenn das geleistet wäre, könnte man daran denken, die Zahl der biologischen Disziplinen zu erfassen. Denn letzten Endes vertritt fast jeder einzelne Wissenschaftler mindestens eine eigene, ganz spezielle Arbeitsrichtung, der er aufgrund des Forschungsobjektes, der Forschungsziele und -methoden durchaus den Charakter einer eigenen Disziplin zuerkennen könnte.

Freilich ist es nicht üblich, den Umfang des Begriffs ‹biologische Disziplin› derart einzuengen. Das erleichtert die Abgrenzung aber keineswegs, denn eine Art natürlicher Zusammenfassung der ‹persönlichen Disziplinen› einzelner Wissenschaftler zu höheren Kategorien und deren Über- und Unterordnung ist ein ähnlich mühsames Unternehmen wie die Erstellung eines botanischen oder zoologischen Systems. Außerdem kommt als weitere große Schwierigkeit hinzu, daß die Evolution der biologischen Wissenschaften erheblich schneller verläuft als die der biologischen Arten, so daß eine Systematik der biologischen Forschungsdisziplinen mit den raschen Wandlungen im Wissenschaftlerpool ebenfalls außerordentlich raschen Wandlungen unterworfen wäre.

Wenn man also schon kein natürliches System der biologischen Disziplinen aufstellen kann oder es sich wenigstens kaum lohnt, etwas Derartiges zu tun, so kann man andererseits doch nicht auf eine gewisse, wenn auch grobe und künstliche Markierung der einzelnen Forschungstätigkeiten an Lebewesen verzichten. Man unterscheidet z. B. reine und angewandte Biologie; oder Mikrobiologie, Botanik, Zoologie (incl. Anthropologie); oder allgemeine und spezielle Biologie (Botanik, Zoologie); oder Strukturforschung (z. B. als Morphologie, Anatomie, Histologie, Zytologie), Funktionsforschung (Physiologie), Erforschung der Individualentwicklung von Lebewesen (Entwicklungsgeschichte und -physiologie), Erforschung der Gesetzmäßigkeiten der Vererbung (Genetik) und der Stammesgeschichte (Phylogenetik) und anderes mehr. Die Gebiete überschneiden sich vielfach. In diesem Sinne, nicht als eine Disziplin mit scharfen Grenzen gegen andere Disziplinen, sondern als ein Gebiet ohne feste Grenzen um einen Markierungspunkt herum ist die Verhaltensforschung formal zu beschreiben. Es ist wichtig, diesen Gesichtspunkt, der sich dem Leser auch aus der weiteren Lektüre aufdrängen wird, von vornherein, vor Beginn der inhaltlichen Auseinandersetzung, hervorzuheben; denn erfahrungsgemäß sucht gerade der Anfänger oft Halt an Äußerungen ‹der› Wissenschaft und übersieht dabei, daß Äußerungen der Wissenschaft eben nur Äußerungen von Wissenschaftlern – oder Populärwissenschaftlern – sind, die durchaus ihren ganz persönlichen Horizont haben.

Mit ‹Äußerungen› sind hier allerdings nicht Ergebnisse gemeint, die nach gängiger naturwissenschaftlicher Methodik auch durch andere reproduzierbar sein müssen, sondern die Ausdeutungen: Vorschläge, Hypothesen, Theorien, die der weiteren Bearbeitung und Umformung offenstehen, vom Anfänger aber leicht als unumstößliche Gesetze angesehen werden. Das gilt auch für das Begriffs- und Theoriengebäude der Verhaltensforschung.

Nach diesen Absicherungen können wir getrost die – im Grunde banale – Feststellung treffen, daß wir unter Verhaltensforschung diejenige biologische Disziplin verstehen wollen, die sich mit der Erforschung des tierischen und menschlichen Verhaltens befaßt. Als gleichbedeutend werden in der Literatur oft die Ausdrücke Verhaltensbiologie und Ethologie verwendet (vgl. S. 7).

1.2. Verhalten

Verhalten umfaßt die an einem lebenden Tier oder Menschen von außen beobachtbaren Bewegungen und Stellungen, kurzfristigen, reversiblen Farb- und Formänderungen einzelner Körperteile, Lautäußerungen und die Abgabe von in Drüsen erzeugten und anderen Produkten.

Hierzu einige Erläuterungen. Bewegungen sind nur solche Bewegungen, die mit Hilfe von speziellen Bewegungsorganen (z. B. Muskeln) oder Bewegungsorganellen (z. B. Wimpern beim Pantoffeltierchen, Abb. 1) oder anderen, offenbar zur Erzielung der Eigenbewegung vorhandenen Mechanismen (z. B. bei Amöben) ausgeführt werden. Nicht zu den Bewegungen im hier gemeinten Sinn rechnen Veränderungen aufgrund von Entwicklungsprozessen, obwohl sie sich bei starker Zeitraffung durchaus als Bewegungsvorgang darstellen würden, wie etwa das periodische Wachstum des Geweihes beim Rehbock. Stellungen sind z. B. die Ruhe- und Schlafstellungen von Tieren. Kurzfristige, reversible Farbänderungen sind beispielsweise die auf unterschiedlicher

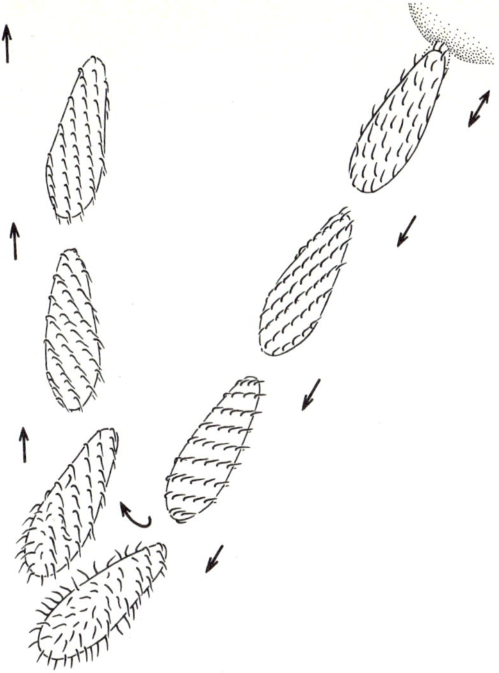

Abb. 1: Schematische Darstellung der Wimpernbewegungen des Einzellers Paramecium spec. beim Ausweichen vor einem Hindernis (nach Machemer 1977).

Ausdehnung von Pigmentzellen beruhenden, in Sekundenschnelle ablaufenden Farbspiele in der Haut des Tintenfisches Sepia (Abb. 2), das Erröten eines menschlichen Gesichts oder die sich oft über Stunden erstreckende Anpassung der Haut eines Plattfisches an die Struktur des Untergrundes. Nicht zu derartigen Farbänderungen gehören durch die Mauser geänderte Federkleider bei Vögeln, also etwa die Mauser zum Prachtkleid der Stockerpel. Eine kurzfristige reversible Formänderung ist das Vorstülpen der Schallblasen beim quakenden Wasserfroschmännchen oder die Peniserektion der Säugermännchen. Bei Lautäußerungen muß man zwischen den ‹eigentlich gemeinten› Lauten und zufälligen Nebenprodukten unterscheiden, also dem Krähen des Hahnes oder dem Trommeln des Spechtes einerseits und dem Hufschlag eines Pferdes auf einer Asphaltstraße andererseits. Eine von außen beobacht-

Abb. 2: Balzendes Tintenfischmännchen (Sepia officinalis) im Prachtkleid (nach Tinbergen 1972).

bare Drüsentätigkeit ist etwa das Schwitzen; abgegebene Produkte sind beispielsweise Geschlechtsprodukte, Eier oder Jungtiere, Harn und Kot.

Es kann eingewendet werden, daß auch Pflanzen nicht nur passiv, z. B. vom Wind, bewegt werden, sondern beispielsweise in Form von Wachstumsbewegungen oder durch Änderung des Turgordruckes (etwa beim Zusammenklappen der Blätter von Mimosen nach Berührung) auffällige Eigenbewegungen durchführen, die eine Verhaltensforschung an ihnen rechtfertigen würden. Wenn man in einem Buch über Verhaltensforschung trotzdem nur tierisches und menschliches Verhalten behandelt, so deshalb, weil die höheren Tiere von den höheren Pflanzen durch ihre strukturelle und funktionelle Organisation so deutlich unterschieden sind, daß eine separate Behandlung möglich und erlaubt erscheint. Im Bereich der Einzeller ist eine solche Trennung allerdings nur willkürlich möglich.

1.3. Typische Fragestellungen, Aufgaben und Kategorien der Verhaltensforschung

Den Zugang zur aktiven Verhaltensforschung kann man auf verschiedene Weise finden. Vielleicht schließt sich ein älterer Student einer Forschergruppe an und kommt so zu ‹seinen› Fragestellungen und Tierarten. Oder man macht einfach eine interessante Beobachtung an einem Tier, der man auf den Grund gehen will, und findet so ‹seine› Tierart oder Tiergruppe. Bestimmte allgemeine Neigungen mögen bei der Wahl der Tiere ausschlaggebend sein, wie es Tinbergen für die von ihm bevorzugten Meeresvögel schreibt (1967, S. 137): «Wer vom Leben der Vögel etwas erfahren und ihr Verhalten verstehen möchte, kann sich jede Art auswählen. ... Doch mancher fühlt sich zu dieser oder jener Gruppe besonders hingezogen. Auch spielen der Zufall, günstige Arbeitsgelegenheit und vieles andere bei der Wahl eine Rolle. Mir haben es die Meeresvögel angetan, hauptsächlich, wie ich glaube, weil mich der Zauber der Küstenlandschaft schon in meiner Bubenzeit gefangennahm. Außerdem sind sie ziemlich groß, bewohnen offenes Gelände, wo man sie gut beobachten kann, und leben gesellig. Singvögel freuen mich weniger; ich mag mir nicht ständig das Genick verdrehen, um sie im Gezweig nicht aus dem Auge zu verlieren, und dann doch das Entscheidende verpassen, weil es sich gerade hinter einem dicken Ast abspielt.»

Wenn man sich erst einmal für das Verhalten einer Tierart interessiert, so läßt sich dieses Interesse – wie überall in der Biologie – mit einer Reihe von typischen Fragestellungen näher eingrenzen. Grundlegend ist zunächst die Frage, was für ein Verhalten die betreffende Tierart überhaupt zeigt. Um diese Frage zu beantworten, muß man das gesamte Verhalten beobachten, beschreiben und katalogisieren, man muß also ein Ethogramm aufstellen. Das wird im Abschnitt 1.4. näher beschrieben.

Als eine weitere Frage stellt sich die nach dem Zweck, der Leistung eines bestimmten Verhaltens. Wozu ist eine Verhaltensweise ‹gut›, was nützt z. B. einem Singvogelmännchen sein Gesang im Frühjahr? Es wird hiermit also nach dem Anpassungswert des Verhaltens gefragt. Unter *Anpassungen* versteht man die spezifische Ausprägung von Merkmalen und Eigenschaften eines Lebewesens als Ergebnis der Wechselwirkung zwischen Organismus und Umwelt; die Frage nach dem Anpassungswert ist also eine Frage nach der *ökologischen Bedeutung* des Verhaltens (Kap. 7). Zunächst bei der Untersuchung struktureller Eigentümlichkeiten, später auch bei der von Verhaltensmerkmalen wurde nachgewiesen, daß Anpassungen von Organismen an ihre Umwelt vielfach genetisch bedingt sind, daß sie also eine möglicherweise viele Millionen Jahre währende Stammesgeschichte haben. So enthält die Frage nach dem Anpassungswert gleichzeitig auch die Frage nach der historischen Entwicklung des betrachteten Verhaltens, also nach seiner Phylogenese und damit auch nach den Vererbungsgesetzen, denen es möglicherweise unterliegt (*Verhaltensgenetik, Verhaltensphylogenese*, Kap. 9).

Man mag – wie es tatsächlich teilweise geschieht – leugnen wollen, daß sehr viele Verhaltensweisen eine Stammesgeschichte haben; offenkundig ist jedoch, daß das Verhalten eines Tieres oder Menschen eine individuelle Entwicklung nimmt. Wie sich das Verhalten im Verlauf der Individualentwicklung, der Ontogenese, ausprägt, wann z. B. ein Buchfink zu singen beginnt oder wie das Sexualverhalten von Erfahrungen in der Jugend beeinflußt werden kann, ist Untersuchungsziel der *Entwicklungsgeschichte des Verhaltens* (Kap. 5).

Die Frage, warum ein Verhalten auf eine bestimmte Weise abläuft, welche Ursachen es hat, wie es beispielsweise dem Kanarienvogelweibchen möglich ist, sein Nest zu bauen, führt in die Physiologie. Außen- und Innenfaktoren können hierbei zusammenarbeiten, indem z. B. die Wahrnehmung eines Männchens den Hormonhaushalt des Weibchens beeinflussen mag. Dabei müssen Sinnesorgane, Nervensystem, Hormondrüsen, Muskulatur u. a. in bestimmter, hochkomplizierter Weise zusammenwirken. Die teilweise äußerst schwierigen Untersuchungen zu derartigen Fragestellungen wenigstens modellhaft durchzuführen, ist Aufgabe der *Verhaltensphysiologie* (Kap. 4).

Das Verhalten eines Tieres in einer bestimmten Situation wird möglicherweise durch seine früheren Begegnungen mit ähnlichen oder gleichen Situationen festgelegt. Inwieweit frühere Erfahrungen das Verhalten modifizieren können, wie also das Lernvermögen eines Tieres beschaffen ist, welche Lernprozesse in ihm ablaufen können, untersucht die *Lernpsychologie* und *-physiologie* (Kap. 6).

Tiere leben oft in Gemeinschaften zusammen. Die Untersuchung der verschiedenen Formen des Zusammenlebens und der ihnen zugrundeliegenden Mechanismen ist Gegenstand der *Tiersoziologie* (Kap. 8). Allerdings ist dieser Ausdruck etwas in Mißkredit geraten, da viele Biologen durch ideologisch oft einseitig fixierte Humansoziologien verschreckt werden.

Diese Fragen werden gestellt, ohne daß man primär an eine Verwendung etwaiger Ergebnisse für den Menschen denken muß. Natürlich können sich Ergebnisse einstellen, die zu einem Vergleich mit dem Menschen ohne weiteres herausfordern. Allerdings muß man, um mit dem Menschen vergleichen zu können, auch Ergebnisse vom Menschen haben; ein bloßes unreflektiertes Übertragen von Untersuchungsbefunden an Tierarten auf den Menschen (oder auch auf andere Tierarten) ist wissenschaftlich nicht legitim. Bei der Untersuchung menschlichen Verhaltens entwickelt sich, zunehmend selbständiger werdend, ein besonderer Zweig der Ethologie, die *Humanethologie*. Im Grunde steht sie gleichwertig neben anderen ‹speziellen› Ethologien, wie etwa der Ethologie des Hausrindes, des Feldhasen oder der Stubenfliege. Da sie sich aber mit einem Gegenstand befaßt, der auch Forschungsobjekt anderer Humanwissenschaften ist – z. B. Humanpsychologie, Humansoziologien, Anthropologie –, ist verständlich, daß es manche Auseinandersetzungen zwischen ihr und diesen gibt.

Manche Forscher suchen gezielt nach Ergebnissen, die für den Menschen praktisch verwendbar sind. Beispielsweise fragt man danach, was für Verhaltensstörungen bei Tieren vorkommen und wie man sie beheben kann; oder man fragt, wie der Mensch bestimmte Verhaltensweisen, insbesondere von Nutz- oder Schadtieren, ausnützen kann. Verständlicherweise überschneidet sich solche *angewandte Verhaltensforschung* teilweise mit den oben erwähnten Sparten.

Damit haben wir eine weitere Unterteilungsmöglichkeit der Verhaltensforschung in einzelne Kategorien angeschnitten, die sich den eben genannten Sparten überlagern und Ergebnisse aus diesen zusammenfassen, allerdings unter Konzentrierung auf bestimmte Gesichtspunkte. Eine weitere derartige Kategorie ist die *vergleichende Verhaltensforschung*, die oft auch in Einschränkung der oben (vgl. S. 2) genannten Begriffsbestimmung als *Ethologie* bezeichnet wird. Vergleichende Untersuchungen zielen zumeist auf die Aufhellung der Stammesgeschichte.

Die ältere *Tierpsychologie* macht schon durch ihren Namen deutlich, daß viele verhaltensbiologische Untersuchungen an Tieren ihren Anstoß der Humanpsychologie verdanken. Dabei müssen freilich die Untersuchungsmethoden so umgeformt werden, daß man allein aus dem beobachtbaren Verhalten der Tiere Schlüsse ziehen kann. Der Bezeichnung Tierpsychologie haftet der Nachteil an, daß sie den Eindruck erweckt, als könne man über die Art von psychischen Vorgängen bei Tieren etwas aussagen, also etwa darüber, welche Empfindungen ein Hund beim Riechen oder Hören hat. Darüber weiß man jedoch nichts. Allerdings dürfte es kaum zu bestreiten sein, daß psychische Vorgänge zumindest bei höheren Tieren vorkommen. Bei ihnen «ist es also gerechtfertigt, psychologische Termini zu verwenden. Es liegt jedenfalls zumeist keine Notwendigkeit vor, bei ihnen statt vom ‹Sehen› nur von der Reaktion auf elektromagnetische Wellen bestimmter Wellenbereiche, statt vom ‹Hören› von der Reaktion auf bestimmte Schallwellen zu sprechen. ‹Lernen› und ‹Gedächtnis› wären noch umständlicher zu umschreiben, zumal wir bislang noch nicht angeben können, welche Prozesse dabei ablaufen» (Rensch 1973, S. 13).

Weitere, insbesondere durch amerikanisches Schrifttum verbreitete Bezeichnungen sind *Physiologische Psychologie* (physiological psychology) und *Vergleichende Psychologie* (comparative psychology). Die Namen lassen erkennen, daß man insbesondere durch nerven- und sinnesphysiologische oder durch vergleichende Untersuchungen an Tieren und Menschen psychische Vorgänge bei letzterem aufzuhellen sucht. Vom *Behaviorismus* (amerikanisch behaviorism, englisch mit ou behaviourism) (Watson 1913) hat sich in vielen verhaltensbiologischen Forschungsstätten die Forderung erhalten, tierisches Verhalten unter strikter Meidung von Ansichten über psychische Vorgänge im Tier darzustellen. Ein wesentlicher Fehler des Behaviorismus war, daß viele seiner Vertreter nicht sahen oder sehen, daß Verhaltensweisen nicht nur auf Lernprozessen basieren, sondern in Form von *Aktionsprogrammen* vererbt werden können. Allerdings hat die Kritik von Behavioristen auch manche «Klarstellungen in der Begriffsbildung der Ethologen erzwungen» (Eibl-Eibesfeldt 1978, S. 55).

1.4. Methoden der Verhaltensforschung

Tierisches Verhalten wird unter ökologischen, phylogenetischen, genetischen, entwicklungsgeschichtlich-ontogenetischen, physiologischen, psychologischen und angewandt-biologischen Fragestellungen untersucht. Je nach Fragestellung werden dazu Freiland- und/oder Gefangenschaftsuntersuchungen vorgenommen; eine Vielzahl von Methoden kommt dabei zur Anwendung. Eine Reihe von Forschern hat es darüber hinaus verstanden, Freilandbeobachtungen an Tieren zu machen, die aufgrund von Lernprozessen mit Menschen vertraut waren und sie deshalb in ihrer Nähe duldeten (z. B. Lorenz und verschiedene seiner Schüler mit Graugänsen; Schaller mit Gorillas).

Gezielte Fragen wird man erst dann angehen können, wenn das Gesamtverhalten der betrachteten Tierart dem Beobachter wenigstens im Groben bekannt ist. Sollte eine Art aber noch nicht untersucht worden sein – und es gibt selbst unter den heimischen Säugetieren und Vögeln und erst recht den niedriger stehenden Arten viele, die noch weitgehend unbekannt sind –, sollte ihr Verhalten also noch nicht bekannt sein, so muß man es zunächst im *Ethogramm* zu erfassen suchen. Ein Ethogramm ist ein möglichst umfassender und differenzierter Katalog aller Verhaltensweisen einer Tierart (vgl. Abb. 1,3). Zu seiner Gewinnung muß das Verhalten beobachtet und protokolliert werden. Hierzu schreibt Leyhausen in seinen Verhaltensstudien an Katzen (1979, S. 10): «Zur Methodik des Protokollierens sei noch folgendes vermerkt: Soweit es sich nicht um gezielt angesetzte Versuche mit eng umgrenzter Fragestellung handelt, ist der Protokollierende strengstens gehalten, nur den Ablauf des tatsächlichen Gesehenen ohne Abkürzung, Kategorisierung, Vergleich und dergleichen so zu beschreiben, als sähe er den Vorgang zum ersten Male. Fragestellung und alles Weitere ergeben sich ausschließlich aus der späteren Auswertung der Protokolle. Nur so läßt sich einigermaßen vermeiden, daß die Fragestellung und die bereits vorhandenen Kenntnisse zu weitgehend bestimmen, was wie protokolliert wird. Während die Beobachtung und erst recht das Experiment, welche auf *quantitative* Analyse abzielen, in den meisten Fällen von vornherein

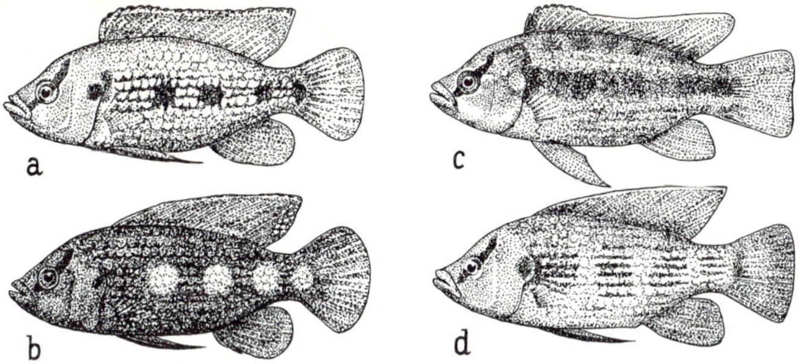

Abb. 3: Ausschnitt aus einem Ethogramm: Unterschiedliches Erscheinungsbild eines Buntbarschmännchens (Hemichromis fasciatus) in verschiedenen Verhaltenssituationen. a) Revierbesitzer, b) intensive Kampffärbung, c) fliehender Fisch, d) ablaichender Fisch (nach Wickler 1965).

so angelegt sein können, ja müssen, daß die Eigenart der anzuwendenden quantitativen, insbesondere statistischen Methoden dabei schon berücksichtigt ist, kann die *qualitative* Analyse, welche der quantitativen unweigerlich voraufzugehen hat, nur auf die geschilderte Weise wirklich erfolgreich sein.» Ein solches Vorgehen ist allerdings sehr schwierig, da es eine außerordentlich große Selbstbeherrschung vom Beobachter verlangt.

Die Beobachtung und Protokollierung sollten nach Möglichkeit durch Film-, Foto- und Tonbandaufzeichnungen untermauert werden. Das Tonband ist nicht nur zur Konservierung tierischer Laute, sondern auch zum Protokollieren wichtig, weil man die Beobachtungen auf Band diktieren kann und die Augen nicht wie beim Schreiben vom Tier abwenden muß. Filmaufnahmen gewährleisten eine einigermaßen sichere und vorurteilsfreie Konservierung von Verhaltensweisen. Das ist auch für vergleichende Untersuchungen notwendig. Insbesondere kann man daran kontrollieren, ob man aus dem kontinuierlichen Verhaltensstrom sinnvolle Einheiten herausgegriffen hat. Denn die im Ethogramm beschriebenen Verhaltensweisen müssen, um wiedererkennbar und mitteilbar zu sein, nicht zu kleine und nicht zu große Ausschnitte des Gesamtverhaltens darstellen. Eine solche Verhaltensweise ist z. B. das jedermann bekannte, oft in der Abenddämmerung zu hörende ‹Tixen› unserer Amseln, wenn diese ihre Schlafplätze beziehen; oder die Drohhaltung an der Reviergrenze, bei der sich zwei Amselmännchen mit gefächertem Schwanz und aufgerissenem Schnabel auf dem Boden gegenübersitzen.

Man sollte sich vor der Annahme hüten, daß es immer leicht sei, Verhalten genau zu beobachten. Zwar lassen die bisher genannten Methoden und Geräte die Verhaltensregistrierung im Prinzip einfach erscheinen; daß aber auch geübte Tierbeobachter nicht immer gleich alles sehen, soll ein Zitat belegen. Bei der Balz des Stockerpels kommt eine Verhaltensweise vor, die als ‹Grunzpfiff› bezeichnet wird. Dabei wird unter anderem mit dem Schnabel ein «Schauer von Tröpfchen in hohem Bogen» emporgeworfen. «Dieser Umstand wurde von keinem bisherigen Beschreiber der Erpelbalz beobachtet, von uns selbst erst, als uns auffiel, daß der ‹Schichtfehler vieler schwarzer Pünktchen› hartnäckig gerade auf Aufnahmen des Grunzpfiffs wiederkam» (Lorenz 1965, Bd. 2, S. 34). Wer das Beobachten von Verhalten und die Untergliederung in einzelne Verhaltensweisen üben will, betrachte ohne Ton laufende, zu Unterrichtszwecken gedrehte Verhaltensfilme und bemühe sich um eine Untergliederung und vielleicht auch Deutung des Verhaltens, bevor er den Ton anstellt oder das Filmbeiheft liest, um sich zu überprüfen.

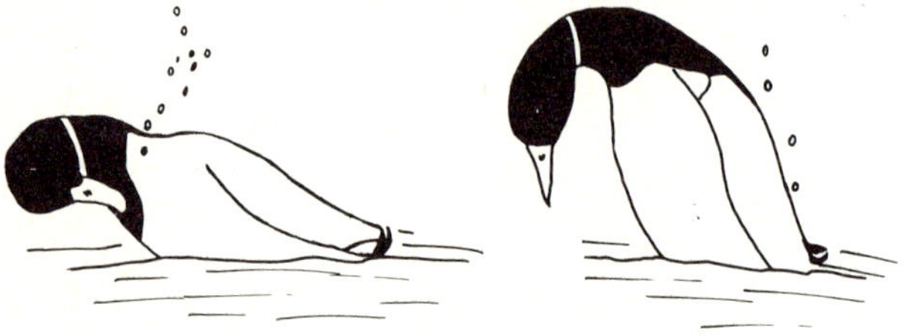

Abb. 4: Zwei Bewegungsphasen des Grunzpfiffs beim Stockerpel (Anas platyrhynchos), wobei Wassertropfen hochgeschleudert werden (nach Lorenz 1965).

Weitere typische Methoden der Verhaltensforschung wie Attrappenversuche, Kaspar-Hauser-Aufzucht oder das – der Morphologie entlehnte – Vergleichen werden in den entsprechenden Kapiteln behandelt.

Schließlich sei noch darauf hingewiesen, daß für quantitative Erhebungen Grundkenntnisse in mathematischer Statistik notwendig sind. Ferner muß man eigene Befunde darstellen und Fachliteratur lesen können, wozu mindestens Englischkenntnisse erforderlich sind.

1.5. Erarbeitung verhaltensbiologischer Literatur

Die Beschäftigung mit verhaltensbiologischen Fragestellungen kann, wie oben angedeutet, verschiedene Gründe haben. Während des Studiums wird der Anstoß dazu vielleicht von außen kommen, indem etwa die Aufgabe gestellt wird, Literatur für ein Referat oder eine Examensarbeit auszuwerten. Schwierigkeiten ergeben sich dann erfahrungsgemäß beim Heraussuchen und Beschaffen der Literatur oder, falls eine größere, gut ausgestattete Bibliothek erreichbar ist, mit der Bewältigung der Arbeiten.

Die tiefere Einarbeitung in ein Thema wird zunächst mit Hilfe der im Literaturverzeichnis genannten umfangreicheren Lehrbücher der Verhaltensforschung erfolgen, z. B. denen von Eibl-Eibesfeldt (1978), Hinde (1973), Marler und Hamilton (1972), Alcock (1975) oder Wilson (1975). Freilich sind Lehrbücher, zumal Übersetzungen von zunächst in einer fremden Sprache mehrere Jahre erfolgreich verkauften Büchern, keineswegs immer auf dem neuesten Stand der Forschung. Hat man den Einstieg so aber erst einmal gefunden und die Schwerpunkte und Stichwörter des Themas erfaßt, wird man das notwendige Studium von Originalarbeiten durchführen können. Entweder hat man direkt Zugang zu den großen Zeitschriften der Verhaltensforschung und Physiologie, oder man muß zutreffende Titel aus Referierorganen zu entnehmen suchen. Als solche bieten sich z. B. die ‹Berichte Biochemie und Biologie› an.

Wichtige Zeitschriften sind in Kap. 10.2. genannt. Liegt eine große Menge von Originalarbeiten aus Zeitschriften vor, von denen man nicht genau weiß, ob sie wirklich alle für das fragliche Thema etwas abwerfen, so wird man sie zunächst einmal flüchtig durchsehen. In der Regel sind sie nach folgendem Schema aufgebaut: Überschrift und Autor(en), ggf. Institution, an der die Arbeit gemacht wurde; Einleitung (oder Fragestellung, engl. introduction, oft aber auch gar nicht näher bezeichnet); Material und Methode (engl. material and methods, wobei die Versuchstiere als subjects, das Versuchsverfahren oft als procedure bezeichnet werden); Ergebnisse (engl. results); Erörterung (oder Diskussion, engl. discussion); Zusammenfassung (meist original- und fremdsprachig, engl. summary, ggf. ist ein ganz kurzes abstract vorhanden, oft vor der Einleitung); vielleicht auch Danksagung (engl. acknowledgement); Verzeichnis der angeführten Literatur (engl. literature); oft auch die genaue Postanschrift des (ersten) Verfassers (so daß man einen Sonderdruck des Artikels erbitten kann). Beim Überfliegen einer Arbeit wird man – nach dem genauen Studium der Überschrift – die Zusammenfassung lesen und dann zum genaueren Erfassen der Fragestellung die Einleitung. Meist hat man dann herausgefunden, ob man sich für die Arbeit weiter interessiert. Beim Studium englisch- oder französischsprachiger Arbeiten ist als Übersetzungshilfe Heymers (1977) Ethologisches Wörterbuch nützlich.

Für die Erarbeitung biologischer Literatur sei auch auf das Buch von Ewald (1973) hingewiesen.

2. Verhalten als Antwort auf äußere Reize

2.1. Reize

Gemäß unseren Erfahrungen sprechen wir jedem Organismus Individualität zu, d. h. wir sind überzeugt, daß wir jeden Organismus von einer zu ihm gehörenden Umwelt zumindest morphologisch abtrennen können. Daraus folgt notwendigerweise, daß die Umwelt des Organismus auf irgendeine Art auf ihn einwirken muß. Derartige Einwirkungen können so beschaffen sein, daß wir keinerlei Reaktion des betroffenen Organismus feststellen können; der Organismus verhält sich, als ob es diese Einwirkung nicht gäbe. Normalerweise werden wir von vielerlei elektromagnetischen Wellen getroffen; wenn wir aber nicht unser Radio- oder Fernsehgerät anschalten, merken wir von solchen Wellen nichts. Nach unserem bisherigen Wissen besitzen wir eben selbst keine Empfangseinrichtung für diese aus unserer Umwelt stammenden Einwirkungen. Daß solche nicht sofort spezifisch bemerkbaren Umweltgegebenheiten dennoch von großem Einfluß sein können, zeigen etwa die Erkrankungen, die sich viele Personen in der Frühzeit der Röntgenstrahlenforschung zuzogen, weil sie, ohne Kenntnis von der Gefährlichkeit dieser Strahlen, unbesorgt und ohne Schutzvorkehrungen mit ihnen arbeiteten. Durchaus nicht selten sind tödliche Vergiftungen durch die geruchlosen Gase CO oder CO_2, vor deren zu hoher Konzentration in der Atemluft uns unser Körper nicht rechtzeitig genug zu warnen imstande ist.

Für bestimmte Zustände oder Zustandsänderungen in unserer Umwelt haben wir jedoch Registriervorrichtungen in Form von Sinnesorganen oder wenigstens einzelnen Sinneszellen. Sinneszellen zeigen im Grunde nur eine bedeutsame Eigenschaft aller lebenden Zellen besonders stark ausgeprägt, die Eigenschaft nämlich, bestimmte Gegebenheiten ihrer Umwelt mit elektrischen Erscheinungen zu beantworten. In einer Sinneszelle ist diese Eigenschaft so weit gesteigert, daß elektrische Erregungsmuster entstehen und zu Erregungen auch in den mit den Sinneszellen verbundenen Nervenzellen führen können. Ist auf diese Weise erst einmal die Aktivität des Nervensystems beeinflußt worden, kann es zu bemerkbaren Verhaltensänderungen des Organismus kommen. Aber solche Verhaltensänderungen brauchen nicht unbedingt einzutreten. Wir können diese Zeilen lesen und dabei durchaus wahrnehmen, daß draußen eine Amsel anfängt zu singen. Trotzdem lesen wir wie vorher weiter, so daß ein Beobachter an unserem Verhalten keine Änderung feststellt und demzufolge unschlüssig ist, ob wir die Amsel hören oder nicht. Ganz anders, wenn plötzlich das Telefon klingelt und wir die Lektüre unterbrechen, um zu telefonieren; jetzt sind sehr deutliche Verhaltensänderungen erkennbar.

Bisher haben wir der Anschaulichkeit halber uns selbst als Beispiel genommen. Wir wissen aber von Tieren, daß auch sie auf manche Ereignisse oder Zustände ihrer Umwelt mit bestimmten Verhaltensweisen reagieren. Wir nennen solche meßbaren physikalischen oder chemischen Zustände oder Zustandsänderungen in der Umwelt eines Tieres oder Menschen, die zur Erhaltung oder Änderung von Verhaltensweisen des Tieres oder Menschen führen, *reaktionsauslösende Reize.* Derartige reaktionsauslösende Reize bei Tieren können wir uns leicht – auch ohne Haustierbesitzer zu sein – veranschaulichen, indem wir etwa auf die Amseln oder Spatzen auf der Straße zugehen und sie dadurch verscheuchen. Hierbei dürfte in der Hauptsache der Gesichtssinn der Vögel beteiligt sein, wenn auch nicht auszuschließen ist, daß wir durch das Geräusch unserer Schritte zur Reaktion beitragen. (Will man das genauer wissen, so muß man die Umstände dieses einfachen ‹Versuches› besser kontrollieren, z. B. dadurch, daß man vor den Vögeln plötzlich, aber geräuschlos einen Gegenstand auftauchen läßt; das genaue Vorgehen richtet sich im übrigen natürlich nach der Fragestellung).

Der Nachweis reaktionsauslösender Reize bei Tieren läßt sich also oft mühelos führen. Schwieriger wird es, wenn wir, wie oben beim Lektürebeispiel des Menschen, herausbekommen wollen, ob Tiere auch Ereignisse in ihrer Umwelt wahrnehmen, ohne sie mit Verhaltensreaktionen zu beantworten. Ist das der Fall, so müssen wir unseren Reizbegriff erweitern. Wir sprechen dann von *wahrnehmbaren Reizen*. Um die Existenz von ‹bloß› wahrnehmbaren, aber noch nicht reaktionsauslösenden Reizen zu beweisen, bedient man sich vorteilhafterweise der *Dressurmethode*. Auf diese Weise klärte z. B. Karl von Frisch Anfang der zwanziger Jahre mit seinen Schülern, ob Fische mit ihrem inneren Ohr – das ähnlich wie bei uns, nur einfacher, gebaut ist – hören können oder nicht. Seine ersten Versuche dazu machte er mit einem Zwergwels. Er schreibt in seinen Lebenserinnerungen: «Wenn der Wels lernen mußte, auf den Ton zu achten, dann sollte er am besten gar nicht sehen, was um ihn her vorging. Ein Zwergwels hat winzige Augen, die ihm nicht viel bedeuten und die sich leicht und ohne Beeinträchtigung seiner Lebensführung entfernen lassen. Das geschah. Nun war er also blind.» Der Wels bezog eine Wohnröhre «und pflegte darin stundenlang still zu liegen. Mehrmals am Tag pfiff ich ihm mit dem Munde einige Töne vor und bot gleich darauf seinem breiten Maul, das am einen Ende des Rohres sichtbar war, ein Bröckchen Fleisch an einem Futterstab. Es wurde gierig aufgeschnappt. Am sechsten Tag meiner Erziehungsversuche erlebte ich die Freude, daß der Wels sofort auf meinen Pfiff einen Ruck nach vorne machte und dann suchend herausschwamm, noch bevor ich den Futterstab ins Wasser getaucht hatte. Von da an ist er in 30 weiteren Versuchen ausnahmslos, und selbst auf den leisesten Pfiff herausgeschwommen» (v. Frisch 1957, S. 72). Daß ein bestimmter Reiz wahrgenommen wird, wird bei der Dressur also dadurch bewiesen, daß er zu einem reaktionsauslösenden Reiz gemacht wird. Natürlich waren noch weitere Untersuchungen nötig, um zu zeigen, daß die Schallreaktionen der Fische wirklich durch ihr Ohrlabyrinth vermittelt werden.

Nicht immer aber mag es möglich scheinen, durch Dressur nachzuweisen, daß ein Umweltereignis vom Organismus als Reiz wahrgenommen wird. Dann können elektrophysiologische Methoden zur Klärung beitragen (s. Kap. 4). Diese Verfahren haben sich bislang als die umfassendsten und verläßlichsten erwiesen, wenn man feststellen will, ob Umweltereignisse auf einen Organismus, besser, auf bestimmte Sinneszellen eines Organismus als Reize wirken. Unter einem *Reiz* versteht man dann einen meßbaren physikalischen oder chemischen Zustand oder eine Zustandsänderung in der Umgebung eines Organismus, wodurch der – elektrophysiologisch meßbare – Erregungszustand von Zellen, z. B. Sinneszellen, bestimmt oder verändert wird.

Auf diese Weise haben wir einen wichtigen Begriff der Verhaltensforschung, den des Reizes, mit Hilfe der speziellen biologischen Disziplinen Nerven- und Sinnesphysiologie näher präzisiert. Es zeigt sich hier die enge Verschränkung der Ethologie mit anderen biologischen Forschungsrichtungen.

Wir können jetzt den Begriff ‹wahrnehmbarer Reiz› mit ‹Reiz› schlechthin gleichsetzen. Ein Umweltereignis ist entweder als Reiz wahrnehmbar oder nicht, und im letzteren Falle ist es eben kein Reiz. Ein Reiz löst nicht notwendigerweise eine Reaktion aus; aber ein reaktionsauslösender Reiz ist auf jeden Fall ein wahrnehmbarer Reiz. Das wird selbst dann angenommen, wenn im Einzelfall möglicherweise nicht mit sinnesphysiologischen Methoden nachgewiesen wurde, daß ein reaktionsauslösender Reiz zu Änderungen des Erregungszustandes von Sinneszellen führte. So haben wir uns gar nicht die Mühe gemacht, nachzulesen, ob z. B. jemand die Auswirkungen visueller Scheuch-Reize auf den elektrophysiologischen Zustand des Amselauges geprüft hat; aufgrund der allgemeinen Ergebnisse der Reiz- und Sinnesphysiologie sind wir überzeugt, daß wir ihre Befunde auf das Amselauge übertragen dürfen und daß wir demnach tatsächlich, wenn wir eine Amsel verscheuchen, auch im oben besprochenen Sinne einen Reiz setzen.

Nach den verschiedenen Energieformen, auf die Organismen reagieren, kann man optische, mechanische (einschließlich akustische), chemische, thermische, elektrische und sogar auch magnetische Reize unterscheiden. Allerdings reagiert nicht jeder Organismus auf alle Reizformen. Auch bereitet die Reaktion von Tieren, etwa Bienen oder ziehenden Singvögeln, auf magnetische Feldlinien dem Verständnis große Schwierigkeiten, weil noch kein Sinnesorgan für deren Einwirkungen gefunden wurde. Deshalb dürfte man eigentlich hierbei nicht von Reizen sprechen oder müßte eben doch konstatieren, daß nicht jeder reaktionsauslösende Reiz auch ein (elektrophysiologisch nachweisbarer) wahrnehmbarer Reiz ist; oder – und das ist augenblicklich wohl noch das beste – man muß darauf warten, daß diese Phänomene schließlich geklärt werden, wobei es durchaus zu einer Modifikation des Reizbegriffes kommen könnte.

Nicht nur der bislang fehlende Nachweis, daß der Mensch Röntgenstrahlen direkt registrieren kann, zeigt, daß er durch seine Sinnesorgane offenbar nur einen relativ beschränkten Ausschnitt seiner Umwelt wahrnimmt. Auch bei den Sinnen, über die er verfügt, wird er von manchen Tierarten übertroffen. Bienen sehen noch im Ultraviolettbereich,

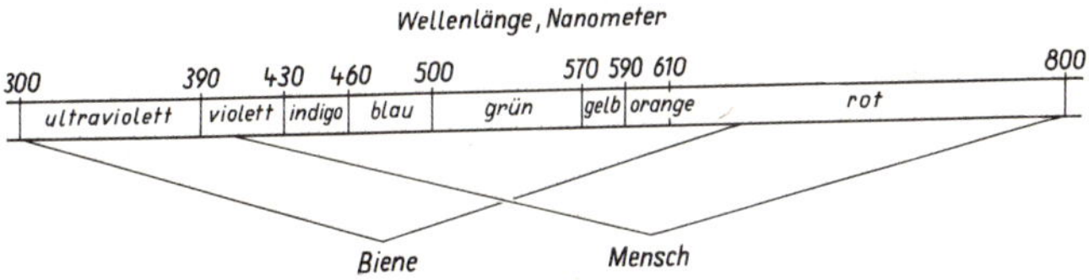

Abb. 5: Schematische Darstellung des für den Menschen und des für die Honigbiene sichtbaren Anteils der elektromagnetischen Strahlung.

Fledermäuse hören Ultraschalltöne von mehr als 100 000 Hz (Hertz = Schwingungen pro Sekunde), Aale reagieren bereits auf außerordentlich geringe Duftstoffkonzentrationen – Bereiche, die dem Menschen verschlossen sind. Beim Vergleich einzelner Menschen untereinander kann man ebenfalls Unterschiede feststellen, z.B. daß ein junger Mensch hohe Töne wie etwa das Zirpen von Heuschrecken hört, ein alter aber nicht, oder daß gar jemand rot und grün verwechselt oder bestimmte Stoffe nicht schmeckt. Bekannt ist auch, daß gelegentlich Sinnesorgane desselben Menschen, wie rechtes und linkes Auge, unterschiedlich leistungsfähig sind. Wir können also zwar den Menschen als Vergleichsmaßstab für sinnesphysiologische Leistungen nehmen, aber nur in Form eines ‹Idealmenschen›. Bei solchen Vergleichen müssen wir zudem beachten, daß wir gar nicht allein die Sinnesorgane untersuchen, sondern daß wir durch die Reize hervorgerufene Empfindungen, also psychische, zu Bewußtsein kommende Erscheinungen heranziehen. Wie solche Empfindungen aber bei Tieren beschaffen sein mögen, können wir schon in den uns zugänglichen Sinnesbereichen nicht sagen (s. S. 7), viel weniger in den uns unzugänglichen Bereichen oder bei ganz anderen Sinnen.

Zur Abrundung des Reizbegriffes sollen kurz einige weitere Eigenschaften von Reizen erwähnt werden.

Die vom Sinnesorgan aufgenommene Reizenergie ist in der Regel erheblich geringer als die Energie, die der Organismus für die durch den Reiz hervorgerufene Erregung bereitstellen muß; man rechnet vielfach mit einer mindestens millionenfachen Verstärkungswirkung. Es wird allerdings gar nicht immer Reizenergie zugeführt, sondern im Falle der Kälterezeptoren – beim Menschen wahrscheinlich freien Nervenendigungen – Energie entzogen, wobei wie sonst eine Erregung entsteht. Gerade das zeigt deutlich, daß die Reize nicht Energie liefern, sondern nur erregungsauslösende Funktion haben.

Weiterhin muß man zwischen adäquaten und inadäquaten Reizen unterscheiden. *Adäquate Reize* sind solche, für die, wenig prägnant ausgedrückt, ein Sinnesorgan gebaut ist. Genauer, in energetischer Betrachtungsweise: Wenn wir ein Sinnesorgan mit gleichen Energiebeträgen verschiedener Reizformen (optisch, mechanisch, usw.) reizen, so ist derjenige Reiz der adäquate Reiz, der die größte Erregungsänderung im Sinnesorgan hervorruft. *Inadäquate Reize* wirken also erst bei höherem Energiegehalt, als es adäquate tun. Während z.B. elektromagnetische Schwingungen im Bereich zwischen 400 und 760 nm (nanometer, $1 nm = 10^{-6}$ mm) als sichtbares Licht adäquate Reize für unser Auge darstellen, ist ein Schlag aufs Auge, der uns ‹Sterne sehen› läßt, ein inadäquater (und sehr energiereicher) Reiz.

Damit ein adäquater Reiz zu einer Reaktion führen kann, muß er einen Mindestenergiegehalt besitzen. Man spricht von der *Reiz-* oder *Energieschwelle*, die überschritten sein muß und demgemäß von *über-*

schwelligen und *unterschwelligen Reizen*. Eine solche Reizschwelle ist deshalb wichtig, damit nicht zufällige Ereignisse im molekularen Bereich, etwa der wärmeabhängige Zerfall von Sehpigment in den Zapfen oder Stäbchen des Auges oder die wärmeabhängige Bewegung der Luftmoleküle im Ohr zu Wahrnehmungen führen, die nicht von auf Außenreizen beruhenden Wahrnehmungen unterschieden werden könnten. Die Schwellen selbst sind nicht konstant, sondern durch verschiedene Innen- und Außenfaktoren beeinflußbar.

2.2. Reflexe

Wir wenden uns jetzt solchen Reizen und davon abhängigen Verhaltensweisen zu, die als Grundlage für die Verhaltensforschung und für ihre Beziehungen zur Neurophysiologie von besonderer Bedeutung waren und sind.

Wichtig ist hier zunächst der Begriff des *unbedingten Reizes*. Ein überschwelliger unbedingter Reiz ist dadurch charakterisiert, daß er nahezu sicher mit einer ganz bestimmten, zugehörigen Reaktion beantwortet wird. Er ist damit sozusagen ein Gegenstück zu den Reizen, die zwar wahrgenommen werden, aber zu keiner Reaktion führen. Unbedingte Reize werden deshalb verläßlich beantwortet, weil einfache und daher wenig störanfällige anatomische Substrate für die Übertragung der Erregung von den gereizten Sinnesrezeptoren zu den reagierenden Erfolgsorganen (Muskeln, elektrische Organe, Drüsen, gewisse Leuchtorgane) vorhanden sind. Solche anatomischen Substrate sind die zwischen Sinnesorganen und Erfolgsorganen verlaufenden, aus Nervenzellen bestehenden Reflexbögen. Die nach Einwirkung eines unbedingten Reizes über einen *Reflexbogen* vermittelte Verhaltensweise nennt man *unbedingten Reflex*. Wir unterscheiden Eigen- und Fremdreflexe.

Bekanntes Beispiel für einen *Eigenreflex* des Menschen ist der sog. Kniescheibensehnen- oder Patellarsehnenreflex (besser: Quadricepsreflex; ganz falsch: ‹Patellarreflex›). Der Arzt prüft ihn z. B. in der Weise, daß er dem Patienten, der mit locker hängenden Beinen erhöht sitzt, mit einem Gummihammer einen leichten Schlag auf die Sehne unterhalb der Kniescheibe versetzt. Daraufhin schnellt der Unterschenkel etwas vor und kehrt dann wieder in die Ausgangslage zurück. Wie ist diese Erscheinung zu erklären? Durch den Schlag wird die Sehne des vierköpfigen Oberschenkelmuskels (Musculus quadriceps femoris) getroffen, die unterhalb der Kniescheibe mit dem Schienbein verwachsen ist. Der Hammerschlag bewirkt, daß der Muskel kurzfristig etwas gedehnt wird. Im Muskel befinden sich außer den kontraktilen Muskelfasern

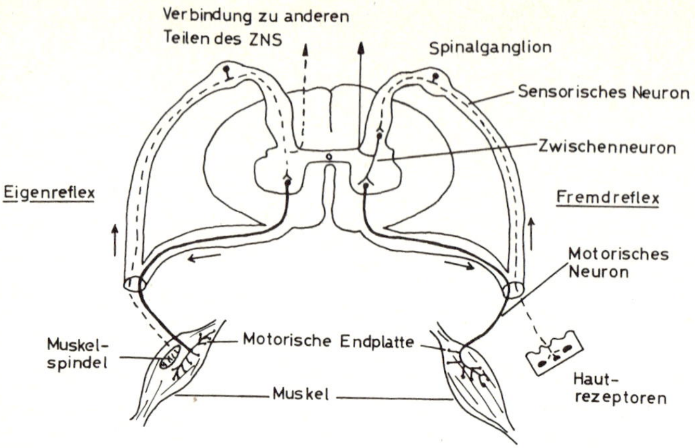

Abb. 6: Vereinfachtes Schema der Reflexbögen bei Eigen- und Fremdreflex mit Darstellung der Verschaltung im quergeschnittenen Rückenmark (vgl. Text).

(und anderen Bestandteilen) auch die sog. Muskelspindeln, Sinnesorgane, die speziell auf Dehnung ansprechen. Die durch den Reiz ausgelösten Erregungen gelangen von jeder Muskelspindel über die jeweils zugehörige Nervenzelle ins Rückenmark. Hier führen sie direkt, ohne Vermittlung weiterer Nervenzellen, zur Entstehung entsprechender Erregungen in motorischen Nervenzellen (Motoneuronen), die ihrerseits Muskelfasern des Quadriceps innervieren. Die dort ankommenden Erregungen führen zu einer Kontraktion der Fasern und so unter Vermittlung der Kniescheibensehne zu einem kurzen Strecken des Unterschenkels. (Den Verlauf des Reflexbogens hat man z. B. nach dem Tode von Patienten mit Ausfallerscheinungen histologisch an den Degenerationen im Nervensystem sowie durch histologische und neurophysiologische Untersuchungen an Tieren festgestellt.) Der beschriebene Reflex hat durchaus eine biologische Bedeutung. Beim Aufspringen des Körpers auf den Boden wird der Quadriceps gedehnt und kontrahiert sich dann reflektorisch zum Abfangen des Körpergewichts (‹Dehnungsreflex›).

Man bezeichnet einen derartigen Reflex deshalb als Eigenreflex, weil Sinnesorgane (Muskelspindeln) und Erfolgsorgane (sich kontrahierende Muskelfasern) im gleichen Muskel liegen. Aus der Schilderung des Reflexbogens ist ersichtlich, daß zwischen sensorischer Nervenzelle (= afferentes Neuron, über das die Erregung zum Rückenmark hin ‹läuft›) und motorischer Nervenzelle (= efferentes Neuron, über welches die Erregung vom Rückenmark weggelangt) nur eine Übertragungsstelle, eine Synapse besteht. Man nennt deshalb Eigenreflexe auch *monosynaptische* oder *direkte Reflexe*.

Die Untersuchung einer Vielzahl von Eigenreflexen hat ergeben, daß die Zeit zwischen dem Setzen des Reizes und dem Eintreten der Reaktion, die sog. *Reflexzeit*, relativ kurz und bei gleichen Versuchsumständen auch relativ konstant ist. Außerdem sind Eigenreflexe praktisch nicht ermüdbar, d. h. die Reaktion läßt sich viele Male nacheinander unverändert auslösen. Sie besteht, wie beschrieben, in einer einzelnen Muskelzuckung.

Fremdreflexe werden durch Reize ausgelöst, die von nicht in den Effektoren liegenden Sinneszellen aufgenommen werden. Falls wir barfuß auf einen spitzen Stein treten, heben wir rasch den Fuß hoch, und zwar bevor wir bewußt auf den Schmerz reagieren; der auf die Haut einwirkende Schmerzreiz führt reflektorisch zu einer Kontraktion von

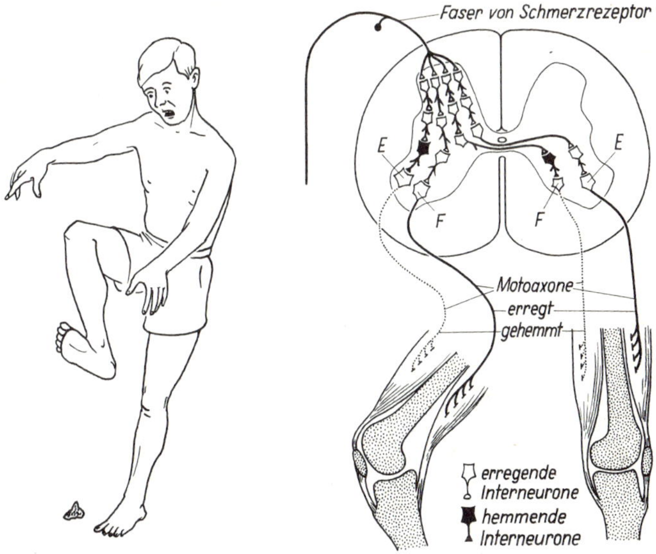

Abb. 7: Beugereflex des Beines beim Tritt auf einen spitzen Stein. Reflektorisch kontrahieren sich die das Bein anziehenden Muskeln, während die Streckmuskeln erschlaffen. Gleichzeitig wird das andere Bein reflektorisch gestreckt. E = Motoneurone, die zu den Streckmuskeln führen; F = Motoneurone, die zu den Beugemuskeln führen (nach McNaught und Callander 1967 und Schmidt 1977).

Muskeln, die ganz woanders als die gereizten Sinnesorgane liegen. Der beteiligte Reflexbogen ist komplizierter als der eines Eigenreflexes, weil die Erregung vom sensorischen auf das motorische Neuron über zumindest eine, oft aber mehrere weitere Nervenzellen, die Schalt- oder Zwischenneurone, übertragen wird. Man nennt die Fremdreflexe wegen des Vorkommens mehrerer bis vieler Synapsen auch *polysynaptische Reflexe*. Viele von ihnen können, wie auch Eigenreflexe, durch Beteiligung allein des Rückenmarks, also ohne Eingreifen höherer Zentren, zustande kommen. Soeben geköpfte Hühner können noch laufen und fliegen, Enten schwimmen. Im physiologischen Hochschulunterricht pflegt man entsprechende Rückenmarksreflexe am Beispiel des enthirnten Frosches zu demonstrieren. Befestigt man ihn so an einem Stativ, daß die Beine frei herabhängen, und kneift ihn in die Haut eines Fußes, so wird das betreffende Bein angezogen. Nach Zerstören des Rückenmarks ist die Reaktion nicht mehr auslösbar. An einem solchen Präparat kann man auch zeigen, daß, anders als bei den Eigenreflexen, unterschiedlich starke Reize – durch Ausbreitung der Erregung über größere Rückenmarksabschnitte – zu unterschiedlich starken Reaktionen führen. Bei starken Reizen ist auch die Reflexzeit verkürzt. Ferner gilt für Fremdreflexe, daß wiederholte Reizung relativ schnell zur Ermüdung der Reaktion führt. Werden rasch nacheinander Reize gesetzt, die einzeln keine Reaktion auszulösen vermögen, die also unterschwellig sind, so ergibt sich schließlich doch eine Kontraktion der Beinmuskeln. Man spricht bei dieser Erscheinung von einer Summation unterschwelliger Reize. Von uns selbst kennen wir verschiedene Beispiele für eine derartige Summation, etwa das Niesen nach längerem Juckreiz in der Nase oder das Husten, wenn die Kehlkopfschleimhaut längere Zeit durch kleine Fremdkörperchen gereizt wird. Der Hustenreflex kann uns zugleich auch als weiterer Beleg für die Abhängigkeit des Reflexerfolges von der Reizintensität gelten (bei leichtem Reiz räuspern wir uns, bei starken Reizen kann es zu andauernden Anfällen von Würghusten kommen) sowie als Beispiel für die Verkürzung der Reflexzeit bei Verstärkung der Reize. Außerdem ist er ein Beispiel für einen sehr komplizierten, synapsenreichen Reflex. Beim Husten wird sowohl die Atem- wie die Kehlkopfmuskulatur betätigt. Das bedeutet, daß der Hustenreflex auch das im Gehirn gelegene Atemzentrum, das alle bei der Atmung beteiligten Muskelgruppen zu einem Funktionskomplex zusammenfaßt, in seinen Dienst stellt.

Die genannten Unterschiede zwischen Eigen- und Fremdreflexen (Tab. 1) lassen sich zwanglos durch die kompliziertere Verschaltung einer größeren Anzahl beteiligter Nervenzellen bei letzteren plausibel machen, was hier aber nicht im einzelnen ausgeführt werden soll.

Tab. 1: Wichtige Unterschiede zwischen Eigen- und Fremdreflexen

Charakteristika	Eigenreflex	Fremdreflex
Zahl der Synapsen	eine (monosynaptisch)	mehrere (polysynaptisch)
Reflexzeit	kurz, konstant	länger, abhängig von Reizstärke
Reflexbahn	isoliert	Ausbreitung der Erregung über kleinere oder größere Rückenmarksabschnitte je nach Reizstärke
Reizsummation	gering	deutlich
Ermüdbarkeit	sehr gering	deutlich

Sowohl Eigen- wie Fremdreflexe sind von anderen Stellen des Nervensystems beeinflußbar. Es gibt Patienten, bei denen der Patellarsehnenreflex nicht sofort auslösbar ist. Oftmals kann er aber dann hervorgerufen werden, wenn die Patienten die Finger beider Hände ineinanderhaken und kräftig ziehen. Beim Anspannen der Arm- und Schultermuskeln gelangen Erregungsimpulse auch zu den Muskelspindeln des M. quadriceps (‹Mitinnervation›). Diese werden dadurch schon in einen leichten Erregungszustand versetzt, so daß der nachfolgende Schlag auf die Sehne wegen der bereits erfolgten Bahnung zur Reaktion führt.

Bekannte Beispiele für die Beeinflussung komplizierter Reflexe durch höhere Zentren sind genitale Reflexe des Menschen oder die Unterdrückung leichter Hustenreflexe in einem Konzert als Folge intensiven Zuhörens und -sehens. Motorische Nervenzellen sind eben nicht nur Bauelemente von Reflexbögen, sondern letztlich gemeinsame Endstrecken für zahlreiche zufließende Erregungen, die sich in ihnen überlagern und gegenseitig fördern oder hemmen. Dadurch können auch Unregelmäßigkeiten im Reflexgeschehen hervorgerufen werden. Der Synapsenreichtum des Hustenreflexes macht verständlich, daß er relativ störanfällig ist. Wir müssen insofern unsere Aussage, daß ein Reflexbogen eine wenig störbare Verschaltung von Nervenzellen darstellt, etwas einschränken.

Die bisher besprochenen unbedingten Reflexe verlaufen über Reflexbahnen, deren Aufbau und Verschaltungen sich in der Individualentwicklung der Tiere und des Menschen weitgehend aufgrund genetischer Information ausbilden (vgl. dagegen bedingte Reflexe, S. 104). Das gilt sowohl für die Beantwortung eines ganz bestimmten Reizes, hier also der Dehnung der Muskelspindeln und nicht etwa eines Schmerzreizes in der Haut über der Sehne, als auch für die Art der Reaktion, z. B. die Kontraktion der Muskulatur des Quadriceps beim Patellarsehnenreflex.

Wir haben die unbedingten Reflexe aus folgenden Gründen relativ ausführlich und mit Beispielen beim Menschen beschrieben:

1. Schutzreflexe wie der Hustenreflex oder Ernährungsreflexe wie der Schluckreflex sind jedem vertraut.
2. Die neuroanatomischen und -physiologischen Sachverhalte sind beim Menschen gut untersucht.
3. Schon bei den im Grunde noch relativ einfachen Reflexen sind vielfältige Einwirkungsmöglichkeiten von anderen Teilen des Nervensystems deutlich geworden. Es erscheint deshalb plausibel, daß kompliziertere angeborene Verhaltensweisen, auch bei Tieren, auf solche Weise noch erheblich variabler ausfallen können (vgl. S. 49).
4. Für die Darstellung von angeborenen Verhaltensweisen, die komplexer als Reflexe sind, gibt es beim Menschen kaum unbezweifelte Beispiele. Es erschien uns aber wichtig zu zeigen, daß auch der Mensch grundsätzlich keine Ausnahmerolle hinsichtlich der Untersuchung von Verhaltensweisen spielt.

2.3. Der Begriff ‹angeboren›

Die bisherigen Darlegungen über Reiz und Reflex gaben einen flüchtigen, wenn auch wichtigen Einblick in die für die Verhaltensforschung grundlegenden Nachbardisziplinen der Sinnes- und Nervenphysiologie. Sie ermöglichen es auch, einen Begriff zu erläutern, der in der Verhaltensforschung zentral, aber schwer auslegbar ist, nämlich den Begriff *angeboren* oder *instinktiv* (vgl. Abschnitt 2.6.).

Der Begriff ‹angeboren› ist, vom Wort her, eigentlich nur sinnvoll, wo ein Geburtsvorgang in der Entwicklung eines Tieres vorliegt, also vor allem bei Säugetieren, und bedeutet dann, daß eine bestimmte Körperstruktur oder -funktion ganz oder wenigstens in erkennbaren Anfängen bei der Geburt vorhanden ist. So besitzt der Mensch ‹angeborenermaßen› Arme, Beine, Ohren usw. Wie die bekannten, medikamentös bedingten Entwicklungsstörungen belegen, können Extremitäten auch angeborenermaßen fehlen, wobei also Einflüsse, die auf den Embryo oder den Foetus im Mutterleib einwirken, zu dieser Anomalität führen. In gleicher Weise wie Strukturen oder Funktionen angeboren sind, können auch Verhaltensweisen angeboren sein. Der neugeborene Säugling vermag gleich zu schlucken, d. h. der Schluckreflex ist – im hier betrachteten Sinne – angeborenermaßen vorhanden. Das sagt aber nichts darüber aus, welche vorgeburtlichen Bedingungen vorhanden sein mußten, damit sich dieses Verhalten entwickelt. Denn es ist bekannt, daß menschliche Foeten auch vor der Geburt vom Fruchtwasser trinken, der Schluckreflex also schon vorgeburtlich ausgebildet ist.

Der Gebrauch des Begriffes ‹angeboren› ist in der Verhaltensforschung strenger, aber auch weiter als in der Umgangssprache. Er bedeutet nämlich ‹ererbt› oder ‹genetisch bedingt› und erstreckt sich damit auch auf alle Lebewesen, die keinen eigentlichen Geburtsakt durchmachen. Er gilt also auch für Vögel, Schnecken, Regenwürmer, Insekten usw. Strenger als in der Umgangssprache ist er deshalb, weil er von außen kommende Einflüsse während der Entwicklung, wie sie etwa zum Fehlen von Gliedmaßen führen können, aus dem Bereich des umgangssprachlich ‹Angeborenen› ausschließt. Im Sinne der Verhaltensforschung Angeborenes braucht also nicht einmal in Anfängen bei der Geburt oder beim Schlupf sichtbar zu sein.

Nun ist der Begriff ‹ererbt› nicht ohne Klippen. Denn vererbt werden nicht Merkmale, «sondern Variationsbreiten der möglichen Merkmalsausbildung. Diese verläuft, innerhalb der erblich abgesteckten Variationsbreite, in engster und komplexester Wechselwirkung zwischen Erbfaktoren und Außenfaktoren . . . Das ausgebildete Merkmal darf man also nicht als ‹angeboren› oder ‹ererbt› bezeichnen, genaugenommen nicht einmal dann, wenn es . . . nur eine minimale, praktisch zu vernachlässigende Modifikabilitätsbreite besitzt» (Lorenz 1965, Bd. 2, S. 301).

Reflexe haben nur eine sehr geringe Modifikabilitätsbreite. Ihre anatomischen Substrate sind oft sehr genau bekannt, und wenn auch im einzelnen nicht klar ist, auf welche Weise die Gene die Ausbildung eines Reflexbogens bestimmen, besteht doch kein Zweifel, daß man Reflexe als ererbt und damit als angeboren im Sinne der Verhaltensforschung bezeichnen darf. Es gibt also angeborene Verhaltensweisen. Besonders deutlich wird das auch, wenn man sich einmal löst von der Fixierung auf das Verhalten der Wirbeltiere und etwa das von Insekten betrachtet. Ein Kohlweißling (Fam. Pieridae), der aus der Puppenhülle geschlüpft ist und dessen Flügel erhärtet sind, kann fliegen, ganz offensichtlich wegen eines vom Genom festgelegten Verhaltensprogrammes *(angeborenes Können);* natürlich mußten die äußeren Entwicklungsbedingungen normal sein. Und der Schmetterling liefert uns auch – nicht bloß, wie beim Reflex, auf dem Niveau eines relativ einfachen anatomischen Substrats, sondern auf dem eines ganzen Organismus – ein Beispiel für ein offenkundig ererbtes Erkennen von Reizen, indem er ohne vorherige Erfahrungsmöglichkeit seine Eier an Kohlpflanzen ablegt, wo die Raupen geeignete Entwicklungsbedingungen antreffen *(angeborenes Erkennen).*

Bei Insekten hat man wenig Hemmungen, die Behauptung aufzustellen, daß ein Großteil ihres Verhaltens genetisch programmiert ist, selbst wenn man den Weg vom Genom zum Verhalten nicht kennt. Größere Bedenken hat man jedoch in dieser Hinsicht bei Wirbeltieren, weil aus vielerlei Versuchen bekannt ist, daß sie generell außerordentlich lernfähig sind, d.h. individuell vielfältigste Erfahrungen erwerben können. Könnten dann nicht Verhaltensweisen, die komplizierter als Reflexe sind, z.B. der Gesang der Dorngrasmücke (Sylvia communis), auf Lernvorgängen beruhen? Um das zu prüfen, benutzt man insbesondere in der auf Lorenz fußenden Ethologie unter Beachtung gewisser Vorsichtsmaßnahmen das Experiment unter Erfahrungsentzug (*Kaspar-Hauser-Versuch,* nach dem Findelkind, das angeblich ohne Kontakt zu Menschen heranwuchs). Hierbei läßt man das Tier ohne diejenigen Außeneinflüsse aufwachsen, von denen man annimmt, daß sie möglicherweise für die Ausbildung der zu untersuchenden Verhaltensweise von Bedeutung sind. In unserem Beispiel würde man etwa die Dorngrasmücke aufziehen, ohne daß sie andere Dorngrasmücken singen oder überhaupt andere Geräusche außer ihren eigenen hören könnte. Wenn trotz des spezifischen Erfahrungsmangels die erwartete Verhaltensweise auftritt, nimmt man an, daß sie aufgrund von Informationen entsteht, die im Genom gespeichert sind. Wenn die Verhaltensweise jedoch nicht auftritt, bedeutet das nicht notwendigerweise, daß zu ihrer Entwicklung Lernvorgänge nötig sind. Es kann ja durchaus sein, daß der Experimentator die Aufzuchtbedingungen so unzureichend gewählt hat, daß das Verhalten des Tieres mehr oder weniger in seiner Gesamtheit gestört ist und deshalb auch die fragliche Verhaltensweise nicht auftritt. Im Falle der Dorngrasmücke wird die Ansicht vertreten, daß sie trotz schallisolierter Aufzucht alle Rufe und Gesangsformen des Wildvogels entwickelt, sie also – in diesem Sinne – angeborenermaßen beherrscht.

Einwände gegen dieses Konzept des Angeborenen betreffen vor allem zweierlei: Einmal wird argumentiert, daß in der Praxis der Begriff des Angeborenen nur anhand eines negativen Kriteriums zu verwenden sei, nämlich als dasjenige, was nicht gelernt werden müsse. Zum anderen könnte es sein, daß sich der Experimentator irrt, wenn er vermutet, bestimmte Umwelteinflüsse seien für die Ausprägung einer Verhaltensweise bedeutsam, und gerade sie deshalb vom Tier fernhält. Andere, nicht ferngehaltene Außenbedingungen könnten trotzdem die Möglichkeit zum Lernen für die betreffende Verhaltensweise liefern. Diese Unsicherheit läßt sich derzeit nicht beseitigen. Man muß abwarten, ob es gelingt, die Bedeutung des Genoms für die Ausbildung von Verhaltensweisen direkt dadurch zu erhellen, daß man die einzelnen Stufen der Genwirkungen in ihrem Zusammenspiel mit den Umweltfaktoren in einer möglichst lückenlosen Kausalkette aufklärt.

2.4. Schlüsselreize

Bei den unbedingten Reflexen sind sowohl die Reize als auch die von ihnen ausgelösten Verhaltensweisen relativ einfach: Starkes Licht oder Abdunkelung führen zu Änderungen der Pupillenweite, leichte Berührung des Mundes eines Säuglings – auch eines schlafenden – zu Saugbewegungen, Berührung der Handinnenflächen eines Affenbabies mit Fell zum Anklammern, usw. Nun erschöpft sich, wie bereits gesagt, das Verhalten von Tieren nicht in solchen einfachen Reaktionen. Beispielsweise besetzt ein Amselmännchen ein Revier und verteidigt es mit vielfältigen Verhaltensweisen gegen andere Amseln, sucht Futter, balzt um ein Weibchen, hilft bei der Aufzucht der Jungen u. a. m. Offensichtlich spielen hierbei vielerlei Reize eine Rolle, und es ist zu fragen, wie sie im einzelnen beschaffen sind und wahrgenommen werden.

Manche Außenreize, die das Verhalten eines Tieres maßgeblich bestimmen, gelten als *Schlüsselreize*. Dieser Ausdruck bezeichnet einen ethologischen Schlüsselbegriff, und es ist deshalb nicht verwunderlich, daß er in der Literatur entweder gar nicht definiert wird – weil man voraussetzt, daß der Leser weiß oder erschließen kann, was gemeint ist –, oder daß er unterschiedlich erklärt und benutzt wird. So beschreibt Immelmann (1975, S. 104) einen Schlüsselreiz als einen «Außenreiz, der ein bestimmtes Verhalten in Gang setzen kann». Es ist klar, daß damit die oben beschriebenen unbedingten Reize Schlüsselreize sind. Reize können aber auch aufgrund von Erfahrung zu Schlüsselreizen werden. So lernen Stockenten, die die Wasserflächen in Parkanlagen besiedeln, sehr rasch, zu einem am Ufer des Gewässers stehenbleibenden, in einer Tüte wühlenden Menschen hinzuschwimmen: In der Regel ist dann mit Futter zu rechnen. Wie auch sonst in der Literatur vielfach üblich, engen Jürgens und Ploog den Begriff ein (1974, S. 12): «Unter einem Schlüsselreiz verstehen wir jeden Reiz, der kennzeichnend für eine biologisch relevante Umweltsituation ist und vom Organismus ohne vorherige Lernvorgänge mit arterhaltend sinnvollen Verhaltensweisen beantwortet wird.» Hier wird also postuliert, daß Schlüsselreize angeborenermaßen in biologisch sinnvoller Weise beantwortet werden. Und weiter: «Schlüsselreize unterscheiden sich von reflexauslösenden Reizen durch ihren relativ höheren Komplexheitsgrad; doch ist der

Übergang fließend.» Als Beispiel für die Fähigkeit, angeborenermaßen auf bestimmte Reize als Schlüsselreize zu reagieren, stellt Eibl-Eibesfeldt die Beutefanghandlungen des von ihm untersuchten Krallenfrosches dar (1978, S. 116): «Beim Krallenfrosch (Xenopus laevis) lösen Gesichtsreize und Wassererschütterungen die Beutefanghandlungen aus, und zwar auch beim unerfahrenen Tier, was man gut nachweisen kann. Die Kaulquappen sind Planktonfilterer, die nie gezielt nach Objekten schnappen. Isoliert man sie kurz vor der Verwandlung in klarem Leitungswasser, so hat man Frösche, die noch nie nach Beute schnappten. Wird nun ein bewegter Lichtpunkt gegen den Hintergrund des Gefäßes projiziert, dann schwimmt der darin gehaltene Krallenfrosch sofort auf ihn los, macht die typischen Raffbewegungen mit den Vorderbeinen und schnappt. Ein feiner Wasserstrahl aus einer Pipette oder leichte Berührung an den Beinen lösen ebenfalls die Zuwendung und die Fanghandlung aus. Das Tier schnappt dann den Wasserstrahl. Dieses Verhalten führt einen Frosch normalerweise sicher zu seiner Beute, denn was sich im allgemeinen an kleinen Dingen in seiner Umwelt bewegt, sind eben Beutetiere.»

Durch dieses Beispiel wird einmal belegt, daß die obige Erklärung für einen Schlüsselreiz als angeborenermaßen erkannter Reiz bzw. als Kombination von Reizen nicht inhaltsleer ist, daß sie also überhaupt Sinn hat. Zum anderen wird zugleich eine wichtige Arbeitsmethode der Verhaltensforschung deutlich, nämlich der Einsatz von Attrappen.

Unter *Attrappen* versteht man in der Ethologie Nachbildungen von natürlichen Reizquellen. Sie werden verwendet bei der Suche nach spezifischen Reizen oder Reizkombinationen, die ein Verhalten auslösen. Ein großer Vorteil von Attrappen ist, daß sie sich beliebig oft in gleicher Weise anbieten lassen und deshalb zur Standardisierung von Versuchsbedingungen zumeist besser geeignet sind als ihre natürlichen Vorbilder.

Attrappen können die verschiedensten Ausprägungen haben. Z. B. ähneln sie einem natürlichen Beutetier in der Form weitgehend, führen aber andere Bewegungen aus als dieses, oder es sind nur ganz schematische Nachbildungen.

Im obigen Beispiel dienten Lichtpunkt und Wasserstrahl als Attrappen. Verständlicherweise werden Attrappen benutzt, die den Sinnesorganen der untersuchten Tierart angepaßt sind. Männliche Samtfalter (Hipparchia semele, früher Eumenis semele) verfolgen die Weibchen im Flug. In Attrappenversuchen zeigte es sich, daß weder Farbe, Größe noch Form der Attrappen für den Anflug besonders viel bedeuteten. Wichtig war vor allem, daß die Attrappe relativ nahe war, sich gut vom Himmel abhob und möglichst so ähnlich flatterte wie ein fliegender

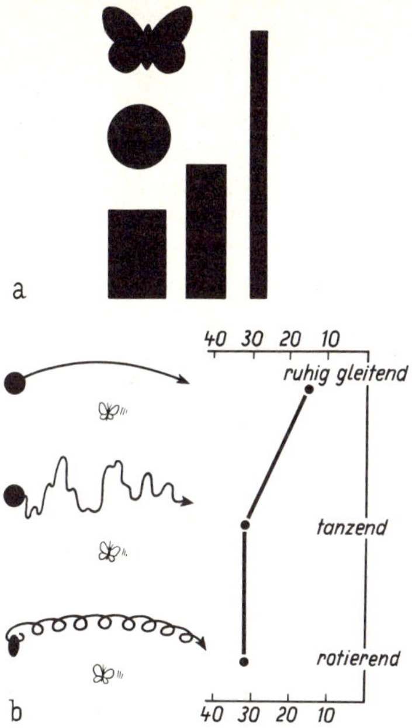

Abb. 8: a) Samtfalter-Attrappen verschiedener Form. b) Unterschiedliche relative Häufigkeit der Anflüge männlicher Samtfalter in Abhängigkeit von der Bewegungsweise der Attrappen (aus Tinbergen 1972, verändert).

Schmetterling (Abb. 8). Auch chemische Reize können für die Auslösung von Verhaltensweisen verantwortlich sein. Die klassischen Beispiele dafür sind die Sexuallockstoffe (Pheromone) der Insekten; hier ist nicht nur die biologische Wirkung bekannt, inzwischen sind auch viele der spezifischen Pheromone isoliert und chemisch aufgeklärt worden. Ein bekanntes Beispiel stammt vom Seidenspinner (Bombyx mori). Die ausgewachsenen männlichen Falter der Zuchtformen sind, im Gegensatz zur Stammform, flugunfähig. Sie zeigen auf den Sexuallockstoff der Weibchen eine Schwirreaktion mit den Flügeln. Als man dieses Pheromon chemisch analysierte und künstlich zu synthetisieren versuchte, benutzte man die Schwirreaktion zur Überprüfung der biologischen Aktivität der gewonnenen Fraktionen. Schließlich gelangte man zur Reinsubstanz, die man Bombykol (10-trans, 12-cis-Hexadecadienol) nennt. Schon 10^{-4} bis 10^{-3} μg Bombykol pro 1 ml Luft genügen, um bei allen Männchen die Schwirreaktion auszulösen. Bei den dem Bombykol nächstverwandten Molekülen (Isomere), die die gleiche Strukturformel, jedoch eine andere Raumformel als der Lockstoff haben, ist die Wirkung 100- bis 1000fach schlechter. Aber auch ganz andere Moleküle, z. B. das Cycloheptanon, veranlaßt die Männchen, wenn auch in abgeschwächtem Maße, zum Schwirren (Abb. 9). «Männliche Tiere orientieren sich deutlich positiv zu einem mit Cycloheptanon benetzten Glasstab und versuchen, unter dem Einfluß dieser Substanz sogar untereinander zu kopulieren. Man könnte also sagen, daß Cycloheptanon ein ‹Nachschlüssel› zur Auslösung des Sexualverhaltens der männlichen Tiere ist» (Schneider 1957, S. 31).

Attrappen führen nicht nur Tiere zu Reaktionen, sondern auch den Menschen. Man kann den Schlag mit dem Gummihammer zur Auslö-

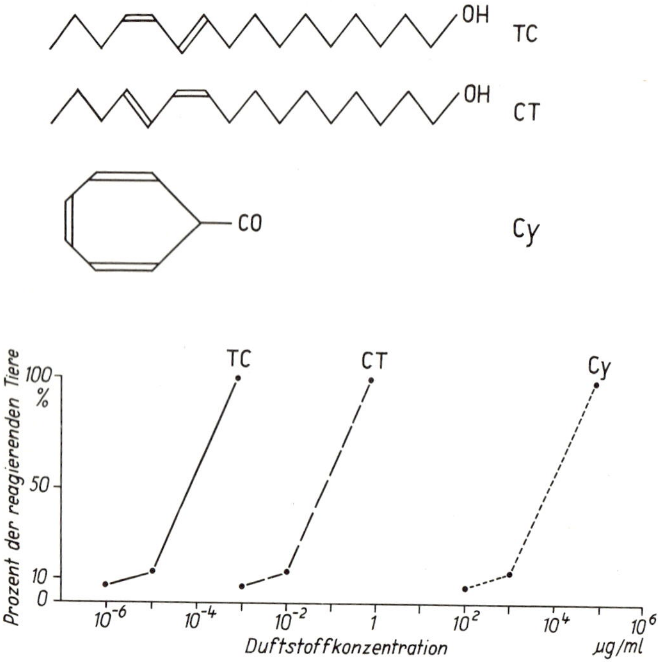

Abb. 9: Die Wirkung von Duftstoffen auf das Verhalten der Bombyx-Männchen: Schwellen der Schwirr-Reaktion bei Reizung mit Bombykol (10-trans, 12-cis-Hexadecadienol; TC) oder mit dem Isomer (10-cis, 12-trans-Hexadecadienol; CT) oder mit Cycloheptanon (Cy) (nach Schneider, Block, Boeckh und Priesner 1967 und Priesner, unveröffentlicht).

sung des Patellarsehnenreflexes als Attrappenversuch auffassen, ebenso aber auch die Betrachtung von Fotos nackter oder halbnackter Mädchen, wobei z. B. als mögliche Reaktion Änderungen der Pupillenweite feststellbar sind (Abb. 10).

Das Beispiel vom beutefangenden Krallenfrosch erläutert zugleich eine evolutionstheoretische Annahmc. Schlüsselreize für Beutefang sind (im Verhältnis zum Frosch) kleine, bewegte Objekte. Diese Reize werden vom Frosch angeborenermaßen, d.h. aufgrund seiner genetischen Programmierung beantwortet. Offenbar liegt hier eine in der stammesgeschichtlichen Entwicklung dieser Tierart begründete *Anpassung* an derartige Reize vor, und zwar selektiv an Reizflächen geringen Ausmaßes, denn große Reizflächen werden mit Flucht beantwortet.

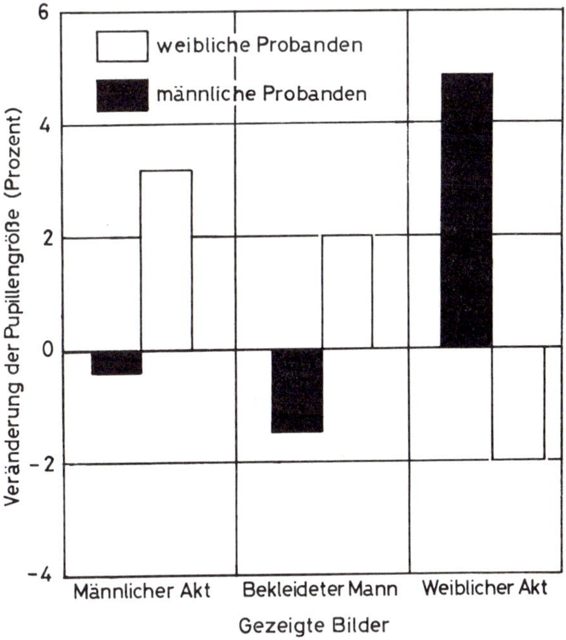

Abb. 10: Pupillenreaktion weiblicher und männlicher Versuchspersonen auf verschiedene Bilder. Zwischen den Projektionen der Bilder schauten die Versuchspersonen auf die schwachbeleuchtete Projektionsfläche. Wäre die Beleuchtungsstärke der einzige Faktor, der die Pupillengröße beeinflußt, so hätten sich die Pupillen der Versuchspersonen bei jedem Testbild zusammenziehen müssen (nach Hess 1977).

Dieser Anpassung auf seiten des Frosches dürfte keine Anpassung auf seiten der Beute entsprechen; die Beute ist nicht so klein, damit sie dem Frosch signalisiert, daß sie eine potentielle Beute ist. Es liegt also eine einseitige Anpassung vor. Doch kennt man zahlreiche Fälle – vielleicht mehr als derartige einseitige Anpassungen –, in denen reizempfangende und reizsendende Tiere im Laufe der Evolution die Empfangs- und Sendevorrichtungen offenbar in wechselseitiger Anpassung zum Zwecke der besseren Verständigung entwickelt haben. Das kommt insbesondere im innerartlichen Sozialverhalten vor. Ein seit den vierziger Jahren, vor allem von Tinbergen und seiner Schule gut untersuchtes, weithin bekanntes Beispiel liefert der Dreistachlige Stichling (Gasterosteus aculeatus). Die Männchen dieser Fischart gründen im Frühjahr in seichtem Süßwasser Reviere, in denen sie am Boden ein hohlkugeliges Nest aus Pflanzenteilen bauen. Jedes Männchen verteidigt sein Revier gegen andere eindringende Männchen und versucht andererseits, mehrere Weibchen zum Ablaichen im Nest zu bringen. Außerhalb der Fortpflanzungszeit besitzen die Tiere ein unscheinbares ‹Tarnkleid›, d. h. sie sehen etwas silbrig mit dunkler Oberseite aus (*Gegenschattierung*). In der Fortpflanzungszeit jedoch haben die Männchen vor allem einen leuchtend roten Bauch. Und gerade diese Färbung signalisiert einem Revierbesitzer, daß ein sich nähernder Fisch – etwa der Inhaber des Nachbarreviers – ein männlicher Rivale ist, und umgekehrt diesem, daß er ein gleichartiges Männchen vor sich hat. Durch Einnehmen der senkrechten Drohstellung mit nach unten gerichtetem Kopf und dem Gegner zugewandter roter Bauchseite versucht der Revierbesitzer schließlich, den Eindringling ‹einzuschüchtern› und zu vertreiben; es kann allerdings auch zu Kampfhandlungen kommen. Ganz offensichtlich sind der rote Bauch und die Drohstellung Schlüsselreize, die nicht bloß zu bestimmten Verhaltensweisen des Eindringlings, dem Fernbleiben oder Wegschwimmen, führen, sondern die dazu führen ‹sollen›. Es sind hier also Strukturen oder Verhaltensweisen ausgebildet, die eine Mitteilungsfunktion, die Signalcharakter haben, und es ist zu vermuten, daß sie wegen dieses Zweckes auch so auffällig sind. Man bezeichnet derartige Körper- und Verhaltensmerkmale, die sich in der Evolution zur gegenseitigen Verständigung innerhalb einer Art oder – in selteneren Fällen – zwischen Angehörigen verschiedener Arten entwickelt haben dürften, als *Auslöser*.

Außer den eben beschriebenen optischen Auslösern finden sich weitere sehr bekannte Beispiele bei der Aufzucht von Silbermöwen (Larus argentatus). Frisch geschlüpfte Silbermöwenküken betteln die Altvögel um Futter an, indem sie gegen einen roten Flecken dicht hinter deren gelber Unterschnabelspitze picken. Der angebettelte Altvogel erbricht daraufhin etwas Futter und reicht es dem Küken in der Schnabelspitze hin. Wie Attrappenversuche zeigten, reagieren die Küken vor allem auf den roten Flecken, also auf die Farbe Rot wie auch auf ihre Abhebung vom Untergrund. – Auch Bewegungen können als optische Auslöser fungieren, so etwa, wenn das Stichlingsmännchen durch eine als Zickzacktanz bezeichnete Schwimmweise vor einem dickbäuchigen, Eier tragenden Weibchen dieses zum Verbleiben im Revier und letztlich zum Ablaichen auffordert.

Sammelbienen benutzen ein in einer ausstülpbaren Hautfalte auf der Oberseite des Hinterleibes liegendes Duftorgan, wenn beim Blütenbesuch lohnende Tracht die Mitwirkung weiterer Hilfskräfte erwünscht macht. Sie erleichtern den Stockgenossen, die sie bereits durch die sog. Bienentänze über die ungefähre Lage der Trachtquelle informiert und zum Ausfliegen veranlaßt haben, durch den Lockduft das Auffinden des Ziels.

Akustische Auslöser dienen z. B. der Verständigung zwischen einer Pute und ihren Küken. Wenn sie diese infolge Vertaubung nicht piepen hört, tötet sie sie ab; umgekehrt versucht sie einen ausgestopften Iltis, der durch einen eingebauten Lautsprecher wie ein Junges ruft, zu hudern.

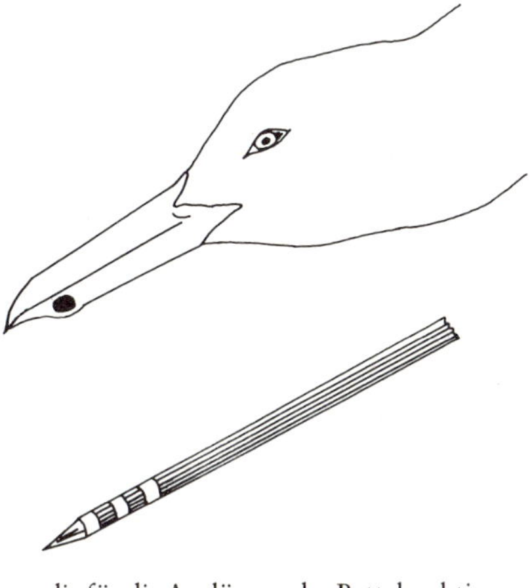

Abb. 11: Attrappen, die für die Auslösung der Bettelreaktion von Silbermöwenküken verwendet wurden. Oben ein naturgetreu nachgebildeter Möwenkopf mit rotem Fleck auf dem gelben Schnabel, unten eine Attrappe, die mehr Pickreaktionen erzielte: ein roter Stab mit drei weißen Ringen (nach Tinbergen 1958).

Bei den Attrappenversuchen mit Silbermöwenküken stellte sich heraus, daß ein möglichst natürlich aussehender und bemalter Gipskopf weniger Pickreaktionen erzielte als ein dünnes, rotes Stäbchen mit drei weißen Ringen an der Spitze (Abb. 11). Man spricht hierbei von *übernormalem Auslöser* oder, etwas neutraler, von übernormalen Reizen bzw. übernormal wirksamen Attrappen.

Mit Attrappen läßt sich eine weitere Eigenschaft von Schlüsselreizen bzw. Auslösern belegen, die Tatsache nämlich, daß sich häufig mehrere schon einzeln wirksame Reize in Kombination miteinander in ihrer Wirksamkeit verstärken. Eine waagerecht gehaltene Stichlingsattrappe mit rotem Bauch löst bei einem revierbesitzenden Männchen Kampfverhalten aus. Das gleiche kann aber auch eine senkrecht gehaltene Attrappe ohne roten Bauch bewirken. Hält man nun eine Attrappe mit rotem Bauch senkrecht, so wird sie heftiger bekämpft als die anderen beiden Attrappen. Offenbar verstärken sich die Schlüsselreize ‹roter Bauch› und ‹senkrechte Drohstellung› gegenseitig. Man spricht von *Reizsummenphänomen*, ohne daß damit freilich gesagt sein soll, daß sich bei Kombination zweier schon einzeln wirksamer Reize die Anzahl der auf die Einzelreize erfolgenden Reaktionen summiert.

2.5. Reizfilterung

Bei den unbedingten Reizen haben wir einen Eindruck davon gewonnen, auf welche z. T. schon recht komplizierte Weise Sinnesorgane, nervöse Strukturen und Erfolgsorgane beim Zustandekommen eines Reflexes zusammenwirken. Bei der Analyse der Vorgänge, durch welche komplexere Schlüsselreize bzw. Schlüsselreizkombinationen schließlich zu komplizierten Verhaltensweisen führen, steckt die Forschung noch in den Anfängen. Vielfach kann man das Geschehen im Organismus vorerst nur mit einem Wort belegen, ohne daß man nähere Einzelheiten weiß. Dieses Wort heißt *Auslösemechanismus*, abgekürzt *AM*. Man stellt sich darunter einen im Sinnesorgan und im Nervensystem lokalisierten, wohl aus mehreren, hintereinander geschalteten Stufen bestehenden Filtermechanismus vor, der es dem Tier ermöglicht, aus der Vielzahl der einströmenden Reize gerade die für die Auslösung spezifischer, arterhaltender Verhaltensweisen notwendigen Schlüsselreize herauszufiltern. Bei der angeborenermaßen erfolgenden Reaktion auf Schlüsselreize, die einem Tier vorher nicht bekannt waren, spricht man von *angeborenem Auslösemechanismus, AAM* (Beispiel: Krallenfrosch; als sehr bekanntes Beispiel gilt die Nachfolgereaktion frisch geschlüpfter Entenküken, s. S. 96). Wird die Reizkombination dagegen erst aufgrund von Erfahrungen beantwortet, so liegt ein *erworbener Auslösemechanismus, EAM*, vor (Beispiel: Futter erwartende Enten). Schließlich kann auch in einen AAM ‹hineingelernt› werden, etwa indem die auslösenden Schlüsselreize durch Erfahrung zunehmend differenzierter werden, *EAAM* (Beispiel: Kröten schnappen angeborenermaßen nach kleinen bewegten Gegenständen und lernen dabei genießbare Objekte als Beute kennen).

Im Hinblick auf die Terminologie sollte festgehalten werden, daß sowohl Schlüsselreize im weiteren Sinne als auch die speziellen Schlüsselreize im Sozialverhalten, die Auslöser genannt werden, zugehörige Auslösemechanismen besitzen und über diese AMs Verhaltensweisen auslösen können. Wenn also eine Verhaltensweise durch einen Außenreiz ausgelöst wird, braucht dieser nicht unbedingt ein Auslöser zu sein.

Zwar ist über die neurobiologische Grundlage vom AMs als Filtermechanismus noch nicht sehr viel bekannt, doch wird intensiv auf diesem Gebiet geforscht. Wir gehen auf solche Forschungen im Kapitel 4 im Zusammenhang mit der Darstellung neurophysiologischer Sachverhalte näher ein.

2.6. Instinktverhalten und Instinkt

Schon früh war bei der Untersuchung tierischen Verhaltens aufgefallen, daß bestimmte komplexe Verhaltensweisen in relativ gleichartiger, starrer Form nur bei einer oder wenigen Arten auftreten, dort aber bei allen Individuen oder wenigstens bei allen Individuen des gleichen Geschlechts und Alters. Die nähere Analyse ergab, daß bei manchen derartigen Verhaltensweisen der Reiz nur zur Auslösung nötig ist, die Verhaltensweise dann aber, einmal in Gang gekommen, bis zum Ende abläuft, auch wenn der Reiz nicht mehr vorhanden ist.

Bekanntestes Beispiel sind die von Lorenz und Tinbergen in den Anfangsjahren der neueren Ethologie untersuchten Eieinrollbewegungen der Graugans (Anser anser). Gerät einer Gans beim Brüten ein Ei aus dem Nest, dann streckt sie den Hals über das Ei und zieht es nun, den Hals einkrümmend, «mit kleinen, sorgfältig abgepaßten seitlichen Ausschlägen» zum Nest hin, so daß es nicht aus seiner Bahn gerät. «Rollt trotz der Ausgleichsbewegung das Ei einmal zur Seite weg, so bricht die Einziehbewegung deshalb doch nicht immer sogleich ab, sondern sie kann, fast wie im Leerlauf, zu Ende geführt werden. Dann aber fehlen die steuernden Seitenausschläge vollkommen. Also hängen sie von sich ständig wiederholenden, wohl taktilen Reizen ab, die das rollende Ei setzt, sooft es den einen Unterkiefer stärker belastet als den anderen;

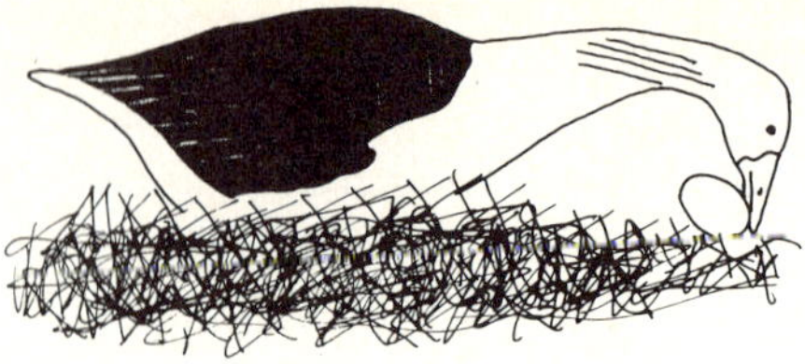

Abb. 12: Graugans (Anser anser) beim Einrollen eines Eies (nach Tinbergen 1972).

der andere Bewegungsanteil aber, die Halseinkrümmung in der Medianebene, kann, einmal ausgelöst, auch ohne Dauerreizung weiterlaufen. Ihre Raumorientierung ist vom Anfang bis zum Ende von Außenreizen unbeeinflußt; sie ist eine in sich festgelegte, starre Bewegungsgestalt» (Tinbergen 1966 b, S. 78).

Man muß also die formstarre Bewegungskomponente, die des Außenreizes nur zu ihrem Anstoß bedarf, von einer richtenden Bewegung, die auf das dauernde Vorhandensein von Außenreizen angewiesen ist, abtrennen. Letztere bezeichnet man als *Orientierungsreaktion* (vgl. auch S. 134) oder *Taxis* (Plural Taxien, Betonung auf dem langen i), erstere als *Erbkoordination* oder *Instinktbewegung*. Es liegt dieser Bezeichnung die – vielfach nicht bewiesene – Annahme zugrunde, daß Erbkoordinationen vorwiegend wegen der im Genom der Art vorliegenden Information in relativ konstanter Weise auftreten, jedenfalls kaum durch Erfahrungen des Individuums modifiziert werden. Die gesamte Verhaltensweise, die sich aus Erbkoordination und Taxis oder auch aus Erbkoordinationen und Taxien zusammensetzt, nennt man nach dem Vorschlag von Lorenz *Instinkthandlung*. Es bürgert sich jedoch heute auch ein, etwas neutraler einfach von angeborenen oder sogar nur von formkonstanten Verhaltensweisen (englisch: *Fixed Action Pattern*, FAP) zu sprechen. Wir behalten hier den traditionellen Ausdruck bei.

Beide Anteile der Instinkthandlung brauchen nicht, wie im obigen Beispiel, miteinander verschränkt zu sein, sondern können getrennt nacheinander auftreten, z. B. beim fliegenfangenden Frosch. «Sieht er eine Beute, so springt er derart herum, daß sein Maul haargenau auf sie gerichtet ist. Kommt sie ihm auf Schußweite nahe, so schleudert er die Zunge heraus. Die erste Bewegung ist eine Taxis, falls sie streng am Ort, nur orientierende Wendung ist. Wechselt die Fliege den Ort, so verschränken sich die orientierenden Wendungen mit zentralnervösen Automatismen der Fortbewegung zu einer oft höchst verwickelten orien-

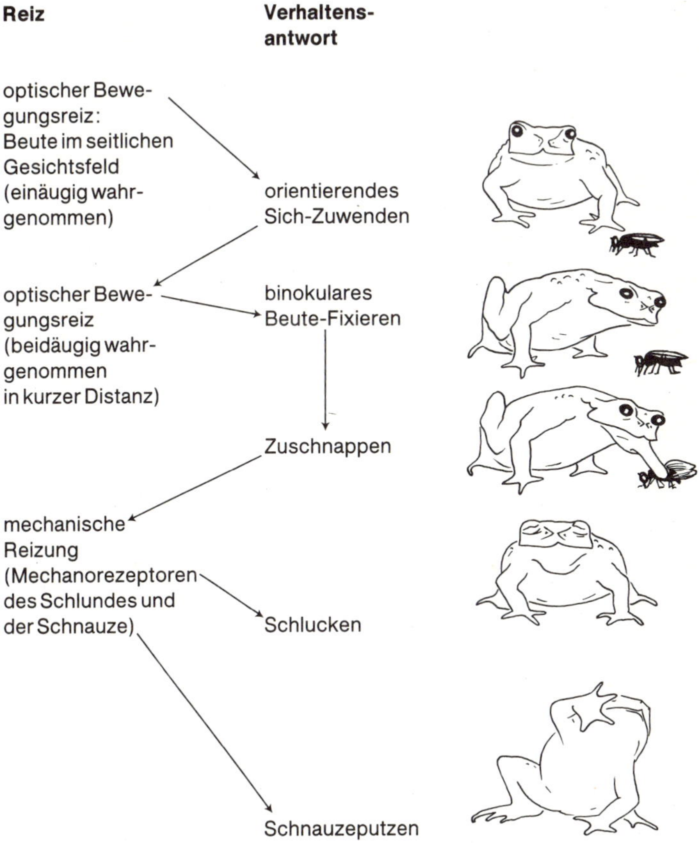

Abb. 13: Reaktionskette beim Beutefang der Erdkröte (Bufo bufo) (nach Ewert 1976).

tierten Gesamthandlung, der Fliegenjagd. Das letzte Glied aber, der Zungenschlag, . . . wird nicht ortskorrigiert. Bewegt sich die Beute noch . . ., so schnappt der Frosch vorbei und verfehlt sie. Der Zungenschlag ist eine echte, verhältnismäßig einfache Erbkoordination» (Tinbergen 1966 b, S. 81/82).

Auch (unbedingte) Reflexe sind Erbkoordinationen, die man allerdings – und wohl zu Recht – als einfacher ansieht, als die durch die obigen Beispiele dargestellten Instinktbewegungen. Grundsätzliche Unterschiede sind aber offenbar nicht vorhanden. Mehrere verschiedene Instinkthandlungen können zu kürzeren oder längeren *Reaktionsketten* miteinander verknüpft sein, bei denen jeweils eine Handlung den Reiz setzt, um die nächste auszulösen (Abb. 13). Fehlt eine Handlung, dann kann die ganze Kette an dieser Stelle abbrechen. Ein weiteres treffendes Beispiel ist das Paarungsverhalten des Dreistachligen Stichlings, bei dem jeweils eine Handlung des einen Partners die folgende des anderen auslöst.

Daß auch beim Menschen angeborene Verhaltensweisen vorkommen, hat die Erörterung über Reflexverhalten gezeigt. Schwierigkeiten ergeben sich jedoch, wenn man nachweisen will, daß es auch komplexere angeborene Verhaltensweisen bei ihm gibt. Kaspar-Hauser-Versuche kann man aus ethischen Gründen nicht durchführen. Taubblind geborene Menschen stellen als ‹Zufallsexperimente der Natur› gleichsam einen Ersatz dar. Die Mimik solcher taubblinder Kinder ohne größere Hirnschäden gleicht beim Lachen und Weinen der gesunder Kinder. Eibl-Eibesfeldt (1978) bildet mehrere von ihm untersuchte Fälle ab und diskutiert ausführlich, daß diese Ausdrucksbewegungen hier nicht erlernt sein können. Als Methode, um auch beim Erwachsenen komplexere angeborene Verhaltensweisen aufzuspüren, schlägt Eibl-Eibesfeldt den Kulturenvergleich vor. Er entdeckte beispielsweise, daß beim Grüßen Menschen verschiedenartigster Kulturen auf der ganzen Welt für den Bruchteil einer Sekunde ruckartig die Augenbrauen hochziehen (Abb. 14). Sicherlich ist das universelle Vorkommen einer Verhaltensweise kein absoluter Beweis für ihr Angeborensein; bis zum schlüssigen Beweis des Gegenteils darf man aber diese Möglichkeit nicht außer Acht lassen.

Im Zusammenhang mit Instinkthandlungen darf natürlich auch der Begriff *Instinkt* nicht unerwähnt bleiben. Die erste zusammenfassende Darstellung der Ethologie führt diesen Begriff als «The Study of Instinct» sogar im Titel (Tinbergen 1951). Inzwischen scheut man sich immer mehr, ihn zu verwenden; er gilt als «der bei weitem umstrittenste Begriff in der Ethologie». «Am häufigsten versteht man . . . unter ‹Instinkt› einen angeborenen Verhaltensmechanismus, der sich in . . . Erb-

Abb. 14: Augengruß bei Balinese, Europäerin, Waika-Indianer (Südamerika). Die Augenbrauen werden etwa 1/6 Sekunde lang ruckartig angehoben (nach Eibl-Eibesfeldt 1978).

koordinationen äußert und der durch bestimmte Reize über einen Auslösemechanismus (AM) in Gang gesetzt werden kann» (Immelmann 1975, S. 63). Man muß eine Reihe von Instinkten unterscheiden. Jeder Instinkt umfaßt sowohl das ‹instinktive› Verhalten selbst als auch eine zugrunde liegende Motivation, die bei Anwesenheit geeigneter Reize zum Verhalten führt. Das wird im 3. Kapitel genauer erläutert.

3. Zusammenwirken innerer Faktoren mit äußeren Reizen

Ist ein Tier eine Reflexmaschine, kommen Verhaltensweisen nur durch äußere Reize in Gang? Das ist keineswegs der Fall. Denn tierisches Verhalten wird auch von Antriebsfaktoren mitbestimmt, die in den Tieren selbst liegen. Wir wollen die Erörterung entsprechender Tatsachen und Überlegungen mit einem quantitativ sorgfältig untersuchten Beispiel beginnen.

3.1. Herleitung des Motivationsbegriffes

Nachdem eines Tages einige Weibchen im Nest des Stichlingsmännchens abgelaicht haben und die Gelege jeweils besamt worden sind, hört es auf, weitere Weibchen durch den Zickzacktanz und die sich anschließenden Verhaltensweisen zum Ablaichen aufzufordern. (Auch das ist natürlich eine Erscheinung, die untersucht worden ist, uns aber hier nicht interessieren soll.) Das Männchen beginnt mit einem neuen Verhalten, dem Fächeln. Dabei orientiert es sich mit dem Kopf zum Nesteingang, ‹steht› im Abstand von 1–2 cm schräg vor diesem und treibt mit alternierenden Vorwärtsschlägen der Brustflossen einen Wasserstrom nestwärts. Beim Vorwärtsschlag bewegen sich alle Flossenstrahlen gleichzeitig, beim Rückwärtsschwingen aber die oberen zuerst und dann nacheinander die anderen, so daß die ganze Flosse schräg zurückgeführt wird. Durch Schwanzschläge verhindert der Fisch, daß er rück-

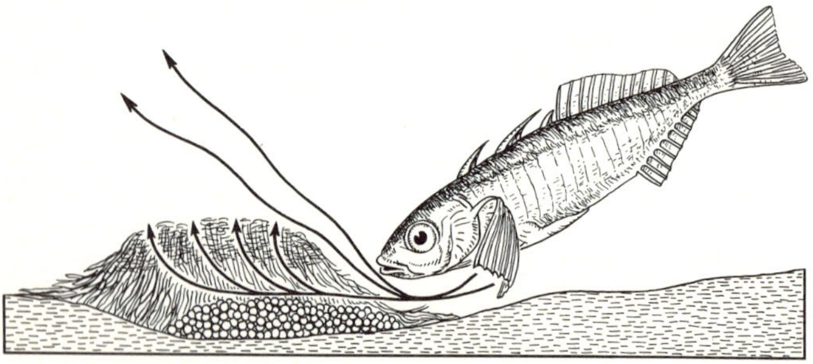

Abb. 15: Stichlingsmännchen (Gasterosteus aculeatus) beim Fächeln. Die Linien geben den Verlauf des Wasserstroms an (nach Tinbergen 1952).

wärts abtreibt, und hält sich so im Widerstreit beider Bewegungen am Platz. Der Wasserstrom bringt den sich entwickelnden Eiern frisches Wasser (Abb. 15). Die Entwicklungsdauer ist bei diesen wechselwarmen Tieren temperaturabhängig; sie beträgt bei 18–20 °C etwa 7 Tage. Während dieser Zeit nimmt die Fächelaktivität des Vaters ständig bis kurz vor dem Schlüpfen der Jungen zu. Am 1. Tag fächelt er – das ist individuenweise verschieden – vielleicht 2 Minuten in einem Beobachtungszeitraum von einer halben Stunde, am 6. Tag 12,5 Minuten. Nach dem Schlüpfen hört das Fächeln nicht abrupt auf. Auch durch das Nest mit den jungen Larven wird zunächst noch Wasser durchgetrieben. Doch wird das Fächeln allmählich bis etwa zum 10. Tage eingestellt.

Das Fächelverhalten ist für die Arterhaltung wichtig: Nichtbefächelte Gelege gehen ein. Die Fächelaktivität ist nicht nur von der Temperatur abhängig, sondern auch vom Gasgehalt des Wassers. Ältere Gelege haben einen höheren Stoffwechsel und ‹verbrauchen› das Wasser schneller. Auch bei künstlicher Erhöhung des CO_2-Gehaltes wird länger gefächelt. Es sieht demnach so aus, als würde das Fächeln von Außenfaktoren gesteuert.

Das läßt sich überprüfen. Ein Männchen fächelt unbeirrt weiter, wenn man es im Labor aus seinem Aquarium für kurze Zeit herausnimmt und währenddessen sein eigenes Nest gegen ein fremdes mit einem fremden Gelege austauscht, sofern das andere Nest nur an die gleiche Stelle gebracht wird. Wenn man auf diese Weise ein viertägiges Gelege durch ein frisches ersetzt, sollte man erwarten, daß die bereits relativ hohe Fächeltätigkeit auf die normalerweise für junge Eier ausreichende niedrige umgestellt wird. Indessen steigt sie weiter an, erreicht ihren Gipfel zu dem Zeitpunkt, zu dem sie ihn auch bei dem alten Gelege erreicht hätte, sinkt dann etwas ab und steigt wieder auf das jetzt für das neue Gelege nötige Niveau an (Abb. 16). Und umgekehrt(!): «Tauscht man dem brutpflegenden Stichlingsmännchen die Eier gegen ältere aus, so nimmt er die vorzeitig erscheinenden Jungfischchen an; er hütet sie und läßt plötzlich zu fächeln nach, sobald seine Adoptivkinder schlüpfen. Aber er hört nicht ganz auf, ja er fächelt bald wieder stärker und erreicht einen zweiten, niedrigeren Gipfelwert zu der Zeit, zu welcher sein eigenes Gelege geschlüpft wäre, wenn man es ihm gelassen hätte» (Tinbergen 1955, S. 39, nach v. Iersel 1953, S. 114).

Beide Befunde bedeuten, daß außer äußeren Reizen auch innere Faktoren das Verhalten des Männchens bestimmen, durch die es auf die durchschnittliche Entwicklungszeit eingestellt ist. Welcher Art sie sind, ist damit allerdings nicht gesagt.

Ganz allgemein rechnen nervöse und hormonale Prozesse zu den inneren Faktoren, ferner die genetische Anlage und biologische

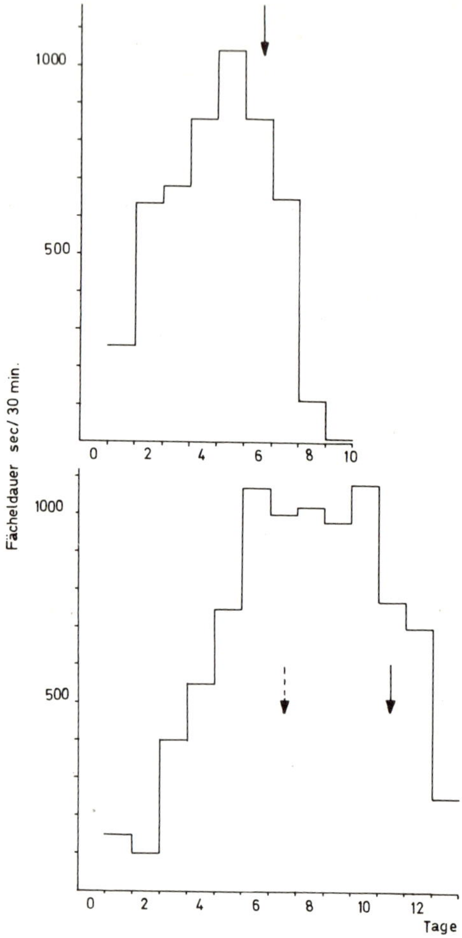

Abb. 16: Darstellung der Fächelaktivität zweier Stichlingsmännchen. Oben: normaler Verlauf; unten: Verlauf bei einem Stichling, dessen Gelege am 4. Tag durch ein frisches ersetzt wurde. Die ausgezogenen Pfeile geben die tatsächlichen Schlupftermine an, der gestrichelte Pfeil den erwarteten Schlupftermin des älteren, weggenommenen Geleges (nach van Iersel 1953).

Rhythmen. Sie stehen nicht für sich allein, sondern werden ihrerseits von vielfältigen anderen Faktoren beeinflußt, z. B. dem Lebensalter, der ökologischen Situation, dem Wohngebiet eines Tieres, der Jahreszeit, ferner der Vorgeschichte der betreffenden Verhaltensweise sowie Lernvorgängen.

Äußere und innere Faktoren bedingen zusammen die *Bereitschaft* eines Tieres zu bestimmten Handlungen; von den äußeren Faktoren muß man allerdings die Schlüsselreize ausklammern, die letzten Endes dafür nötig sind, eine Verhaltensweise auszulösen. Man bezeichnet die Bereitschaft zu bestimmten Reaktionen oder den *Antrieb* zu Aktionen als *Stimmung* oder *Motivation*. Da die Verhaltensweisen in letzter Instanz vom Nervensystem ‹geschaltet› werden, können wir also sagen: Motivation ist die Gesamtheit der im Zentralnervensystem zusammenwirkenden Faktoren, die Verhaltensweisen verursachen, abzüglich der speziellen, das Verhalten in einer bestimmten Situation auslösenden Reize.

Die Motivation eines Tieres ist nicht konstant; ein Hund, der einen Tag lang kein Futter bekommen hat, wird mehr Fleisch fressen, als wenn er gerade gefüttert worden ist. Sie läßt sich aber, weil von vielen Faktoren abhängig, nicht direkt messen. Insbesondere sind innere Bedingungen, Vorgänge und Zustände im Nervensystem derzeit noch kaum in genügendem Maße erfaßbar. Deshalb kann der Ethologe den Motiviertheitsgrad nur aus dem Verhalten erschließen, indem er versucht, vor allem durch Variationen der Außenfaktoren auch etwas über die inneren Bedingungen zu erfahren (Abb. 17). (Wie man auch die inneren Faktoren direkt zu variieren versucht, wird im nächsten Kapitel näher erläutert.)

Von den verschiedenen Verhaltensweisen, die ein Tier zeigt, schließt man auf verschiedene zugrunde liegende Motivationen. Man kann danach mehr oder weniger genau bestimmte, umfassende Verhaltenskategorien aufstellen, sog. *Funktionskreise*. Als ‹große› Funktionskreise unterscheidet man z. B. Nahrungserwerb, Fortpflanzung, Schutz vor Feinden. Untergeordnete Funktionskreise sind etwa Balz und Paarung, Brutpflege, Territorialverhalten und innerartliche Aggression, Fortbewegung, Flucht.

Terminologisch befinden wir uns mit dem Begriff Motivation in ähnlicher Lage wie mit dem Begriff Schlüsselreiz. Beide werden zur Bildung von Ober- und Unterbegriffen verwendet. Man kann vom fächelnden Stichling sagen, er zeige Fächelmotivation, oder auch umfassender, er befinde sich in Brutpflegemotivation. Mit dem ersten Ausdruck beschreiben wir natürlich den speziellen Zustand genauer als mit dem letzteren. Sprachlich wirken beide schwerfällig, und das mag ein Grund dafür sein, daß außer Motivation auch noch viele andere Aus-

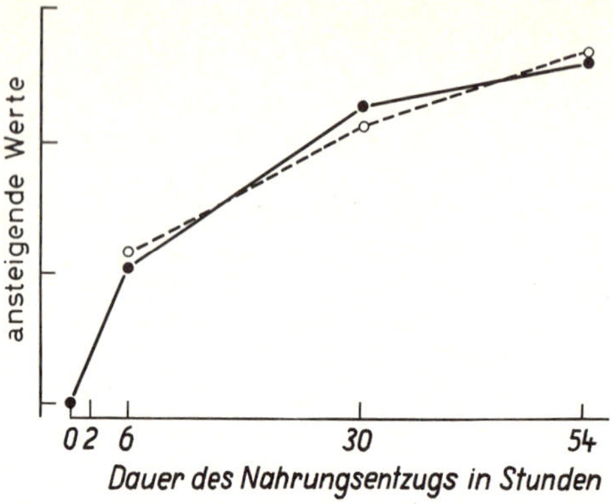

Abb. 17: Der Hunger von Ratten nach Nahrungsentzug wurde auf verschiedene Weise gemessen. (•------•) Chininmenge, die dem Futter beigegeben werden konnte, bevor es abgelehnt wurde. (•———•) Häufigkeit der Versuche einer Ratte, durch das Drücken eines Hebels Futter zu bekommen (nach Miller 1957).

drücke verwendet werden, wie ‹*Stimmung*›, ‹*Trieb*›, ‹*Antrieb*›, ‹*Drang*›, ‹*Handlungsbereitschaft*›, ‹*Tendenz*›, ‹*innere Bedingungen*›. ‹Der Stichling ist in Brutpflegestimmung› klingt einfach vertrauter als ‹er ist in Brutpflegemotivation›. (Damit ist zugleich ausgedrückt, daß entsprechende Sachverhalte auch im Alltagsleben bekannt sind, wodurch die Verständigungsschwierigkeiten aber eher vergrößert werden. Mit den in der Psychologie verwendeten Motivations-Begriffen wollen wir uns hier nicht auseinandersetzen.)

3.2. Appetenz und Endhandlung

Oft kann man feststellen, daß ein Tier nach Entzug oder bei natürlichem Fehlen bestimmter Reize eine charakteristische Unruhe zeigt, die sich z. B. darin äußert, daß es in seinem Wohngebiet umherläuft und ganz offensichtlich nach etwas sucht. Hat es dann etwa Nahrung gefunden und gefressen, so erlischt das Suchverhalten und kann anderen Verhaltensweisen Platz machen, bis es vielleicht nach einiger Zeit wieder auftaucht. Dieses Suchverhalten wird als *Appetenzverhalten* bezeichnet (lat. appetere = anstreben; engl. appetitive behaviour). Die auf das Appetenzverhalten folgenden Handlungsschritte nennt man *Endhandlung* (engl. consummatory act). Beispiele für Endhandlungen sind das Schlagen und Kröpfen einer Beute durch einen Greifvogel, der Zickzacktanz und die weiteren Handlungsschritte bis zum Ablaichen und Besamen in der Balz des Stichlings, der Zungenschlag der Kröte, die Raffbewegungen des Krallenfrosches. Es handelt sich dabei um Erbkoordinationen, Instinkthandlungen oder Handlungsketten, die zwar nicht alle ohne orientierende Wendungen ablaufen, insgesamt gesehen aber relativ starr sind – jedenfalls im Vergleich zum Appetenzverhalten. «Die Endhandlung ist relativ einfach, im äußersten Falle eine Reaktionskette, in welcher jedes Glied sich als Simultanverschränkung von Erbkoordination und Taxis darstellt. Das Appetenzverhalten dagegen ist vollendet und hartnäckig zielstrebig; es ist plastisch, adaptiv und dermaßen komplex, daß es den Forscher bei seiner Betrachtung des Gesamtverhaltens immer wieder verblüfft. Es ist zusammengesetzt aus allen erdenklichen Elementen; es enthält Reflexe, alle Gangarten und Fortbewegungsweisen, Erlerntes, ja Einsichtshandlungen und was sonst noch alles» (Tinbergen 1966 b, S. 98). Ziele des Appetenzverhaltens sind offenbar die auslösenden Reizsituationen und der Ablauf der Endhandlung. Es ist jedoch nicht anzunehmen, daß das Tier eine Vorstellung davon hat, was es sucht; das kommt wohl allenfalls bei höheren Tieren in Frage, die bereits Erfahrungen haben.

Oft läßt sich das Appetenzverhalten in zwei Phasen untergliedern. Die erste Phase besteht in einem ungerichteten Suchen, die zweite in einem gezielten Annähern an eine entdeckte Reizquelle. Ein Greifvogel fliegt zunächst anscheinend ziellos durch sein Gebiet; erblickt er dabei ein kleines Säugetier, so stürzt er sich rasch darauf. In Balzstimmung schwimmt der männliche Stichling ebenfalls ohne Ziel in seinem Revier umher; erscheint dann ein Weibchen, so nähert er sich diesem und vollführt seinen Zickzacktanz. Die Kreuzspinne (Araneus diadematus) webt ihr Netz mit klebrigen Fangfäden und bleibt lauernd kopfabwärts in seinem Zentrum sitzen; gerät eine Fliege hinein, erkennt sie aus den Erschütterungen die Richtung und läuft auf sie zu, versetzt ihr – als Endhandlung – einen Biß, spinnt sie ein und saugt sie (meistens auch gleich) in ihrem Ruhesitz aus.

Nicht jedes Verhalten läßt sich klar in Appetenzverhalten und Endhandlung untergliedern. Die Flucht eines Tieres kann man als Endhandlung ohne vorhergehende Appetenz auffassen, wenn man nicht die dauernde Fluchtbereitschaft, die sich z. B. im Sichern äußert, darunter verstehen will. Umgekehrt ist der Vogelzug wohl als Appetenzverhalten ohne Endhandlung anzusehen; an ihrer Stelle steht ein ‹Endzustand›.

Nach erfolgter Endhandlung läßt sich dieselbe Verhaltensweise vielfach nicht sofort abermals auslösen. Bekannt ist, daß Säugermännchen nach einer erfolgreichen Kopulation trotz Anwesenheit brünstiger Weibchen nicht sogleich wieder kopulieren. Vergleichbares hat man z.B. bei der im Sommer an besonnten Hauswänden häufig vorkommenden, schwarz-weiß gestreiften Harlekin-Springspinne (Salticus scenicus) gefunden und näher untersucht. Die Springspinnenmännchen führen vor Weibchen, die sie optisch erkennen, eine Balz aus, bei der man vier Abschnitte unterscheidet: Zuwendung, Heranlaufen, Winken mit den hocherhobenen Vorderbeinen und einen ‹Liebestanz›, bei dem das Männchen mit schräg nach vorn gespreizten Vorderbeinen im Zickzack auf das Weibchen zuläuft; anschließend kann die Kopulation

Abb. 18: ‹Liebestanz› eines Springspinnenmännchens (Salticus scenicus) vor einem toten, unbewegten Weibchen (nach Drees 1952).

erfolgen. Die ersten beiden Verhaltensweisen dürften als 2. Phase des Appetenzverhaltens zu deuten sein, die übrigen als Teilglieder der Endhandlungs-Reaktionskette. Mit kleinen räumlichen Attrappen, wozu man auch tote Weibchen rechnen kann, ließ sich im Versuch der Liebestanz erschöpfen, so daß er zumindest für die Dauer einer Stunde nicht auslösbar war. Eine rein muskuläre Ermattung der Spinnen lag nicht vor, denn sie streiften unmittelbar nach völligem Versiegen dieser Balzhandlung so munter wie je im Untersuchungskäfig umher. Auch war nicht etwa die Reaktionsfähigkeit der Augen auf das auslösende Reizobjekt oder der Auslösemechanismus sonst irgendwie im sensorischen Bereich ermüdet; denn das Beinwinken, das auf dieselben Schlüsselreize anspricht wie der Liebestanz, war anschließend noch auslösbar. Offenbar handelt es sich um zentralnervöse Vorgänge, die eine bislang nicht genauer beschriebene innere Antriebsenergie vermindern, so daß der gleiche Reiz nicht mehr wie vorher beantwortet wird – die Reizschwelle ist erhöht. Auf diese Deutungsmöglichkeit vieler vergleichbarer Erscheinungen bezieht sich der englische Ausdruck ‹consummatory act›. Er vermittelt die Vorstellung, daß durch eine Endhandlung eine Motivation ganz oder teilweise verbraucht wird. Das läßt sich aber, wie oben ausgeführt, nicht direkt messen; dagegen läßt sich häufig qualitativ, gelegentlich auch quantitativ eine Reizschwellenänderung erfassen. Wie die Motivation durch die Endhandlung vermindert (oder die Reizschwelle erhöht) wird, ist unklar. Theoretisch sind mehrere Wege denkbar, etwa, daß schon von dem – neurophysiologisch vermittelten – Befehl an die Effektoren vor Ausführung der Handlung eine bereitschaftssenkende Rückmeldung zur Zentrale erfolgt; oder daß der Ablauf des Verhaltens selbst die Motivation senkt (vgl. S. 51); oder daß das aufgrund unmittelbarer Änderungen im Körper, wie etwa entleerter Samenbehälter, erfolgt; oder daß die durch das Verhalten bewirkte Änderung der äußeren Reizsituation dafür verantwortlich ist.

So, wie die Reizschwelle nach erfolgter Endhandlung ansteigen kann, kann sie auch absinken, wenn eine entsprechende Reizsituation längere Zeit nicht geboten wird. Springspinnen reagieren bei zunehmend längerem Hungern immer mehr auf Attrappen, die einer Beute immer unähnlicher sind. Im Extremfall kann die Reaktion auch einmal ohne auslösende Reize ablaufen; weitere Beispiele für solche ‹Leerlaufhandlungen› werden unten gegeben (s. S. 49).

Die Springspinnen machen noch mehr deutlich. Man kann Attrappen konstruieren, die Merkmale von Weibchen und von Beutetieren haben. Vor diesen zeigen die Männchen zu jedem Zeitpunkt entweder nur Verhaltensweisen des Beutefangs oder nur der Balz, also keine vermischten Elemente. Offenbar schließen hier die zugrunde liegenden Triebe einander aus, auch dann, wenn eine Spinne sowohl einige Zeit keine Beute gefangen als auch nicht kopuliert hat. Das braucht nicht bei allen Arten so zu sein. Der ‹Wettstreit› mehrerer zugleich aktivierter Triebe kann bei manchen zu überraschenden Handlungen führen. Rivalisierende Stichlingsmännchen scheinen zwischen Flucht und Angriff hin- und hergerissen zu sein, ihre Motivation zur Flucht hält jener zum Angriff die Waage. Die Tiere zeigen sich in dieser Konfliktsituation deutlich ‹unentschlossen› *(Konfliktverhalten)*. Sie äußern dann mitunter Verhaltensweisen, die man in diesem Zusammenhang nicht erwartet, etwa Nestbaubewegungen, obwohl ein Nest bereits vorhanden ist und obwohl später, nach der Auseinandersetzung, nicht mehr weitergebaut wird. Man spricht von *Übersprungsbewegungen*.

3.3. Motivationsanalyse

Wie schon gesagt, muß man Motivationen für Verhaltensweisen unterschiedlicher Integrationshöhe unterscheiden. Das Fächeln des Stichlings ist Teil des Brutpflegeverhaltens, die Fächelmotivation deshalb auch der allgemeineren Brutpflegemotivation unterzuordnen. Andererseits kann man verschiedene Motivationen gleicher Integrationshöhe unterscheiden. Sind mehrere aktiviert, so unterdrückt eine für gewöhnlich die anderen, wie bei Balz und Beutefang der Springspinne dargestellt. Einfache Verhaltensweisen jedoch werden oft unter dem Einfluß verschiedener höherer Motivationen ausgeführt, z. B. das Schwimmen eines Fisches bei Angriff oder bei Flucht.

Von vornherein läßt sich weder sagen, wieviele Motivationen (Triebe) eine Tierart hat, noch, wie sie im einzelnen aufgebaut sind. Es ist Aufgabe der *Motivationsanalyse*, das zu klären und zu versuchen, die verschiedenen Verhaltensweisen bestimmten Trieben höherer Integrationsstufe zuzuordnen. Hinweise dafür gewinnt man aus der Form des Verhaltens, seiner zeitlichen Korrelation mit anderen Verhaltensweisen sowie der auslösenden Situation:

- ähnlich aussehende Verhaltensweisen lassen auf gemeinsame Motivation schließen, wenn man davon ausgeht, daß sie vom Tier nicht jederzeit, sondern nur zu bestimmten Zeiten und unter bestimmten Bedingungen gezeigt werden;
- Verhaltensweisen, die häufig gekoppelt miteinander auftreten, dürften der gleichen Motivation entstammen. Das gilt unter der Annahme, daß ein höherer Trieb mehrere Verhaltensweisen hervorrufen kann und Triebe weniger schnell wechseln als Verhaltensweisen;
- die auslösende Reizsituation kann deshalb berücksichtigt werden, weil man annimmt, daß ein Trieb nicht biologisch sinnlos ist, sondern in einer bestimmten Situation gerade alle die Verhaltensweisen hervorruft, die der Situation biologisch angemessen sind.

Man hat auf diese Weise interessante Befunde gemacht, von denen ein neueres Beispiel kurz dargestellt sei. Bei der Untersuchung der Einehigkeit im Tierreich stieß man auf die Garnele Hymenocera picta, die im Indischen und Pazifischen Ozean im flachen Wasser zwischen Küste und Korallenriff wohnt (Abb. 19). Die erwachsenen Tiere sind etwa 5 cm lang. Im Aquarium sitzen regelmäßig ein Männchen und ein Weibchen als Paar zusammen und berühren und bestreicheln sich ab und zu mit den großen Scheren oder den langen ersten Antennen. Jedes Männchen sitzt nur mit einem ganz bestimmten Weibchen zusammen und hat eine Bindung an dieses. Diese äußert sich darin, daß es ihm nachfolgt oder ganz offensichtlich nach ihm sucht, wenn man es ent-

Abb. 19: Hymenocera picta auf einem Seestern (Foto: U. Seibt).

fernt. Ohne Zweifel liegt hier ein soziales Verhalten vor. Man kennt vier sozusagen klassische soziale Motivationen, nämlich für Aggression, Flucht, Sexualität und Brutpflege. Es liegt nahe, das Paarsitzen dem Sexualverhalten zuzuordnen. Wenn man es dann aber nach den oben angegebenen Kriterien analysiert, stellt sich folgendes heraus: «In der Form ist dieses Verhalten von den meisten anderen Verhaltensweisen deutlich verschieden. Es hat selbst zum Sexualverhalten nur geringe Ähnlichkeiten. Beim Sexualverhalten versucht das Männchen immer wieder, das Weibchen zu besteigen, beim Paarsitzen dagegen hält es einen Mindestabstand von etwa 1 bis 2 cm zum Weibchen ein . . . Paarsitzen ist mit keinem anderen Verhalten korreliert und deshalb auch nicht als Konfliktverhalten deutbar (abgesehen davon, daß die Tiere in Konflikten meist erregter als sonst und nicht, wie Hymenocera beim Paarsitzen, ruhiger als sonst sind).» «Sexualverhalten wird von jedem beliebigen Weibchen ausgelöst, Paarsitzen aber nur von einem bestimmten Weibchen, das vom Männchen individuell (vermutlich am Geruch) erkannt wird» (Wickler/Seibt 1972, S. 166/167). «Wir können also das Paarsitzen keinem der anderen Triebe zuordnen.» Insbesondere ist «die Annahme, die Bindungen zwischen geschlechtsreifen geschlechtsverschiedenen Individuen kämen durch den Sexualtrieb zustande, . . . nicht haltbar. Man kann deshalb . . . von einem Bindungstrieb sprechen» (a. a. O.). Eine unter den oben gemachten Voraussetzungen betriebene Motivationsanalyse kann also, wie hier gezeigt, selbst auf diesem relativ hohen Niveau der Motivationen noch neue ausfindig machen.

3.4. Modellvorstellungen zur Motivation

Gerade relativ vage Begriffe wie der der Motivation fordern dazu heraus, sich Modellvorstellungen davon zu machen, um auf diese Weise die Diskussion und experimentelle Überprüfungen anzuregen. Keineswegs darf man erwarten, daß ein Modell von vornherein endgültig ist, auch wenn viele Leser froh sind, mit einer Modellvorstellung schwierige Verhältnisse auf oftmals einfache Weise erklärt zu finden. Modelle sind zunächst nichts anderes als Denkhilfen zu einem ganz bestimmten Zweck, dürfen aber nicht durch vorschnelle Verabsolutierung zu Denkbremsen werden.

Wir wollen zwei Modelle zur Motivation vorstellen, das erste, weil es wohl das älteste und bekannteste ist; das zweite, weil es sich der modernen Begriffssprache der Kybernetik bedient, wobei insbesondere Regelprozesse Beachtung finden, die das erste Modell nicht berücksichtigt.

3.4.1. ‹Psychohydraulisches› Motivationsmodell

Dieses in seinen Grundzügen von Lorenz (1937, aus Lorenz 1965) entwickelte Modell führt seinen Namen deshalb, weil es Elemente eines hydraulischen Systems zur Erklärung benutzt (Abb. 20).

Man stelle sich vor, daß Wasser in ein Wasserbecken mit einem Abfluß im Boden fließt. Es wird jedoch am Ausfließen durch ein Ventil mit einer Rückdruckfeder gehindert. Das ansteigende Wasser übt nun einen Druck auf diesen Sperrmechanismus aus, und mit Hilfe eines gleichzeitig daran ziehenden äußeren Gewichtes wird er überwunden, das Wasser fließt aus. Je voller das Becken und je schwerer das Gewicht sind, um so weiter öffnet sich das Ventil und um so mehr Wasser fließt pro Zeiteinheit aus.

Durch Gleichsetzung der hier verwendeten Begriffe mit Begriffen aus der Verhaltensbeschreibung wird das Modell konstruiert. Dabei gilt:

- das Becken entspricht dem für ein Verhalten zuständigen System im ZNS;
- der Wassereinfluß entspricht der ansteigenden Motivation;
- das Gewicht entspricht dem auslösenden Reiz;
- der Sperrmechanismus entspricht der Reizschwelle;

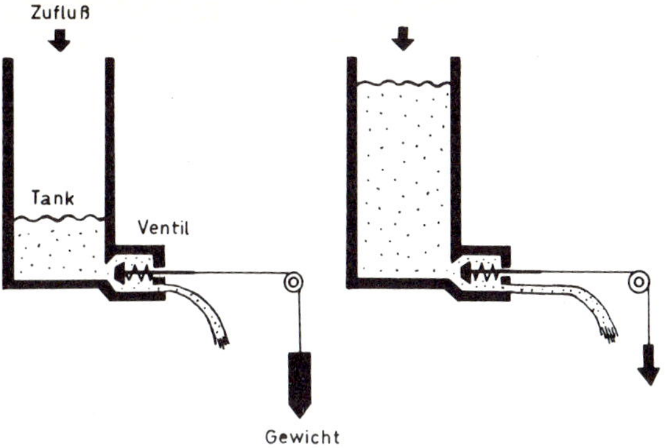

Abb. 20: Hydraulisches Motivationsmodell, das das Zusammenwirken von inneren und äußeren Faktoren beim Auftreten einer Verhaltensweise veranschaulichen soll (nach Lorenz 1965).

– der Wasserausfluß entspricht der Verhaltensreaktion oder -aktion;
– die Stärke des Wasserausflusses entspricht der Stärke der Reaktion.

Diese Modellvorstellung verdeutlicht also, wie äußere Reize und innere Bedingungen für das Auftreten einer Verhaltensweise und deren Reaktionsstärke verantwortlich sind. Man bezeichnet diesen Sachverhalt als *doppelte Quantifizierung* der Reaktionsstärke durch äußere Reize und innere Bedingungen. Eine mittlere Reaktionsstärke kann also herrühren von

– mittlerer Motivation und mittlerer Reizgüte;
– hoher Motivation und geringer Reizgüte;
– geringer Motivation und hoher Reizgüte.

Oder aber: Hohe Motivation kann geringe Reizgüte ausgleichen und umgekehrt – die hungrige Springspinne nimmt auch unähnliche Attrappen als Beute. Im Extremfall müßte sich ein bestimmtes Verhalten auch dann zeigen, wenn zwar keine auslösenden Reize, aber eine besonders große Motivation vorhanden sind: *Leerlaufhandlung*. Leerlaufhandlungen sind außer von Lorenz auch von einigen anderen Autoren beschrieben worden. « . . . canaries deprived of nest material will perform the movements of weaving material into a non-existing nest» (Hinde 1966, S. 312). Ein zweiter Beleg: «Ich kenne aus eigener Erfahrung nur ein einziges unverwechselbares Beispiel dafür: Ein junges ausgewachsenes Buntbarschweibchen (Etroplus suratensis) befächelt imaginäre Eier. Es hatte vorher nie Eier besessen und auch nie welche gesehen; dennoch befächelt es zwei Tage lang verschiedene Stellen der

Aquarienwand. Es zeigt also, daß für die Auslösung dieses Verhaltens keine besonderen eierähnlichen Reize notwendig sind. Immerhin kann man nicht ausschließen, daß andere Reize – vielleicht die Wand selber – dieses Brutpflegeverhalten ausgelöst haben» (Barlow, in Immelmann 1974, S. 215). Die Motivation ist offenbar so hoch, daß das Verhalten ohne auslösende Reize abläuft. – Die Schwierigkeiten beim Erkennen einer Leerlaufhandlung liegen u. a. darin, daß normalerweise die auslösenden Reize zur Verhaltensbeschreibung wesentlich sind, so daß man eben bei fehlenden Reizen nicht sicher sein kann, ob ein auftretendes Verhalten wirklich auf die fehlenden Reize gemünzt ist.

Da Verhalten auf der Tätigkeit des Nervensystems beruht, ist klar, daß die Modellvorstellung von Lorenz nur soweit gültig sein kann, als sie entsprechende Vorgänge im Nervensystem berücksichtigt; was dem Ansteigen des Wasserspiegels oder dem Sperrmechanismus physiologisch entspricht, weiß man derzeit nicht.

In einem neueren Modell diskutiert Lorenz, daß auch die auslösenden Reize als Zuflüsse gedeutet werden könnten, die plötzlich den Motivationszustand erhöhen und so den Sperrmechanismus überwinden. «Nach diesem Modell unterscheiden sich die unmittelbar auslösenden Reizkonfigurationen von den aufladenden nur durch die Schnelligkeit ihrer Wirkung» (Lorenz 1978, S. 143), und das Gewicht wäre überflüssig.

3.4.2. Biokybernetische Modellvorstellung

Die in den letzten Jahren an Bedeutung gewinnende Biokybernetik hat etwas differenziertere Modelle zur Verhaltenssteuerung entwickelt (Abb. 21 und 22). Ihre Überlegungen müssen natürlich ebenfalls berücksichtigen, daß Ablauf und Intensität vieler Verhaltensweisen von den beiden bereits bekannten Variablen abhängen, den auslösenden Reizen und der Motivation (inneren Bedingungen).

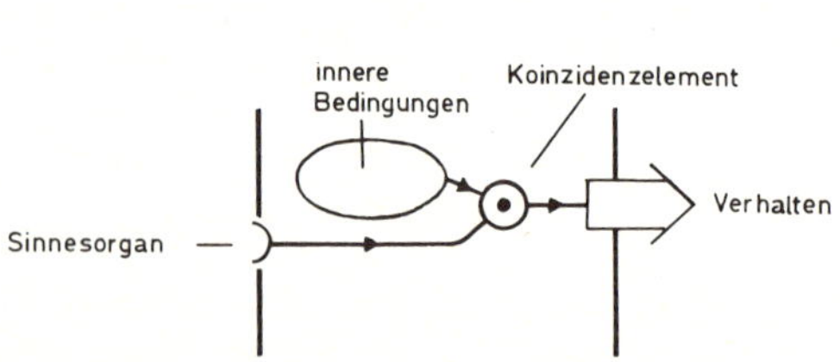

Abb. 21: Funktionsschaltbild, das das Zusammenwirken von auslösenden Reizen und inneren Bedingungen (Motivation) beim Zustandekommen einer Verhaltensweise zeigen soll (nach Hassenstein 1973).

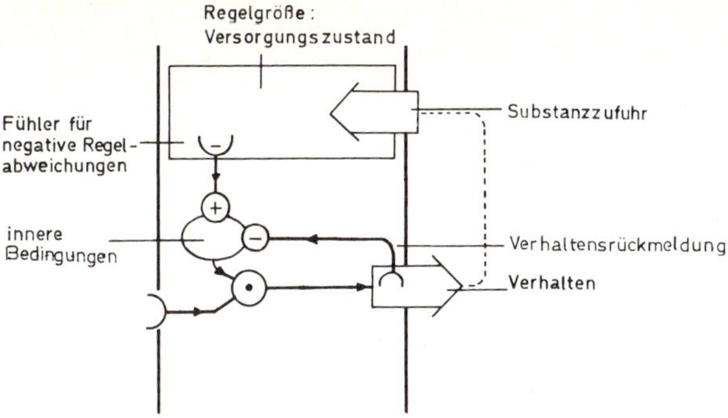

Abb. 22: Funktionsschaltbild für die Verhaltenssteuerung bei der Nahrungsaufnahme. Erklärung im Text (nach Hassenstein 1973).

Für den einfachsten Fall einer Reaktion auf auslösende Reize kann man sich vorstellen, daß die auf ein Sinnesorgan auftreffenden Reize dort in neurophysiologische Signale umgewandelt werden, die – auf die bekannte Weise – an ein physiologisch und anatomisch nicht weiter definiertes Verrechnungszentrum (Koinzidenzelement) im ZNS weitergeleitet werden. Wenn gleichzeitig auch Signale über die entsprechenden inneren Bedingungen dort eintreffen, sendet das Koinzidenzelement seinerseits Signale aus. Sie sind von den Eingangs-Signalströmen abhängig und haben dann das entsprechende Verhalten zur Folge.

Wie wir bereits wissen, kann die Ausübung eines Verhaltens einen hemmenden Einfluß auf die zugrunde liegende Motivation haben, es sofort wieder auszuführen. Eine Denkmöglichkeit für eine derartige hemmende Rückwirkung der Endhandlung auf den Motivationszustand soll am Beispiel der Nahrungsaufnahme illustriert werden. Wichtig ist hierbei, daß eine Verhaltens-Rückmeldung stattfindet und damit ein *Regelkreis* vorliegt. Allein schon das Essen der Nahrung hat einen Einfluß auf die inneren Bedingungen, bevor die aufgenommene Nahrung vom Organismus ausgewertet werden kann. «Hat ein Lebewesen seinen Magen gefüllt, so ist damit das Defizit des Stoffwechsels noch nicht ausgeglichen. Zuerst muß die Nahrung verdaut und resorbiert sein. Das dauert eine halbe Stunde oder noch länger. Die Meldung über den Ausgleich des Fehlbetrages im Stoffwechsel käme also viel zu spät, um die Mahlzeit (= den Vorgang der Nahrungsaufnahme) rechtzeitig zu beenden. Hier springt der zusätzliche ‹kurz geschlossene› Signalweg ein und liefert gleichsam eine Vorwegmeldung, die die Bereitschaft rechtzeitig absenkt». Deren Wirkung klingt zwar rasch ab, «überbrückt aber den Zeitraum der Verdauung und Resorption der

Nahrung. Im Regelfall wird die ‹Vorwegmeldung› später durch die Normalisierung des Stoffwechseldefizits ‹bestätigt›» (Hassenstein 1973, S. 185).

Wie bei dem psychohydraulischen Modell wird auch bei den kybernetischen Vorstellungen nicht gesagt, was man unter den in den Schemata deutlich begrenzten Elementen, wie innere Bedingungen oder Koinzidenzelement, im einzelnen zu verstehen hat. Das wollen und können solche Modelle auch gar nicht leisten; sie sind ihrer Anlage nach Übersichtsmodelle.

3.5. Unklarheiten im Zusammenhang mit dem Motivationsbegriff

Wir haben versucht zu erklären, was man unter Motivation zu verstehen hat, haben am Beispiel gezeigt, daß es umfassende und weniger umfassende Motivationen gibt und haben diese trotzdem mit dem gleichen Namen – eben Motivation – belegt. Das wird aber keineswegs von allen Autoren so gehandhabt. «Einige . . . bezeichnen mit Motivation einen länger dauernden Zustand, der mehreren miteinander korrelierten ‹Unterzuständen› übergeordnet ist. Die untergeordneten Zustände werden oft Handlungsbereitschaft genannt» (Becker-Carus u.a. 1972, S. 325). Und als zweites Beispiel: Man nennt «die übergeordneten Handlungsbereitschaften, die ein echtes Appetenzverhalten auslösen, Triebe (heute häufig auch ‹Tendenzen›). Als Drang oder Motivation wird die Bereitschaft zu einem spezifischen Bewegungsablauf, der an bestimmte Außenreize gebunden ist, bezeichnet» (Tembrock 1967, S. 36). Etwas später (1973, S. 159) schreibt derselbe Autor, daß es bisher nicht möglich war, für die Begriffe Trieb, Motivation, Appetenz, Aversion (bei Ausweichverhalten), Tendenz, Drang klare Definitionen herzuleiten. Das zeigt, wie wandelbar die Begriffsbildungen und wie unterschiedlich die Auffassungen sein können, und soll davor warnen, eine bei einem Autor gelesene Definition als unveränderlich und absolut gültig anzusehen. Viele Begriffe der Ethologie sind Arbeitsbegriffe, wie auch viele Vorstellungen Arbeitshypothesen sind; man muß sich bei jedem Autor darüber zu informieren suchen, was er mit einem Begriff meint.

4. Zentralnervöse und hormonelle Bedingungen

An verschiedenen Stellen in unserer Darstellung wurde bisher deutlich, daß außer den Sinnesorganen einerseits und den Muskeln und weiteren Erfolgsorganen andererseits bei einem Vielzeller das Nervensystem entscheidend wichtig für das Zustandekommen seiner Verhaltensäußerungen ist. Bei den meisten Tieren – Ausnahmen bilden z. B. viele Hohltiere – kann man das Nervensystem in zentrale und periphere Abschnitte untergliedern. Die zentralen Teile (Zentralnervensystem, ZNS) bestehen aus Anhäufungen von Nervenzellkörpern und aus mehr oder weniger dichten Verfilzungen der feinen Ausläufer der Nervenzellen untereinander. Die peripheren Anteile des Nervensystems bestehen weitgehend aus längeren Nervenzellfortsätzen, die Erregungen von den Sinnesorganen zum ZNS oder von diesem zu den Effektoren leiten.

Außer dem richtigen Funktionieren des Nervensystems sind natürlich gleichermaßen vielfältige Funktionsabläufe der anderen Organe eines Tieres dafür notwendig, daß es sich situationsadäquat verhält. Unter diesen Organen spielen insbesondere Hormondrüsen – wenn bei einer Tierart überhaupt vorhanden – eine bedeutende Rolle; sie sind wie das ZNS für das harmonische Zusammenwirken von Körperteilen und -funktionen verantwortlich.

Bei der klassischen ethologischen Arbeitsweise versucht man, durch Beobachtung und Vergleich von Verhaltensweisen und Lebensräumen verschiedener Tiere, die ‹intakt› sind, auch etwas über die Ursachen des Verhaltens – z. B. Schlüsselreize – zu erschließen. Das sind indirekte Verfahren. Weiter kommt man, wenn man zusätzlich noch den Bau der Nervensysteme mit berücksichtigt. Wenn jedoch zentralisierte Nervensysteme und Hormondrüsen vorhanden sind, fällt es meist nicht besonders schwer, experimentell Eingriffe in das ZNS und in den Hormonhaushalt vorzunehmen. Man kann so versuchen, Ursachen für Verhaltensweisen auch direkt zu erschließen. Bevor man das tut, ist es aber unerläßlich, das normale Verhalten eines Tieres mit den beschreibend-quantifizierenden Methoden zu erfassen; erst wenn der Experimentator das in einer bestimmten Situation zu erwartende Normalverhalten kennt, ist ein experimenteller Eingriff sinnvoll und vertretbar.

4.1. Verhalten und Hirnbau

Arbeitsprinzip der vergleichenden Verhaltensforschung ist das Vergleichen der arttypischen Verhaltensinventarien von mehr oder weniger nah miteinander verwandten Arten. Man kann entsprechend versuchen, auch die zentralnervösen Strukturen der untersuchten Arten zueinander in Beziehung zu setzen. Wir wollen das am Beispiel von zwei Arten mitteleuropäischer Musteliden, dem Steinmarder (Martes foina) und dem Iltis (Mustela putorius), aufzeigen und versuchen, Unterschiede im Verhalten mit Unterschieden in der Ausbildung der Gehirne in Einklang zu bringen.

Der Steinmarder ist ein dämmerungsaktives Raubtier. Er kann gut klettern und springen. Seine Augen sind verhältnismäßig groß. Man hat nachgewiesen, daß er über ein gut ausgebildetes Form- und Bewegungssehen verfügt, mit dessen Hilfe er Beute auch auf größere Entfernungen zu erkennen vermag.

Der Iltis dagegen ist ein hauptsächlich auf dem Boden lebendes, während der Dunkelheit aktives Raubtier; die Springgewandtheit des Marders fehlt ihm, auch klettert er nur vereinzelt. Bei der Nahrungssuche orientiert er sich fast ausschließlich geruchlich. Optische Reize, wie die Form oder Färbung einer Beute, haben für ihn kaum Bedeutung. Sein Beutefangverhalten, ja alle Verhaltensweisen wirken «sehr viel stereotyper, starrer, . . . als bei den echten Mardern. Darum ist es auch viel leichter, die Lebensäußerungen des Iltis . . . in ganz bestimmte Stellungen, Bewegungen, und andere Verhaltensweisen einzuteilen» (Goethe 1940, S. 212).

Beim Vergleich der Gehirne beider Arten muß man berücksichtigen, daß ausgewachsene Steinmarder-Männchen 1600 g, Iltis-Männchen nur 1200 g wiegen. Wäre der Steinmarder also so etwas wie eine ‹vergrößerte Ausgabe› des Iltis, so ‹dürfte› sein Gehirn auch 4/3 mal so groß sein wie das Iltisgehirn. Tatsächlich besteht jedoch ein Verhältnis von ca. 22000 mm^3 zu 9500 mm^3, d. h. das Mardergehirn ist weit größer als der erwartete Wert von $4/3 \cdot 9500$ mm^3 = ca. 12700 mm^3, übertrifft diesen insgesamt also um 73 %. Das Mardergehirn ist nun nicht in allen fünf Hirnteilen gleichmäßig vergrößert. Mit einer Zunahme von 84 % übertrifft das Endhirn die Zunahme der anderen Hirnteile. Selbst wenn man über die Funktionen der Hirnteile bei den Säugetieren nichts wüßte, dürfte man vermuten, daß das plastischere Verhalten des Marders nicht nur mit der absoluten Zunahme seiner Hirngröße, sondern gerade auch mit der relativ stärkeren Größenzunahme seines Endhirns in positiver Beziehung stünde. Da man jedoch über die Funktionen der Hirnteile bei vielen Säugerarten, u. a. durch unten geschilderte Methoden, Bescheid weiß, ist die eben geäußerte Vermutung als gesicherte Schlußfolgerung anzusehen: Das im Vergleich zum Iltis erheblich lebhaftere, um nicht zu sagen ‹übermütigere› und ‹listigere› Verhalten des Marders ist wesentlich durch sein überproportional vergrößertes Endhirn bedingt. Gerade diese Endhirnvergrößerung *(Cerebralisation)* ist eine unabdingbare Voraussetzung für die steigende Lernbefähigung höherer Säuger. Man kann entsprechende Schlußfolgerungen auch für andere nahe miteinander verwandte Säugerarten ziehen, die sich in ähnlicher Weise wie Marder und Iltis durch mehr oder weniger plastische Verhaltensweisen unterscheiden. – Solche Schlußfolgerungen dürfen allerdings nicht auch beim Vergleich zwischen Wirbeltieren aus verschiedenen Klassen gezogen werden, da die Funktionen der einzelnen Hirnabschnitte nicht in allen Wirbeltierklassen gleich sind.

Natürlich ist das hier geschilderte Vorgehen relativ grob und erlaubt es nicht, bestimmte Verhaltensweisen auf einzelne Abschnitte des Gehirns zu beziehen. Dazu sind Untersuchungen feinerer Art mit experimentell-anatomischer und physiologischer Methodik erforderlich, wie sie im folgenden dargestellt werden.

4.2. Ausschaltung von Hirnstrukturen

Die wohl älteste Methode der experimentellen Hirnforschung ist das Abtragen von bestimmten Teilen des Gehirns. Aber auch die Zerstörung oder die Durchtrennung zusammenhängender Hirnteile hat insbesondere in der medizinischen Hirnforschung Bedeutung erlangt. Die Zerstörung muß dabei nicht unbedingt mit dem Operationsmesser vorgenommen werden, sondern kann z. B. auf elektrischem Wege durch einen Stromstoß erfolgen, wodurch die Gewebe in der Nähe der Spitze einer eingestochenen feinen Elektrode abgetötet werden.

Aufgrund solcher Eingriffe können bestimmte Verhaltensweisen ausfallen oder verändert werden. Das braucht nicht notwendigerweise zu bedeuten, daß Ausfallerscheinungen nur dann auftreten, wenn eine ganz bestimmte Hirnregion verletzt wird; vielmehr hat sich herausgestellt, daß oftmals verschiedene Partien des Gehirns für die gleiche Verhaltensweise verantwortlich sind. Wenn ein Tier nach einer Hirnläsion (Zerstörung) nicht mehr auf akustische Reize reagiert, so kann man zwar sagen, daß der betroffene Hirnteil für die Verarbeitung akustischer Signale unerläßlich, nicht jedoch, daß er als alleiniges Zentrum für das Hören anzusehen ist.

Relativ leicht durchführbar sind solche Experimente an den gut zugänglichen Endhirnen der Wirbeltiere. Entfernt man z. B. beim Männchen des Dreistachligen Stichlings den vordersten Abschnitt des Endhirns (Bulbus olfactorius), erscheinen seine Verhaltensweisen unverändert. Weitere Abtragungen des Endhirns bewirken eine Erniedrigung seiner Schwimmaktivität und seiner Kampfbereitschaft vor und nach dem Ablaichen. Es treten zwar noch alle Instinkthandlungen auf, die normalerweise zur Territoriumsverteidigung gegen Artgenossen und Artfremde eingesetzt werden, doch ist die Reizschwelle deutlich angehoben. Andererseits beginnt das Männchen schon nach dem Ablaichen des ersten Weibchens sehr intensiv mit der Brutpflege und balzt keine weiteren Weibchen mehr an. Diese Verhaltensänderungen halten sich über mehrere Brutpflegezyklen der sommerlichen Fortpflanzungszeit, sind also offenbar irreversibel. Da alle Verhaltensweisen trotz Entfernung von Endhirnteilen noch auftreten, können sie nicht dort ihren neuronalen Ursprung haben. Wohl aber ist das Endhirn dafür zuständig, daß sie normalerweise in einem ausgewogenen Verhältnis auftreten. Das kann für die Arterhaltung von Bedeutung sein: Bei zu geringer Aggressionsbereitschaft wird das Territorium nicht genügend verteidigt, die Brut kann Freßfeinden zum Opfer fallen; statt eines Geleges könnte das Männchen ohne weiteres auch 2, 3 oder 4 pflegen, wie es das im Normalfall tut; und sogleich nach dem ersten Ablaichen einsetzende intensive Brutpflege nützt offenbar nichts, denn die Entwicklungsdauer der Jungen wird nicht verkürzt, das Männchen verschwendet also nur Energie.

Entsprechende Eingriffe werden natürlich auch an anderen Hirnteilen bei Wirbeltieren vorgenommen. Eine für instinktive Verhaltensabläufe besonders wichtige Region liegt im Zwischenhirn. Man unterscheidet an ihm einen mehr dorsal gelegenen Anteil, den Thalamus, von dem mehr ventral gelegenen Hypothalamus. Läsionen im Hypothalamus können beim Stichling z. B. eine weitgehende Beeinträchtigung des Fortpflanzungsverhaltens bewirken. Zerstört man bei Ratten bestimmte Partien im Hypothalamus, so hören sie auf zu trinken. Selbst bei stärksten Austrocknungserscheinungen trinken sie nicht, ja sind nicht nur desinteressiert am vorhandenen Wasser, sondern lassen auch Wasser, das man ihnen in den Mund träufelt, herauslaufen, als ob sie etwas Bitteres kosteten. Ganz ähnlich führt die Zerstörung eines in der Nähe gelegenen Gebietes im Hypothalamus dazu, daß die Tiere, selbst bei reichlichem Vorhandensein von Futter, nicht mehr fressen und deshalb verhungern. Entsprechendes gilt für Katzen, die je nach dem Ort der Zerstörung im Hypothalamus unersättlich fressen oder überhaupt keine Nahrung mehr zu sich nehmen (Abb. 23). Auch bei anderen Wirbeltieren hat man festgestellt, daß im Zwischenhirn offenbar bestimmte Zellgruppen (= Kerne) für besondere Abläufe verantwortlich sind –

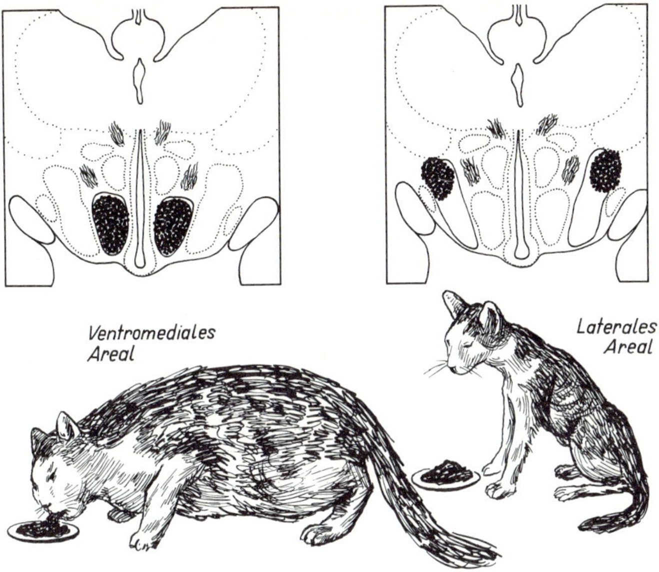

Abb. 23: Läsionen (schwarz punktiert) an verschiedenen Stellen des Hypothalamus der Katze und ihre Auswirkungen (nach Netter 1962).

vor allem für die Steuerung vegetativer Funktionen, wie Wasser- und Wärmehaushalt, Kohlehydratstoffwechsel, Gefäßweite und Genitalfunktionen. Möglicherweise können aber nach Ausfall einzelner Kerne andere ihre Funktion übernehmen. (Auch hier muß davor gewarnt werden, Befunde, die an einem Vertreter einer Wirbeltierklasse gemacht wurden, ohne weitere Untersuchungen zu verallgemeinern.)

Befunde bei hirnverletzten Menschen haben ergeben, daß beim Rechtshänder Zerstörung einer bestimmten Region im linken Scheitellappen des Großhirns, der sog. Brocaschen Sprachregion, zu einem Sprachversagen führt. Die Kranken verstehen zwar Gesprochenes, sprechen selbst aber spontan fast nichts. Werden sie aufgefordert zu sprechen, so bringen sie zögernd und mit großer Anstrengung kurze Sätze hervor, die im Telegrammstil auf die nötigsten Substantive, Adjektive und Verben beschränkt sind.

Ausschaltversuche zur Untersuchung des neuralen Substrats von Verhaltensweisen werden auch an Wirbellosen, z. B. Insekten, durchgeführt. Schaben zeigen – wie viele andere Tiere – unter konstanten Lichtverhältnissen einen *Aktivitätsrhythmus* mit einer Periode von vielleicht 22 oder 25, also nur ungefähr 24 Stunden *(circadiane Rhythmik)*. Er wird durch den natürlichen Hell-Dunkel-Wechsel auf genau 24 Stunden eingestellt. Bei Durchtrennung der optischen Nerven direkt hinter den Facettenaugen bleibt der circadiane Rhythmus in seiner ursprünglichen, nicht auf 24 Stunden eingestellten Form erhalten. Wird aber die Verbindung zwischen den hinter den Augen gelegenen optischen Ganglien (Anhäufung von Nervenzellkörpern und Faserfilzstrukturen) und dem übrigen Gehirn unterbrochen, so ist keine Aktivitätsrhythmik mehr feststellbar. Durch diese Durchtrennungen ist erwiesen, daß die optischen Ganglien eine wichtige Funktion bei der Realisierung des Aktivitätsrhythmus – und damit des Verhaltensrhythmus – haben.

4.3. Elektrische Ableitungen und Reizungen an Wirbeltiergehirnen

In Nervensystemen werden Nachrichten mittels elektrischer Impulse weitergeleitet. Diese elektrischen Impulse sind, im Vergleich zu den Strömen für Glühlampen oder Küchengeräte, sehr klein. Die Spannungen liegen im Bereich von Millivolt. Trotzdem kann die elektrische Aktivität des Gehirns oder auch nur einzelner Nervenzellen gemessen werden. Man bringt dazu Elektroden auf die Oberfläche der zu untersuchenden Struktur oder sticht sie dort sogar ein. Es handelt sich dabei um nur einige µm feine, bis auf die Spitze isolierte Drähte. Die einzelnen Impulse lassen sich dann mittels geeigneter Geräte messen und sichtbar machen. Diese Arbeitsmethode erlaubt es, Aktivitäten des Gesamthirns oder die von Einzelstrukturen mit bestimmten, gleichzeitig beobachteten Verhaltensweisen in Beziehung zu setzen und dadurch deren neurale Grundlagen zu suchen.

Einblicke in die Zusammenhänge zwischen Struktur und Funktion des ZNS gewähren auch elektrische Hirnreizversuche an verschiedenen Tierarten. Diese Arbeitsweise ist möglich, weil das zentrale Nervensystem nicht nur elektrische Impulse produziert, sondern auch dann reagiert, wenn es elektrisch gereizt wird. Es werden dazu, ähnlich wie bei den Ableitungen, Elektroden ins Gehirn gebracht und Reizungen mit schwachen elektrischen Strömen (in der Größenordnung von einigen Mikro- bis Milliampere) vorgenommen. Die Regionen, die man reizen will, kann man beim Einstechen der Elektroden ungefähr bestimmen; welche Gebiete man genau getroffen hat, muß nach Abtöten der Tiere histologisch festgestellt werden. Mit den jetzigen Methoden ist es möglich, vegetative Funktionen (z.B. Herzschlagbeschleunigung, Blutdruckveränderungen) und motorische Einzelhandlungen (z.B. Laufen, Aufrichten, Lecken) künstlich hervorzurufen. Darüber hinaus lassen sich komplexere Verhaltensweisen aus dem zwischenartlichen und innerartlichen Bereich auf diese Weise auslösen. Die elektrische Hirnreizung ist damit eine wichtige Arbeitsmethode für die Untersuchung der an Motivationsprozessen beteiligten Hirnstrukturen geworden (vgl. Kap.3).

4.3.1. Zwischenartliches Verhalten: Beutefang, Abwehr, Flucht

Pionierleistungen auf dem Gebiet der elektrischen Hirnreizungen wurden von dem späteren Nobelpreisträger W. R. Hess an Hauskatzen erbracht. Reizungen in einem relativ eng umgrenzten Gebiet des unter dem Thalamus gelegenen Hypothalamus führen bei einer Katze z.B. zu einem Abwehrverhalten, «welches so aussieht, wie wenn sie von einem Hund bedroht wäre. Sie faucht, schneuzt oder knurrt gleichzeitig; es sträuben sich die Rückenhaare, und der Schwanz wird buschig; die Pupillen erweitern sich . . .; die Ohren werden zurückgelegt oder zum Abschrecken (des nicht vorhandenen Gegners) hin und her geschlagen. Was zum vollendeten Bild einzig fehlt, ist die Buckelstellung» (Hess 1949, S.34).

Gelegentlich wurde gegen diese Experimente der Einwand vorgebracht, die Katzen empfänden bei der Reizung nur Schmerzen und griffen deshalb unterschiedslos alles an. Nun kann man objektiv nicht sagen, wie es möglicherweise um Schmerzempfindungen bei Katzen bestellt ist; allenfalls kann man feststellen, bestimmte Verhaltensweisen erweckten den Eindruck, als ob die Katzen Schmerzen hätten. Bei den fraglichen Hypothalamusreizungen ist dies nicht der Fall. Überprüfen kann man jedoch genauer, ob Katzen unterschiedslos alles angreifen. Man machte das mit Tieren, die spontan niemals Ratten attackierten, und gab ihnen eine betäubte Ratte, eine ausgestopfte Ratte und einen Schaumstoffblock zur Wahl. Dieser wurde kaum angegriffen, die beiden Ratten jedoch zunächst gleich oft; später allerdings hielten sich die Katzen länger mit der betäubten Ratte auf und bissen sie öfter als die ausgestopfte. Damit dürfte der Einwand, soweit er überprüfbar ist, widerlegt sein.

Als Beispiel für Arbeitsweisen, bei denen sowohl elektrische Ableitungen als auch Reizungen zum Einsatz kommen, stellen wir Ergebnisse dar, die an der Erdkröte (Bufo bufo) gewonnen wurden. Bei dieser kann man durch Attrappen – schwarze Scheiben unterschiedlicher Größe – Beutefang oder Fluchtverhalten auslösen. Die Unterscheidung zwischen ‹Beute› und ‹Feind› wird dabei lediglich durch das Merkmal Grö-

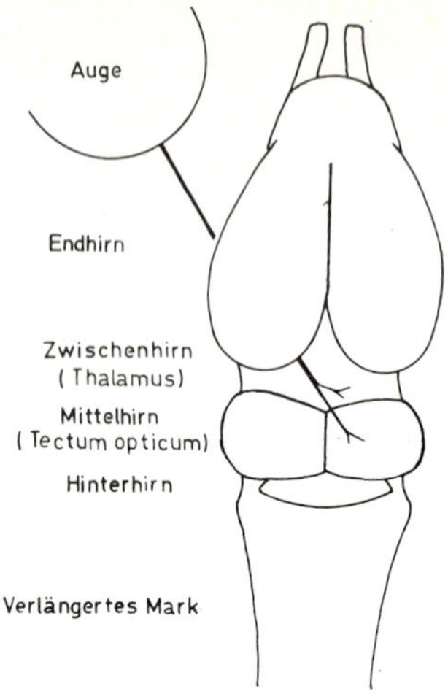

Abb. 24: Projektionsgebiete des Sehnerven (Nervus opticus) im Zwischenhirn (Thalamus) und im Mittelhirn (Tectum opticum) der gegenüberliegenden Seite (nach Ewert 1972).

ße getroffen. Wie und in welchem Maß das Neuronensystem der Netzhaut als Informationsfilter dient und welche Hirnteile die retinale Information verarbeiten und beantworten, konnte u.a. mittels Ableitungen aus den beteiligten Strukturen geklärt werden. Die Netzhaut des Krötenauges enthält – wie die Netzhaut aller Wirbeltiere – drei hintereinander geschaltete Neuronen-Typen: Rezeptorzellen (Stäbchen und Zapfen), Bipolarzellen und Ganglienzellen. Letztere senden ihre Axone (leitende Fortsätze) als Sehnerv (Nervus opticus) gebündelt in bestimmte Abschnitte des Gehirns (Abb. 24). Hier, an den Opticusfaserenden, war es möglich, elektrische Impulse (Aktionspotentiale) durch Einführen von Elektroden abzuleiten. Dadurch wurde festgestellt, daß in der Netzhaut zumindest drei verschiedene Ganglienzelltypen vorhanden sind. Die als Typ II und III bezeichneten Neurone sprechen vorwiegend auf den Schlüsselreiz ‹Beute› an, die Typen III und IV auf den Schlüsselreiz ‹Feind› (im Attrappenversuch kleine oder große dunkle Reizflächen). «Diese Tatsache darf jedoch nicht dazu verleiten, Ganglienzellen der Klasse II als ‹Beute-Detektoren› und Klasse IV als ‹Feind-Detektoren› aufzufassen. Die Schlüsselreize ‹Beute› oder ‹Feind› werden in der Antwort keiner Neuronenklasse allein repräsentiert». «Für die verhaltensrelevante Interpretation der Reizfläche (‹Beute oder Feind›) müssen . . . weiter zentral im Gehirn lokalisierte Instanzen angenommen werden» (Ewert 1972, S. 6).

Betrachtet man den anatomischen Verlauf des Nervus opticus, ergeben sich bereits Hinweise zur Frage, welche zentralnervösen Instanzen die von der Retina kommenden Informationen weiter verarbeiten. Ein Teil der Opticusfasern endet im Thalamus des Zwischenhirns, ein anderer Teil im Tectum opticum des Mittelhirns. Ableitungen aus einzelnen Zellen des Thalamus zeigen, daß die dortigen Neurone nicht auf Beuteattrappen reagieren. Sie werden jedoch aktiviert, wenn man große Attrappen bietet, die im Verhaltenstest für den Beutefang unwirksam sind oder sogar das Fluchtverhalten auslösen. Der Thalamus empfängt also viele Afferenzen der Neuronentypen III und IV und löst bei hinreichender Aktivierung eine Vermeidungsreaktion der Kröte aus. Der Hauptteil der Opticusfasern, Neurone der Typen II, III und IV, zieht zum Tectum opticum und endet an den Dendriten der dortigen Neurone. Jeder Teil der Retina wird über die Opticusfasern Punkt für Punkt im Tectum abgebildet. Dieser Hirnabschnitt scheint allein auf Grund der retinalen Eingänge festzustellen, in welchem Teil des Gesichtsfeldes sich ein Objekt befindet, wie groß es ist, wie stark es sich gegen den Hintergrund abhebt und wie schnell es sich bewegt. Bedeutung für das Verhalten gewinnt ein Signal aber erst durch die Verschaltung des Tectum mit dem Thalamus. Treffen nämlich von dort keine Impulse im Tectum ein, so wird das Objekt als Beute behandelt; treffen jedoch Impulse ein, so werden die Verhaltensweisen des Beutefangs unterdrückt, und es können Meide- und Fluchtreaktionen resultieren. – Erheblich komplizierter würde die Analyse sicherlich werden, wenn man berücksichtigt, daß Kröten auf Grund von Erfahrung lernen, nicht jeden kleinen Gegenstand als Beute zu verfolgen, sondern nur ganz bestimmte.

Der letzte Beweis dafür, daß vom Thalamus des Zwischenhirns bzw. dem Tectum opticum des Mittelhirns tatsächlich auch die verhaltensrelevante Verarbeitung dieser Impulse ausgeht, gelang mittels elektrischer Hirnreizungen. Jeweils einer bestimmten Stelle a des Gesichtsfeldes entspricht eine zugehörige Stelle a′ der Retina; von dort führen Nerven zu einer Stelle a″ im Tectum opticum. Wenn eine Erdkröte dort gereizt wurde, verhielt sie sich so, als ob sie an der Stelle a des Gesichtsfeldes eine Beute sähe: sie wandte sich dieser Stelle zu. Aber auch weitere Teilhandlungen der Beutefang-Verhaltensfolge ließen sich je nach der Lokalisation des Reizortes und der Höhe des Reizstromes auslösen, nämlich Zuschnappen, Schlucken sowie Putzen der Schnauze mit den Vorderextremitäten. Von entgegengesetzter Natur waren Verhaltensreaktionen, die bei punktförmiger elektrischer Reizung des Thalamus auftraten: Die Kröte wandte sich – von einem unsichtbaren Feind – weg, duckte sich oder sprang sogar panikartig davon.

4.3.2. Innerartliches Verhalten: Lautäußerungen

Die Analyse des Beutefangverhaltens ist oft nicht einfach, da die einzelnen Teilhandlungen schwer erkennbar und/oder nicht quantifizierbar sein können (vgl. S. 54). Leichter analysierbar als Beutefang- oder Fluchtverhalten sind Lautäußerungen. Das liegt daran, daß geeignete Geräte vorhanden sind, die es erlauben, die Laute in optische Zeichen zu übertragen und aufzuzeichnen. Man kann sie dann z.B. hinsichtlich Dauer, Tonhöhe (Frequenz), Frequenzbereich und Lautstärke (Intensität) ausmessen. Derartige Geräte sind z.B. Sonagraphen; die Aufzeichnungen heißen Sonagramme.

Lautäußerungen wurden bei Wirbellosen (Beispiel: Singen bei Grillen, vgl. Abschnitt 4.4.) und bei Wirbeltieren (Beispiel: Gackern des Huhns, Fauchen der Katze) elektrisch im Gehirn ausgelöst. In neuerer Zeit wurde der Totenkopfaffe (Saimiri sciureus) als ein besonders geeignetes Untersuchungstier entdeckt. «Totenkopfaffen besitzen nämlich ein außerordentlich reiches vokales Repertoire, das im hochentwickelten Sozialleben dieser Tiere als Kommunikationsträger eine bedeutende Rolle spielt. Für verschiedene soziale Interaktionen sind dabei verschiedene Lauttypen bzw. verschiedene prozentuale Verteilungen bei mehreren auftretenden Lauttypen charakteristisch. Hinzu kommt, daß die einzelnen Lauttypen, die das vokale Repertoire aufbauen, von einer Verschiedenartigkeit sind, die von keiner in dieser Hinsicht bisher beschriebenen Tierart übertroffen wird» (Jürgens 1970, S. 253).

Die verschiedenen Lautäußerungen dieser Äffchen lassen ihre jeweilige Handlungsbereitschaft erkennen. Sie können daher für das Auffinden neuraler Grundlagen von Stimmungen herangezogen werden. Voraussetzung für derartige Untersuchungen ist selbstverständlich die genaue Kenntnis der normalerweise spontan geäußerten Laute und ihre Zuordnung zu bestimmten Verhaltenssituationen. Unter dieser Voraussetzung wurde das Gehirn systematisch nach Strukturen abgesucht, von denen sich durch elektrische Reizungen Vokalisationen auslösen ließen. Diese entsprachen den normalen Lauten in Klang und physikalischen Daten weitgehend und führten zu normalen Reaktionen der Artgenossen.

In Abb. 25/26 sind Sonagramme einiger Laute des Totenkopfaffen wiedergegeben. Sie lassen sich bestimmten Hirnstrukturen zuordnen. Das ‹Gackern› z.B. drückt einen Erregungszustand mit leicht aggressiver Komponente aus. Es findet sich in einem zusammenhängenden Hirnbereich repräsentiert, der sich durch das gesamte Mittel- und Zwischenhirn erstreckt; an der Grenze zum Vorderhirn spaltet er sich in mehrere Komponenten auf (s. Abb. 25).

‹Kakeln› und ‹Schreien› gelten als Ausdruck von Gereiztheit, das

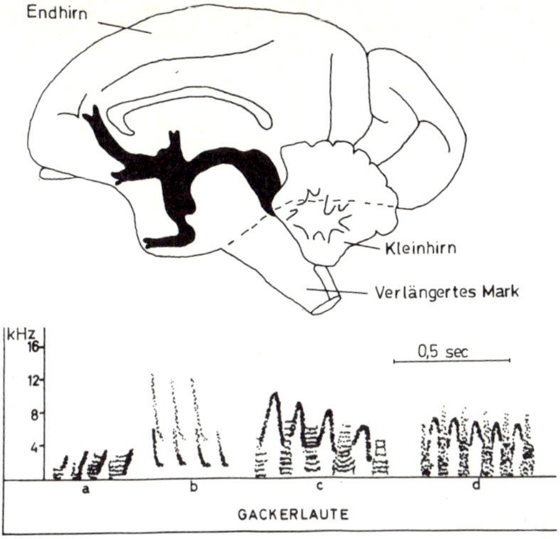

Abb. 25: Schematische Zeichnung des Gehirns eines Totenkopfaffen (Saimiri sciureus). Das schwarz angelegte Gebiet kennzeichnet das Areal, dessen elektrische Reizung die im Sonagramm dargestellten Gackerlaute hervorruft (nach Jürgens 1970).

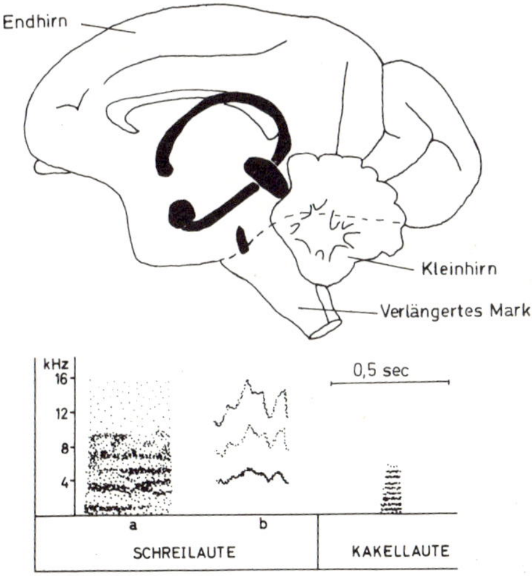

Abb. 26: Schematische Zeichnung des Gehirns eines Totenkopfaffen. Das schwarz angelegte Gebiete kennzeichnet hier ein Areal, dessen elektrische Reizung Kakel- und Schreilaute hervorruft (nach Jürgens 1970).

Schreien ist die stärkste vokale Erregungsform. Kakeln scheint eine mittelstarke Gereiztheit mit leichtem Drohcharakter auszudrücken; es tritt bei Reizungen wie auch im Spontanverhalten als Vorstufe von ‹Schreien› auf, d.h. bei niederer Reizintensität oder verkürzter Reizzeit. Daß die zugrundeliegenden Gehirnstrukturen andere als beim ‹Gakkern› sind, geht aus Abb. 26 hervor. Auch andere Lauttypen ließen sich in ähnlicher Weise bestimmten Hirnarealen zuordnen.

Die Versuche am Totenkopfäffchen lassen sich mit denen an der Kröte in gewissem Sinn vergleichen. Reizungen im Mittelhirn spiegeln der Kröte offenbar Beuteobjekte vor, obwohl keine da sind; die Äffchen werden durch Hirnreize auch bei Fehlen angemessener äußerer Situationen in bestimmte Handlungsbereitschaften versetzt, was sich an ihren Lauten erkennen läßt.

4.4. Zur zentralnervösen Kontrolle der Lauterzeugung bei Insekten

«Es gibt eine Reihe von Argumenten, warum Ethologen und Neurobiologen gerade Insekten, und insbesondere auch lautbegabte Vertreter unter ihnen, als Forschungsgegenstand wählen. Insekten repräsentieren stammesgeschichtlich die älteste Tiergruppe, die über komplexe Lautäußerungen verfügt und sie zur Verständigung zwischen den Artgenossen einsetzt. Durch einen Vergleich der ‹Insektensprache› mit anderen averbalen Tiersprachen, z.B. solchen der Vögel und Säugetiere, und unserer eigenen verbalen Sprache werden ethologische und neurobiologische Gemeinsamkeiten und vor allem auch Unterschiede deutlich, die sowohl Konstruktion und Arbeitsweise dieses Kommunikationssystems als auch den Mitteilungsgehalt betreffen. Für die Wahl der Insekten spricht auch die strukturelle und funktionelle Organisation ihres Nervensystems. Dieses ist als Strickleiternervensystem in Abschnitte untergliedert, die relativ selbständig arbeiten und getrennt untersucht werden können. Solche Abschnitte bestehen aus einer im Vergleich zu Wirbeltieren geringeren und oft überschaubaren Zahl von Nervenzellen, so daß man die Hoffnung haben kann, die ‹Arbeitsweise solch kleiner Nervensysteme› und ihren Beitrag im Rahmen der Verhaltenskontrolle zu ermitteln» (Huber 1978, S. 55).

Viele Insektenarten erzeugen Laute. Zikaden, Heuschrecken und Grillen haben wohl das komplexeste akustische Kommunikationssystem aller Insekten. Wir wollen hier die Lauterzeugung einer Grille (Gryllus campestris) vorstellen und aufzeigen, wie die Erforschung der Arbeitsweise ihres Nervensystems voranschreitet.

4.4.1. Lauterzeugung bei Grillen

Bei Grillen werden die Laute vom Männchen erzeugt. Es benützt dazu seine Vorderflügel, die vor Beginn des Zirpens angehoben werden, je nach Gesangsform verschieden steil, und aus dieser Lage heraus periodisch geschlossen und geöffnet werden (Abb. 27a). Auf der Unterseite jedes Vorderflügels liegt eine quer zur Flügelachse verlaufende Flügelader, die mit Lamellen besetzt ist (Schrilleiste); diese wird zur Lauterzeugung gegen die Kante des Gegenflügels (Schrillkante) gestrichen (Abb. 27b). Nur während der Schließbewegung wird der Laut erzeugt, der

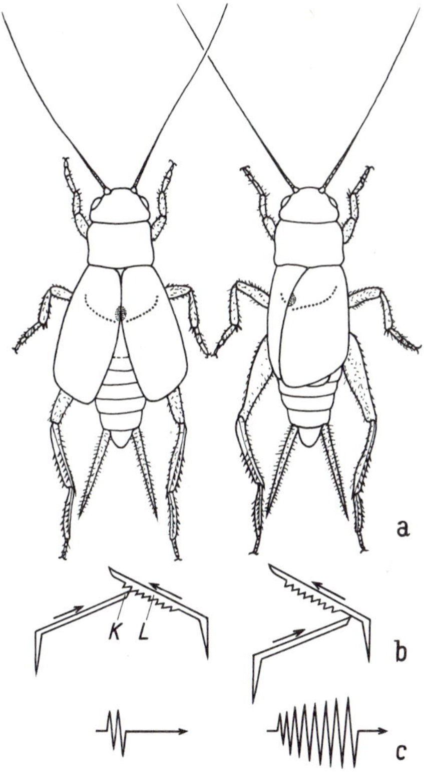

Abb. 27: a) Schematische Darstellung der Flügelbewegungen beim Zirpen einer Grille (Gryllus campestris), b) Bewegungsverlauf der Flügel beim Anstreichen der rechten Schrilleiste (L) an die linke Schrillkante (K); die Schrilleiste des linken Flügels ist weggelassen. c) Entstehung eines Schwingungszuges (nach Bentley und Hoy 1974 und Huber 1970).

auf Schwingungen der pergamentartig festen, nicht faltbaren Vorderflügel zurückgeht. Jede einzelne Oszillation des Schwingungszuges ist korreliert mit dem Anstreichen einer Lamelle der Schrilleiste an die Schrillkante (Abb. 27c). Der so erzeugte Grundton zeichnet sich durch Reintönigkeit aus und liegt bei 4 – 5 kHz. Die Dauer eines einzelnen Lautstoßes wird durch die Anzahl der beim Zirpen eingesetzten Lamellen der Leiste bestimmt.

Je nach reizauslösender Situation singt ein Männchen den Lock-, Werbe- oder Rivalengesang. Ist das Männchen fortpflanzungsbereit und hat es eine reife Spermatophore, singt es den Lockgesang. Schwache mechanische Reize an den Sinnesorganen der Fühler und am Körper führen zum Werbegesang, der jedoch noch auf zusätzliche Meldungen aus der Region des Genitalapparates angewiesen ist; starke mechanische Reize bewirken den Rivalengesang. An die Stelle der mechanischen Reize können beim Rivalengesang auch akustische Signale treten. Die drei Gesänge unterscheiden sich hauptsächlich in der zeitlichen Folge der Lautstöße und damit im Rhythmus der Flügelbewegungen.

4.4.2. Zentralnervensystem und Lauterzeugung

Das Zentralnervensystem der Grille ist strickleiterartig gebaut. Es beginnt im Kopf mit dem Oberschlundganglion, dem eigentlichen Gehirn, und endet im letzten Hinterleibsganglion. Die einzelnen *Ganglien* sind durch längsverlaufende Nervenverbindungen (*Konnektive*) miteinander verbunden, Querverbindungen (*Kommissuren*) verlaufen zwischen den Ganglienhälften in jedem Segment (Abb. 28).

Die Singbewegungen der Grille werden durch Muskeln hervorgebracht, die die Vorderflügel heben und in dieser Stellung öffnen und schließen. Diese Muskeln liegen im zweiten Thorakalsegment und werden von dem dortigen Ganglion innerviert. Dieses Ganglion kann nun nicht allein für die Lauterzeugung verantwortlich sein, denn die gesangsauslösenden Reize werden mit Hilfe von Sinnesorganen wahrgenommen, die über den ganzen Körper verteilt sind (Abb. 28). Durch Ausschaltversuche am Nervensystem (vgl. Abschnitt 4.2.) konnte eine Minimalstruktur ermittelt werden, die unbeschädigt bleiben muß, damit eine Singbewegung ablaufen kann (Tab. 2). Diese Minimalstruktur besteht aus dem Gehirn mit zumindest einer Nervenverbindung zum zweiten Thorakalganglion, aus diesem Ganglion und seiner Verbindung zur Singmuskulatur.

Mit Hilfe elektrischer Reizungen wurde zunächst die Bedeutung des Gehirns für die Lautäußerungen untersucht. Durch Einstechen der Elektrodenspitze in verschiedene Hirnteile gelang es, Lautäußerungen auszulösen, die den natürlich geäußerten vollkommen entsprachen

(Abb. 29), und gesangsaktive Strukturen im Gehirn festzustellen. Es zeigte sich, daß gesangsbeeinflussende Reizpunkte z.B. in Nervenzellgruppen zu finden sind, die man als pilzhutförmige Körper bezeichnet. Zunächst wurde vermutet, daß diese Pilzkörper nach Verarbeitung sensorischer Erregungen die Gesangsmuster auswählen und deren Dauer bestimmen. Eine andere Hirnstruktur, deren Bedeutung mittels der Hirnreizungen entdeckt wurde, der Zentralkörper, ist den Pilzkörpern untergeordnet und dient als oberste motorische Zentrale, die geeignete

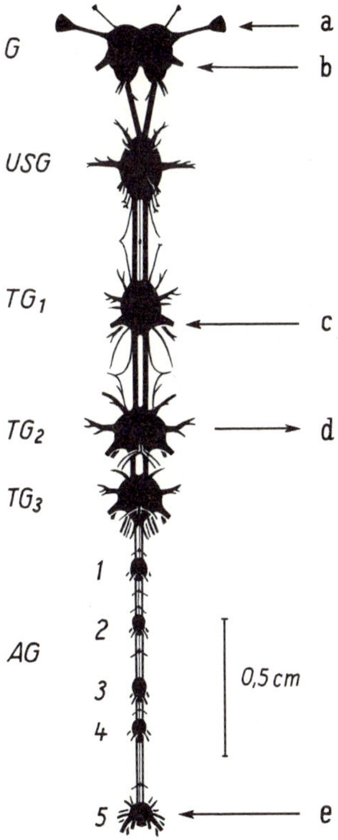

Abb. 28: Zentralnervensystem der Grille mit den wichtigsten Ein- und Ausgängen, die für den Gesang von Bedeutung sind. a = Eingang von den Augen, b = von den Fühlern, c = von den Hörorganen; d = Ausgang zu den Singorganen, e = Eingang im Bereich der Genitalorgane. G = Gehirn, USG = Unterschlundganglion, TG_1, TG_2, TG_3 = 1. bis 3. Thorakalganglion, AG_1 bis AG_5 = Abdominalganglien (nach Huber 1970).

Tab. 2: Ausschaltversuche und ihre Ergebnisse zur Ermittlung der Minimalstruktur im Nervensystem für Lockgesang (LG), Werbegesang (WG) und Rivalengesang (RG) der Grille (nach Huber 1970).

Eingriff		Singbewegung fällt nicht aus	Singbewegung fällt aus
1	Augen und Ocellen lackiert	+	
2	Visuelles System zwischen dem 3. opt. Ganglion und dem Gehirn durchtrennt	+	
3	Fühler ein- oder beidseitig abgetrennt	+	
4	Eingriffe 1 und 3 bzw. 2 und 3 ausgeführt	+	
5	Nerven zum letzten Hinterleibsganglion beidseitig durchtrennt	RG	LG und WG
6	Abdominales Nervensystem durchtrennt	RG	LG und WG
7	Gehirn halbiert		+
8	Verbindung zwischen Gehirn und USG durchtrennt		+
9	Verbindung zwischen USG und 2. Brustganglion durchtrennt		+
10	Verbindungen zwischen 2. und 3. Brustganglion durchtrennt	RG	LG und WG
11	Eingriffe 8 und 9 nur einseitig durchgeführt	+	
12	Eingriff 11 über Kreuz durchgeführt		+
13	Hörorgane zerstört	+	

Befehle an das Singsystem des Thorax formuliert. Schließlich entdeckte man aber, daß sich auch dann noch die drei Gesangsformen auslösen ließen, wenn man die Konnektive zwischen Unterschlundganglion und dem ersten Thorakalganglion durchtrennte und die thorakalen Konnektivstümpfe elektrisch reizte. Damit konnte gezeigt werden, daß die Hirnerregungen zwar eine wichtige auslösende Funktion haben, aber die Hirnkommandos für die einzelnen Gesänge doch nicht sehr spezifisch sind, und daß dem thorakalen Nervensystem eine weit größere Autonomie bei der Zusammenstellung der Lautmuster zukommt, als man zunächst vermutet hatte. Für den Lock- und Werbegesang sind aber auch Erregungen aus dem abdominalen Nervensystem notwendig, wie Durchtrennungen des Bauchmarkes hinter den Thorakalganglien deutlich machten: Bei elektrischer Reizung des Gehirns oder der thorakalen Konnektivstümpfe waren die Männchen dann nicht mehr fähig, diese beiden Gesangsformen zu singen. Inzwischen kann man sogar den Beitrag einzelner Nervenzellen für den Gesang direkt erforschen. Dies wurde durch selektive Markierung z.B. mit Kobaltchlorid ermöglicht. Während der elektrischen Ableitung gelangen Kobaltionen

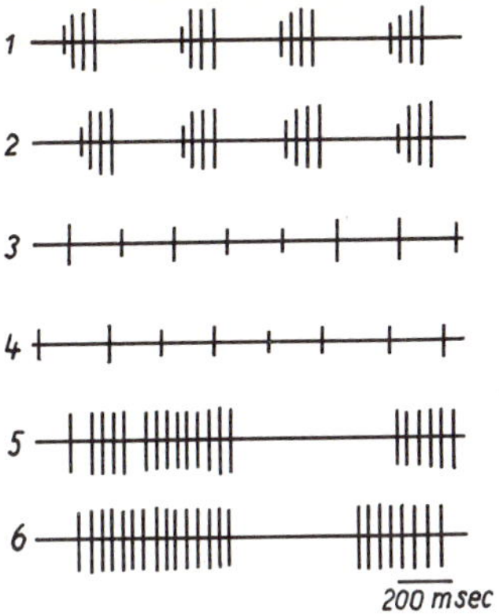

Abb. 29: Vergleich eines natürlichen Lock- (1), Werbe- (3) und Rivalengesangs (5) mit durch Hirnreizungen ausgelösten entsprechenden Gesängen (2, 4, 6) (nach Otto 1971).

aus der Ableitkapillare an und in die Nervenzelle, von der abgeleitet wird, die sich daraufhin schwarz anfärbt. Man kann hoffen, mit solchen neuroanatomischen Methoden schließlich die dem Gesang zugrunde liegenden Nervenzellverschaltungen aufzuspüren.

4.5. Hormonphysiologische Bedingungen des Verhaltens bei Wirbeltieren

Hormone sind organische Verbindungen, die in kleinen Mengen in besonderen Drüsen (innersekretorischen Drüsen) gebildet und an das Blut abgegeben werden und die ihre Wirkungen in der Regel entfernt von ihrem Entstehungsort entfalten. Ihre unmittelbare Wirkungsweise ist erst in wenigen Fällen bekannt. Als chemischer Stoff kann ein Hormon nur chemische Wirkungen haben, muß also irgendwelche chemischen Vorgänge beeinflussen. Das Studium dieser chemischen oder ‹primären› Reaktionen ist ein Brennpunkt endokrinologischer Forschung. Bekannt sind bisher zwei solcher Primärreaktionen: Eine Reihe von Hormonen bewirkt Permeabilitätsänderungen an Zellmembranen, andere Hormone kontrollieren die Genaktivität. Die nachfolgenden physiologischen Wirkungen, die ‹Sekundärreaktionen›, sind meist recht späte, jedoch vielfach leichter beobachtbare und meßbare Folgen dieser

Primärreaktionen. Hormone spielen eine Rolle für Wachstum, Stoffwechsel und Fortpflanzung eines Organismus, d.h. koordinieren vegetative Funktionen und ermöglichen Anpassungen an Umweltgegebenheiten.

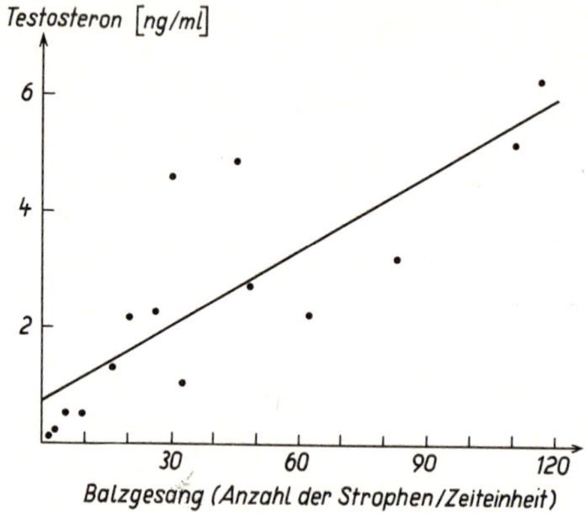

Abb. 30: Beziehung zwischen der Häufigkeit des Balzgesangs männlicher Zebrafinken (Taeniopygia guttata castanotis) und der Menge des männlichen Sexualhormons Testosteron im Blutplasma (nach Pröve 1978).

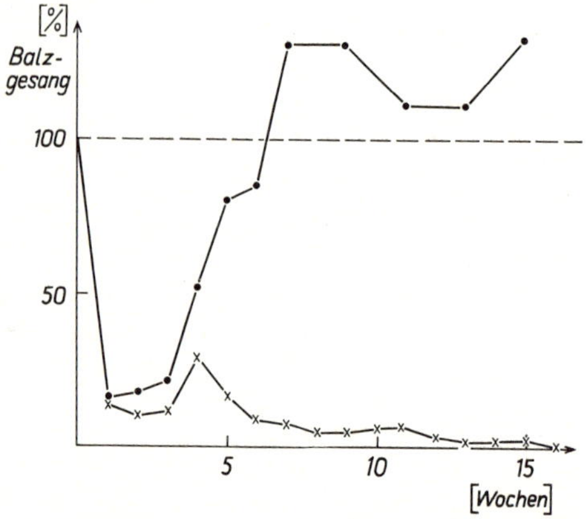

Abb. 31: Abnahme des Balzgesangs von Zebrafinkenmännchen nach Kastration (x-x-x). Bei den Kontrolltieren (.–.–.–.) wurde eine Scheinoperation durchgeführt; nach Abklingen des Operationsschocks singen die Tiere wieder wie vor der Operation (nach Pröve 1974).

Auch das Verhalten eines Tieres wird, wie erwähnt, in vielfältiger Weise von Hormonen beeinflußt (‹Tertiärreaktion›). Grundsätzlich gibt es drei Methoden, wie man den Einfluß bestimmter Hormone auf das Verhalten nachweisen kann: 1. man stellt eine Korrelation zwischen der endokrinen Aktivität und dem Verhalten her (Abb. 30); 2. man beobachtet die Wirkungen der Entfernung eines endokrinen Organs auf das Verhalten (Abb. 31); 3. man verfolgt die Wirkung einer Hormonbehandlung (Abb. 32). Es wird so eine Beziehung zwischen der Sekundär- und Tertiärreaktion aufgestellt.

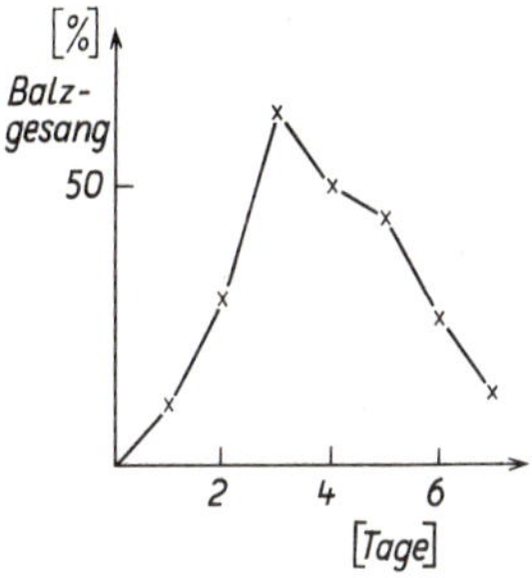

Abb. 32: Vorübergehendes Auftreten des Balzgesangs kastrierter Zebrafinkenmännchen nach kurzzeitiger Behandlung mit Testosteron; 100 %: 3 nichtkastrierte Kontrolltiere (nach Pröve 1974).

4.5.1. Hormonale Wirkungsweisen

Verschiedene Möglichkeiten sind denkbar, wie Hormone Verhaltensauslöser und -weisen zu beeinflussen vermögen.

Hormone beeinflussen die Entwicklung des Nervensystems: Unabhängig von dem durch die Chromosomen bestimmten genetischen Geschlecht eines Wirbeltieres wird durch den Einfluß des männlichen Sexualhormons Testosteron, das in frühen Entwicklungsstufen auf das ZNS einwirkt, festgelegt, ob sich später das adulte Tier überwiegend männlich oder weiblich verhalten wird. Im Kapitel 5 (Ontogenese) werden wir auf dieses Problem ausführlicher eingehen.

Verhaltensauslöser werden ausgebildet: Sexualhormone sind während der Entwicklung eines Tieres für die Ausbildung der sekundären Geschlechtsmerkmale verantwortlich. Ist Testosteron vorhanden, entwickelt sich ein Organismus zu einem in dieser Hinsicht männlichen Tier, fehlt dieses Hormon, entwickeln sich die weiblichen Kennzeichen.

Kastriert man z.B. einen etwa acht Wochen alten Hahn, wächst ihm kein großer Kamm, Kennzeichen des geschlechtsreifen Männchens. Auch fehlen die typischen Lautäußerungen des adulten, männlichen Tieres. Hormongaben bewirken, daß sich auch bei dem schon ausgewachsenen Tier die sekundären Geschlechtsmerkmale ausbilden und daß es anfängt zu krähen.

Diesen Langzeitwirkungen kann man die jahreszeitlich abhängigen und zyklisch auftretenden, hormonbedingten Veränderungen von Auslöserstrukturen gegenüberstellen (z.B. roter Bauch des sich in Fortpflanzungsstimmung befindenden Stichlingsmännchens). Solche kurzzeitigen Veränderungen kann man auch bei Weibchen mancher Primaten beobachten (Beispiele: Schimpansen, Mantelpaviane), die als äußere Zeichen ihrer Paarungsbereitschaft auffallend rote Brunstschwellungen zeigen. Künstliche Gabe weiblicher Sexualhormone an nicht brünstige Tiere bewirkt ebenfalls Brunstschwellungen.

Verhaltensmodifikationen durch Einwirkungen von Hormonen auf das Nervensystem und periphere Körperteile: Am wichtigsten von allen Wirkungsweisen der Hormone dürfte der Einfluß auf Mechanismen innerhalb des ZNS sein. Man kann Gehirnstrukturen nicht nur elektrisch, sondern auch dadurch direkt beeinflussen, daß man die entsprechenden Hormone in das Gehirn injiziert. Besonders interessant sind Versuche mit Hormonkristallen. «Pflanzt man männlichen Ratten Testosteronkristalle seitlich in das Zwischenhirn, so wird das Aggressionsverhalten verstärkt; liegen die Kristalle dicht daneben, in der sogenannten präoptischen Region, häufen sich Kopulationsbewegungen. Gelangt Testosteron dagegen an beide Stellen gleichzeitig, so läuft in entsprechenden Situationen das gesamte Balzverhalten ab – eine eindrucksvolle Bekräftigung der Annahme, Balz sei eine Mischung aggressiver und sexueller Einzelelemente» (Sossinka 1974, S. 296).

Nicht alle Hormone haben einen spezifischen zentralen Effekt. Einige haben nur eine allgemeine Erhöhung der Reaktionsbereitschaft zur Folge. Das in dieser Hinsicht bekannteste Hormon ist das Adrenalin. Wird z.B. eine Ratte von einer Katze überrascht, bewirkt dies über das vegetative Nervensystem die sofortige Adrenalinausschüttung aus dem Nebennierenmark, was zu folgenden Reaktionen führt: Die Pupillen erweitern sich; Frequenz und Kraft der Herzkontraktionen werden erhöht, Blutreserven durch Verkleinerung der Venendurchmesser mobilisiert, die arteriellen Gefäße – besonders der Haut – verengt; der Blutzuckerspiegel wird erhöht und damit die zur Verfügung stehende Energie; die Darmtätigkeit wird herabgesetzt. Alle diese Reaktionen ergeben eine Steigerung der Reaktionsfähigkeit und damit eine gesteigerte Fähigkeit zu Angriff oder Flucht. Entsprechendes geschieht auch beim Menschen in Gefahrensituationen. Auch andere Hormone haben eine anregende Wirkung auf den Gesamtorganismus, z.B. das im Gelbkörper gebildete Sexualhormon Progesteron. Damit behandelte Ratten sprechen nämlich nicht nur schneller auf sexuelle Reize an, sondern auch auf andere Reize.

Hormone greifen in ihrer Wirkung nicht nur zentral im ZNS an, sondern in einigen Fällen beeinflussen sie das Verhalten auch dadurch, daß sie Veränderungen in einem peripheren (außenliegenden) Organ verursachen, das seinerseits Meldungen in das ZNS schickt. «Der Einfluß des Hypophysenhormons Prolaktin auf das Fütterverhalten bei Tauben wird zumindest teilweise durch einen peripheren Effekt bedingt. Tauben füttern im Gegensatz zu anderen Vögeln ihre Jungen mit einer ‹Milch›, die sich aus abschilfernden Zellen des Kropfepithels bildet. Prolaktin verursacht eine Vergrößerung des Kropfes, die normalerweise stattfindet, bevor die Jungen schlüpfen. Lehrman hat gezeigt, daß die Reizung, die vom vergrößerten Kropf ausgeht, eine wesentliche Rolle bei der Auslösung des Fütterverhaltens spielt. Werden diese Reize ausgeschaltet, indem man den Kropfbezirk örtlich betäubt, so nimmt der Anteil der adulten Tiere, die ihre Jungen füttern, ab; eine lokale Anästhesie an einer anderen Stelle beeinträchtigt das Fütterverhalten nicht» (übersetzt aus Hinde 1966, S. 169).

4.5.2. Außenreize, Hormone und Verhalten

Bisher haben wir aufgezeigt, daß Hormone Verhaltensweisen verursachen, zumindest deren Auftreten erleichtern können, aber auch, daß äußere Reize letzten Endes die Ausschüttung von Hormonen zu bewirken vermögen (Beispiel: Adrenalinausschüttung bei einer erschreckten Ratte). Im Normalfall liegen wohl immer recht komplexe Wechselwirkungen zwischen äußeren Reizen, hormonellen Zuständen und verschiedenen physiologischen und Verhaltensreaktionen vor. Dabei erfolgt die Einwirkung äußerer Reize auf die hormonelle Situation eines Wirbeltieres in der Regel durch Vermittlung von Sinnesorganen und des Nervensystems. Ganz besonders deutlich wird das bei der Hypophyse, einer kleinen Hormondrüse, die unter dem Hypothalamus des Zwischenhirns liegt und mit ihm verbunden ist. Diese enge Verbindung ist nicht nur eine räumliche, sondern auch eine funktionelle: Es gibt nämlich im Zwischenhirn Nervenzellen, die Hormone produzieren, sog. Neurohormone. Sie werden z.T. in der Hypophyse gesammelt, wohin sie über die Verbindung vom Zwischenhirn fließen, z.T. aber werden sie über ein besonderes Blutgefäßnetz auf ‹kurzgeschlossenem› Wege zur Hypophyse transportiert und fördern oder hemmen dort die Ausbildung und Ausschüttung der hypophyseneigenen Hormone. Diese wiederum steuern andere Hormondrüsen im Körper, wie z.B. die Schilddrüse, die Nebennierenrinde oder die hormonproduzierenden Zellen der Gonaden. Das macht plausibel, daß äußere Reize vermutlich bei allen Wirbeltieren bis hin zum Menschen über die Beeinflussung des Hormonhaushaltes zu spezifischen Stimmungslagen und Verhaltenskomplexen führen können.

Besonders gut, wenn auch lange noch nicht vollständig sind derartige Zusammenhänge von Hinde beim Kanarienvogel-Weibchen untersucht worden. Wir geben in Abb. 33 in vereinfachter Form das Schema wieder, das er hierfür aufgestellt hat. Es ist übersichtlich genug, daß wir uns auf einige zusätzliche Erläuterungen beschränken können.

Das Nest der Kanarienvögel ist oben offen; es besteht aus gröberem Material und wird mit Federn ausgepolstert. Um festzustellen, ob das Nest weich ist, und zum Bebrüten der Eier dient der Brutfleck, der auf der Bauchseite des Weibchens durch Ausfall von Federn entsteht. Die nackte Haut wird dann auch stärker durchblutet, schwillt an und wird empfindlicher gegen Berührungsreize. Das führt dazu, daß die Eier beim Brüten besser wahrgenommen und intensiver gewärmt werden können.

Die Hormone auf der rechten Seite des Schemas stehen dort in der Reihenfolge ihres Auftretens. Gonadotropine sind Hypophysenhormone, die u.a. auf das Ovar einwirken und dort die Bildung weiblicher Geschlechtshormone, Oestrogene, anregen. Ein später im Ovar gebildetes Hormon ist das Progesteron. Prolaktin stammt aus der Hypophyse.

Alle im Schema dargestellten Vorgänge laufen teils nacheinander, teils nebeneinander ab. Wir gehen hier, wo es mehr ums Prinzip geht, darauf nicht näher ein. Doch soll noch kurz angedeutet werden, wie einzelne Ergebnisse gewonnen wurden (und wie gesichert sie sind). «Zu Beginn der Brutsaison wird die reproduktive Entwicklung des Weibchens durch die zunehmende Tageslänge gesteigert. Vergleichbare Veränderungen können durch eine Gonadotropin-Injektion erzielt werden, d.h. die Tageslänge wirkt vermutlich über einen Hypophysenmechanismus. Die reproduktive Entwicklung des Weibchens wird weiterhin gesteigert durch die Stimulation, die vom Männchen kommt. Weibchen, die ohne Männchen gehalten werden, entwickeln sich langsamer als Weibchen, die mit Männchen zusammen sind. ... Kopulation und Bauaktivität erreichen ihr Maximum zur gleichen Zeit, einige Tage bevor die Eier gelegt werden. Die Nestbauaktivität fällt mit der Periode zeitlich zusammen, in der sich die Ovarien besonders schnell entwickeln. Sie kann durch hohe Dosen exogenen Oestrogens induziert werden, die genauen hormonalen Grundlagen sind jedoch noch nicht geklärt. ... Die verschiedenen Aspekte der Entwicklung des Brutflekkens ... können durch kombinierte Injektionen von Oestrogen, Prolaktin, ... und/oder Progesteron induziert werden» (Hinde 1973, S.721).

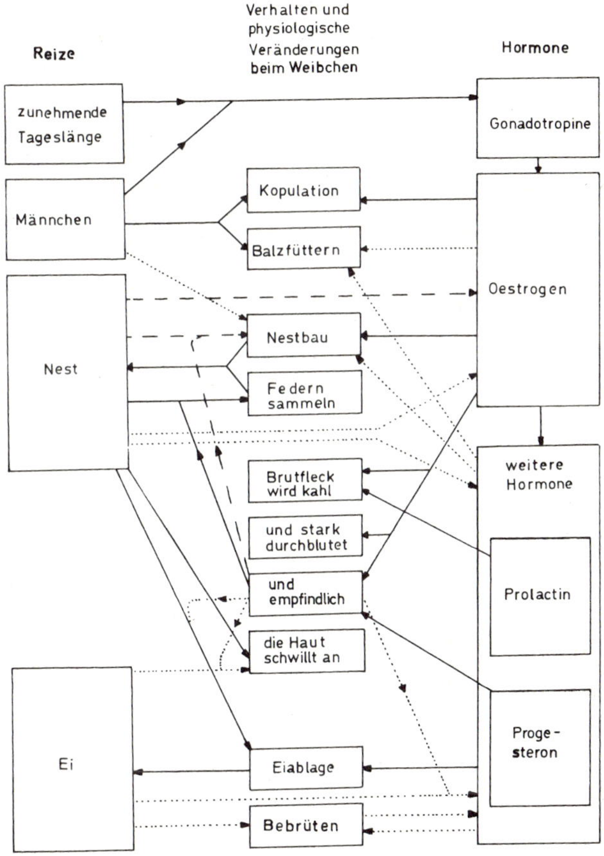

Abb. 33: Beziehungen zwischen äußeren Reizen, hormonellen Zuständen und verschiedenen physiologischen und Verhaltens-Reaktionen beim Kanarienvogelweibchen während der Fortpflanzung. Durchgezogene Linien: positive Wirkungen. Unterbrochene Linien: negative Wirkungen. Gepunktet: vermutete Beziehungen (nach Hinde 1966).

5. Verhaltensontogenese

Unter *Ontogenese* oder *Individualentwicklung* versteht man die Entwicklung eines Lebewesens von seinen frühesten Stadien bis zum Tod. Ausgangsstadien sind eine befruchtete oder – bei Parthenogenese – eine unbefruchtete Eizelle, oder es findet vegetative Vermehrung statt. Ontogeneseabläufe sind schon lange Forschungsgegenstand der Entwicklungsgeschichte und Entwicklungsphysiologie sowie seit neuerem der Molekularbiologie. Das Interesse ist letzten Endes darauf gerichtet, festzustellen, wie die Verhältnisse beim erwachsenen Tier mit denen während der individuellen Entwicklungsgeschichte zusammenhängen und sich womöglich durch diese erklären lassen. Der Ontogenese von Verhaltensweisen wird erst in letzter Zeit größere Aufmerksamkeit gewidmet. Die Untersuchungen über Entstehung, Entwicklung und Veränderungen von Verhaltensweisen beim Individuum im Laufe seines Lebens sollten schon bei den ersten Furchungsstadien einsetzen. Umfangreichere Erkenntnisse über die Verhaltensgrundlagen liefern aber erst die anschließenden, komplexeren Prozesse der Organentwicklung und histologischen Differenzierung bis zum selbständigen Individuum. Schließlich und vor allem gehört zu den Fragestellungen der verhaltensontogenetischen Forschung, wie sich das Individuum mit seiner Umwelt und den spezifischen Sozialstrukturen seiner Art auseinanderzusetzen beginnt, wie und warum es neue Verhaltensweisen erwirbt oder wie und wann es die Fähigkeit, bestimmte Verhaltensweisen auszuüben, verliert.

5.1. Zur Embryogenese des Verhaltens

Entwicklungsbedingte Änderungen des Verhaltens sind verständlicherweise dann besonders gut zu analysieren, wenn deutlich erkennbare Verhaltensweisen vorliegen. Das ist bei Tieren im Embryonalstadium, d.h. vor der Geburt oder vor dem Schlüpfen aus dem Ei, nur in begrenztem Umfang der Fall. Trotzdem wurden grundlegende Ergebnisse gerade durch Untersuchungen der *Embryogenese des Verhaltens* gewonnen. Wegen der besseren Übersichtlichkeit unterteilen wir diesen Abschnitt in drei Unterabschnitte, die sich inhaltlich aber nicht gegenseitig ausschließen müssen.

5.1.1. Motorische Entwicklung

Wohl jeder Mutter ist von den Strampelbewegungen ihres Kindes im Uterus bekannt, daß es vorgeburtliche Verhaltensweisen gibt. Direkt sehen kann man *embryonales Verhalten* z.B. bei Kaulquappen, die sich in einer gallertigen Eihülle entwickeln und zumindest nach Berührung anfangen zu zappeln. Zu fragen ist, ob solche embryonalen Verhaltensweisen nur reflektorisch auf äußere Reize hin ablaufen oder ob es auch Verhaltensweisen gibt, die spontan, ohne äußeren Anlaß auftreten. Genauere Beobachtungen wurden an dem an den Ufern der amerikanischen Atlantikküste häufigen Austernfisch (Opsanus tau) durchgeführt. Schon etwa 9 Tage nach der Befruchtung beginnt der Embryo, den vorderen Rumpfabschnitt zu biegen. Beim Schlüpfen aus dem Ei, am 22. Tag nach der Befruchtung, zeigt die Larve langsame und schnelle Wellenbewegungen des ganzen Körpers. Um den 25. Tag schwimmt sie bereits kurze Strecken vorwärts. Die ersten Reflexe – Fremd- und Eigenreflexe – lassen sich aber erst am 27. Tag feststellen. Das bedeutet also, daß Schwimmbewegungen schon ausgeführt werden, bevor sie durch Reize ausgelöst oder gerichtet werden. Man muß sie also für spontan halten, spontan im Sinne von nicht-reflektorisch.

Mit größerer Sicherheit als die geschilderten Beobachtungen können Experimente Aufklärung darüber bringen, ob unbedingt Sinnesreize für die Auslösung von Bewegungen eines Embryos nötig sind. Solche Versuche wurden z.B. an Hühnerembryonen durchgeführt. Die Hühnchenentwicklung dauert bei einer Bruttemperatur von ungefähr 38 °C 21 Tage. Schon zweitägige Embryonen kann man operieren. Sie wachsen dann trotzdem weiter, zumindest bis zum 17. Tage, so daß man die Folge früher Eingriffe später feststellen kann (Abb. 34).

Ein zweitägiger Embryo ist noch relativ unentwickelt. Er liegt in der Keimscheibe auf dem Dotter, hat eine Länge von ca. 6 mm und eine Breite von etwa 2 mm bei etwa gleicher Höhe. In Aufsicht läßt er vor allem das zur Seite gedrehte Gehirn mit Augen- und Ohranlagen, die Herzanlage und etwa 30 paarige Abschnitte längs der Mittellinie des Körpers erkennen. Es sind dies die Somiten, aus denen sich u.a. Wirbel und Muskeln entwickeln. Im Querschnitt sieht man die Chorda dorsalis und das darüber gelegene Neuralrohr, das später zum Rückenmark wird. Im Laufe der weiteren Entwicklung entstehen an den dem Bauch zugewandten Seiten des Neuralrohrs Nerven, die dorsalen und ventralen Wurzeln, die u.a. zur Haut und zu den Muskeln führen. Nach allem, was man weiß, verlaufen diejenigen Nerven, die Erregungen von Sinnesorganen, etwa der Haut, zum Rückenmark leiten, nur in den dorsalen Wurzeln; in den ventralen Wurzeln und den einzelnen daraus entspringenden Nerven gelangen Erregungen zu den Muskeln und lösen

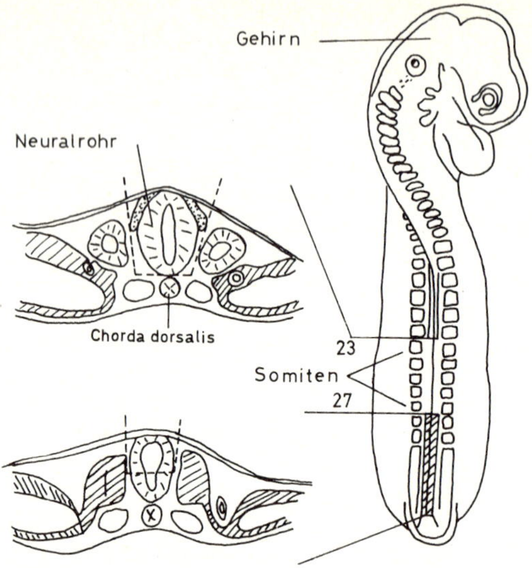

Abb. 34: Ausschaltungen am Nervensystem eines zweitägigen Hühnchenembryos. Im Bereich vom 23. bis zum 27. Somiten wurde, wie im oberen Querschnittsbild dargestellt, das Neuralrohr vollständig entfernt. Vom Neuralrohr im Beinbereich hinter dem 27. Somiten wurde nur der dorsale Teil wegoperiert (nach Hamburger, Wenger, Oppenheim 1966).

deren Kontraktionen aus. Von hinteren Abschnitten des Rückenmarks werden die Beine innerviert, deren Bewegungen man durch ein Loch in der Eischale beobachten kann. Zwischen dem 8. und 17. Tage bewegen sie sich mehr oder weniger rhythmisch in bis zu 80 % der Beobachtungszeit.

Im Versuch trug man bei zweitägigen Embryonen jeweils die dorsalen Hälften des Neuralrohrs im Beinbereich ab. Dadurch wurde erreicht, daß keine Erregungen von den zugehörigen Sinneszellen mehr dort eintrafen, die reflektorisch Muskelkontraktionen hätten hervorrufen können. Außerdem unterbrach man das Neuralrohr im Brustbereich zwischen dem Operationsfeld und dem Gehirn, um zu verhindern, daß von vorn gelegenen Sinnesorganen Erregungen eintrafen. Bei Kontrolltieren nahm man nur die zweite Operation vor. Versuchs- und Kontrolltiere bewegten ihre Beine zwischen dem 8. und 17. Tage gleich viel, und es wechselten Aktivitäts- und Inaktivitätsphasen, wie bei den Normaltieren, rhythmisch ab. Bei den Versuchstieren konnten durch

Berühren der Beinhaut keine Reflexbewegungen ausgelöst werden. Strich man dagegen mit einer Haarschlinge über die Flügelhaut, so wurden über die intakten Rückenmarksabschnitte vor der Unterbrechung Reflexe geschaltet. Auch histologische Überprüfung der Versuchstiere zeigte, daß durch die Operation am 2. Tag tatsächlich die Ausbildung dorsaler Wurzeln im Beinbereich verhindert wurde.

Aus diesem Versuch wird geschlossen, daß die Beinbewegungen wenigstens im Anfang der Entwicklung durch selbständige (autonome) Erregungsproduktionen in den zugehörigen motorischen Nervenzellen des Rückenmarks hervorgerufen werden und daß auch für ihre Periodizität keine von Sinnesorganen zum Rückenmark fließende Erregung nötig ist. Neuerdings hat man durch gleichzeitige Registrierung der Bewegungen von Hühnerembryonen und der von bestimmten Rückenmarksabschnitten elektrophysiologisch abgeleiteten Erregungsmuster gefunden, daß zwischen den Entladungen und den Bewegungen ein sehr enger Zusammenhang besteht.

5.1.2. Sensorische Entwicklung

Die bisher dargestellten Befunde am Hühnerembryo sagen nichts darüber aus, inwieweit nicht bei der Normalentwicklung doch auch Sinnesreize eine Rolle spielen. Tatsächlich scheinen in den späteren Stadien, etwa vom 15. Tage an, Außenreize immer bedeutsamer für die Koordinierung der Bewegung zu werden (während diese vorher relativ unkoordiniert wirken). An Hühnerembryonen konnte das bislang nicht experimentell untersucht werden, weil die operierten Tiere sich nicht bis zum Schlüpfen entwickeln. Von anderen Vogelarten weiß man aber, daß im späteren Embryonalstadium Sinnesreize z.B. dafür wichtig sein können, daß alle Küken möglichst gleichzeitig aus den Eiern schlüpfen. Bei der Japanischen Wachtel (Coturnix coturnix japonica) ist es offenbar dazu notwendig, daß sich die Eier untereinander berühren. Man brütete beispielsweise Eier in zwei Gruppen im Brutschrank aus. Die Eier der einen Gruppe lagen vom 14. Tage der normalerweise etwa 16-17tägigen Brutzeit ca. 10 cm voneinander entfernt, die der anderen Gruppe berührten sich. Im ersten Fall variierten die Schlüpfzeiten für die einzelnen Gelege zwischen 6 und 24 Stunden (bei 10 untersuchten Gelegen), sonst aber betrug der größte Unterschied nur gut 3 Stunden (bei 6 Gelegen). Wurde weiterhin zu 6 Gelegen einen Tag nach Beginn des Bebrütens ein nicht angebrütetes Ei gelegt, so daß sich die Eier berührten, schlüpften alle Küken eines Geleges ungefähr gleichzeitig. Das bedeutet also, daß ein immerhin 6%iger Unterschied in der Bebrütungsdauer durch die Berührung ausgeglichen wurde. Wahrscheinlich erfolgt eine Verständigung zwischen den Küken in den Eiern durch leise

Knacklaute und geringfügige Erschütterungen, die man kurz vor dem Schlüpfen an den Eiern wahrnehmen kann. Versetzt man im Versuch ein Ei in ganz leichte Schwingungen und stellt daneben einen Lautsprecher, der leise Knacklaute abgibt, so schlüpft das Küken fast immer zuerst, zumindest aber vor dem Durchschnitt der Gelegegeschwister, die erschütterungs- und knackfrei ausgebrütet werden. Über die zugrunde liegenden physiologischen Mechanismen und über etwaige Entwicklungsverlangsamungen weiß man allerdings bis jetzt kaum etwas.

5.1.3. Frühontogenetische Beeinflussung späteren Verhaltens durch Hormone

Neuerdings ist besonders die Embryonalentwicklung der Säugetiere auf größeres Forscherinteresse gestoßen, und zwar deshalb, weil durch vor oder z.T. auch kurz nach der Geburt auf bestimmte Regionen des Gehirns einwirkende Geschlechtshormone das spätere geschlechtsspezifische Verhalten festgelegt zu werden scheint. Allerdings ist ‹geschlechtsspezifisch› kein eindeutiger Begriff, da ‹Geschlecht› mehrerlei bedeuten kann. Deshalb sei hier, auch im Hinblick auf die mögliche Bedeutung für den Menschen, etwas genauer darauf eingegangen.

Das Geschlecht eines Tieres wird in der Regel bei der Befruchtung der Eizelle durch ein Spermium festgelegt (genetisches Geschlecht). Männliche Säugetiere sind heterozygot; ihr diploider Chromosomensatz enthält ein weibliches (x) und ein männliches (y) Geschlechtschromosom. Weibliche Säugetiere sind homozygot (xx). Bei Vögeln und Reptilien liegen die Verhältnisse gerade umgekehrt. In den allermeisten Fällen entwickeln sich auch die übrigen Merkmale eines Säugers in Übereinstimmung mit dem genetischen Geschlecht. Das gilt zunächst für die Gonaden. In deren undifferenzierte Anlagen wandern amöboid sog. primäre Keimzellen ein, die vorher an anderer Stelle des Embryos lagen. Man weiß nicht, ob vielleicht die y-Chromosomen der primären männlichen Keimzellen entscheidend für die Ausdifferenzierung der Gonaden zu Hoden sind. Für den Normalfall bedeuten diese Vorgänge jedenfalls, daß schon das ‹richtige› Verhalten von Zellen in der Frühembryogenese letztlich für das ‹richtige› Verhalten der ausgewachsenen Individuen mitverantwortlich ist. (Das gilt übrigens für viele frühembryonale Entwicklungsprozesse, bei denen Zellen infolge ihrer Eigenbeweglichkeit andere Plätze aufsuchen, also ‹sich verhalten›; speziell Nervenzellen nehmen Kontakt zu ganz bestimmten anderen Nervenzellen oder zu bestimmten Rezeptoren oder Effektoren auf.) Die auf die Gonadendifferenzierung folgenden Schritte der Sexualdifferenzierung sind aber nicht direkt von den Geschlechtschromosomen abhängig, sondern von den männlichen Geschlechtshormonen, die in den embryonalen Hoden gebildet werden oder auf andere Weise, z.B. über die Plazenta des Muttertieres, in den Embryo gelangen. Kurz und vereinfachend kann man sowohl für die Ausbildung der inneren wie der äußeren Geschlechtsorgane - außer den Gonaden – sagen, daß weibliche Differenzierung erfolgt, solange keine männlichen Hormone in die Entwicklung eingreifen. Es sind dafür anscheinend überhaupt keine Hormone erforderlich. Im Gegensatz dazu findet männliche Differenzierung der Geschlechtsorgane dann statt, wenn der embryonale Hoden seine Hormone ausschüttet. Als zeitlich letzter Schritt nach der Festlegung des genetischen, des gonadalen und des somatischen (körperlichen) Geschlechts erfolgt die Festlegung des verhaltensbestimmenden (psychischen) Geschlechts, d. h. der Grundlage für das spätere männliche oder weibliche Verhalten eines Säugetiers. Auch dieser Schritt ist hormonabhängig. Weibliche Ratten, denen während der ersten fünf Tage nach der Geburt männliche Geschlechtshormone injiziert wurden, zeigen als Erwachsene höchstens schwache Ansätze zu weiblichem Sexualverhalten. Vor allem fehlt ihnen die weibliche Begattungsstellung, bei der der Rücken bauchwärts durchgedrückt und Kopf und Schwanz angehoben werden. Spritzt man ihnen als Erwachsenen jedoch nochmals Androgene, verhalten sie sich männlich. Umgekehrt zeigen in den ersten Lebenstagen kastrierte männliche Ratten als Erwachsene auch nach Androgeninjektion kein männliches Verhalten mehr. Wenn man ihnen dann aber weibliche Geschlechtshormone gibt, verhalten sie sich weiblich. Aufgrund von Versuchen, bei denen Kristalle männlicher Geschlechtshormone in den Hypothalamus implantiert oder der Einbau radioaktiver Hormone ins Gehirn verfolgt wurden, sowie aufgrund von Läsionen im Hypothalamus nimmt man an, daß dort ein in beiden Geschlechtern vorhandenes ‹Zentrum› durch die frühen Gaben männlicher Hormone funktionell ausgeschaltet wird. Ohne dieses Zentrum resultiert von einem anderen Bereich gesteuertes, männliches Verhalten, bei Funktionieren dieses Zentrums jedoch weibliches. Insgesamt sind die Verhältnisse – auch bei anderen Säugern – aber noch recht unübersichtlich und keineswegs auch nur annähernd geklärt. Die Bedeutung solcher Forschungen für den Menschen liegt auf der Hand: Wenn die männlichen Geschlechtshormone bei ihm «die gleiche Rolle spielen wie bei einigen Tierspezies, dann müssen verschiedene von der ‹Norm› abweichende Triebrichtungen wie etwa Transsexualität und vielleicht auch Homosexualität als Folge einer frühzeitigen Störung im hormonalen Milieu angesehen werden» (Neumann 1972, S. 77).

5.2. Beispiele für postembryonale Verhaltensentwicklung

Embryonales Verhalten ist, wie wir gesehen haben, oft nicht ganz einfach zu beobachten. Die Verhaltensentwicklung nach dem Schlüpfen oder nach der Geburt läßt sich dagegen vielfach leichter untersuchen, so daß sich in zahlreichen Arbeiten über das Verhalten einer Tierart auch Bemerkungen über seine Ontogenese finden. Oft sind sie von der Art, daß bestimmte auffällige Verhaltensweisen, wie das Saugen junger Säuger oder das Sperren junger Singvögel, beschrieben werden und daß tabellarisch aufgelistet wird, wann welche Verhaltensweisen zum ersten Male erscheinen oder auch, von wann ab sie nicht mehr beobachtet werden. Solche Arbeiten zu lesen, ist häufig mühsam, die Angaben zu behalten, noch mühsamer. Sie erweisen ihren Wert oft erst beim Vergleich mit der Verhaltensontogenese anderer Arten, vor allem aber dann, wenn sie Antworten liefern zur Überprüfung von Arbeitshypothesen im Rahmen größerer Zusammenhänge. An derartigen ausformulierten und Hypothesen liefernden Theorien scheint aber derzeit noch Mangel zu herrschen, so daß viele Arbeiten unverbunden nebeneinander stehen. Insbesondere der Mangel an quantitativen Arbeiten wird beklagt, die mithelfen könnten, die Frage nach Bedeutung und Anteil des Erbgutes und der Umwelteinflüsse an der Verhaltensentwicklung zu klären (vgl. Rathmayer 1975). Aus dem mehr oder weniger unübersichtlichen Feld der Untersuchungen zur postembryonalen Verhaltensontogenese heben sich nur einige Gebiete deutlicher hervor, von denen wir frühontogenetische Verhaltensanpassungen, Reifung und Prägung in gesonderten Abschnitten behandeln. Zuvor bringen wir einige Beispiele, die sich nicht in die genannten Themenbereiche einordnen lassen.

Der Lebenslauf der Arbeitsbienen (Apis mellifica). Honigbienen sollten jedermann bekannt sein; sie sind häufig, sehr gut untersucht, Nutztiere des Menschen (vor allem als Bestäuber, aber auch als Honiglieferanten) und bilden Staatswesen, in denen viele Individuen in gegenseitiger Abhängigkeit zusammenleben. Sie sind, undifferenziert ausgedrückt, einfach hochinteressant, und das soll zur Begründung genügen, warum wir hier über sie sprechen.

Das Leben im Bienenstaat erfordert viele verschiedene Tätigkeiten. Waben werden gebaut, Larven und die Königin gefüttert, leere Zellen gesäubert, Nektar und Pollen eingetragen. Man könnte sich denken, daß jede dieser Arbeiten von Spezialisten erledigt wird, die ihr ganzes Leben lang dasselbe tun. In Wirklichkeit jedoch verhält es sich anders: Jede Arbeitsbiene führt im Laufe ihres Lebens alle für den Stock grundlegenden Arbeiten selbst aus, und zwar nacheinander nach einem rela-

Abb. 35: Lebenslauf einer Arbeitsbiene längs der in Tagen angegebenen Zeitskala. Rechts sind die Funktionszustände der im Kopf gelegenen Futtersaftdrüsen und der Wachsdrüsen angegeben (aus Lindauer 1975).

tiv festgelegten Arbeitsplan (Abb. 35). Als Larve ist sie zwar noch nicht für den Stock tätig – wie es für Larven mancher Termiten zutrifft –, sondern bleibt in ihrer Zelle, wird gefüttert und wächst heran; aber gleich nach dem Schlüpfen aus der Puppe beginnt sie mit ihrer ersten Arbeit, dem Reinigungsdienst. «Sie muß die leeren Zellen für die Eiablage vorbereiten, d. h. diese Zellen reinigen, aber auch mit einem bakteriziden Sekret austapezieren. Man darf sagen, daß die Kinderstube der Bienen, was Hygiene und Fürsorge betrifft, mustergültig ist» (Lindauer 1975, S. 12). Die Fürsorge übernehmen die Ammenbienen, als welche sich die etwa 4–10tägigen Arbeiterinnen betätigen. Den jüngeren Larven füttern sie das Sekret ihrer im Kopf gelegenen Futtersaft- oder Ammendrüsen, den älteren dazu auch Pollen und Honig. Die Drüsen entfalten sinnvollerweise gerade zu dieser Zeit ihre stärkste Tätigkeit. Vom 10. bis 16. Tage ihres Erwachsenendaseins sind die Arbeiterinnen Baubienen. Aus am Bauche gelegenen Wachsdrüsen scheiden sie Wachsschuppen aus, kneten sie mit ihren zangenartigen Oberkiefern und bauen das Wachs dann in die Waben ein. In den nächsten Tagen nehmen sie den einfliegenden Sammlerinnen den Nektar ab, aus dem sie durch Enzymeinwirkung und Eindicken Honig bereiten, oder sie stampfen den Pollen in den Zellen fest. Etwa am 20. Tag ist eine Arbeiterin am Stockeingang als Wächterin bemüht, Feinde, wie Hornissen, zu vertreiben. Und von der dritten Woche an bis zu ihrem Lebensende – im Sommer normalerweise im Alter von 5 bis 6 Wochen – sammelt sie Pollen und Nektar und trägt ihn ein. Ganz unverrückbar ist dieser Kalender allerdings nicht festgelegt. Man hat experimentell Völker nur aus Sammlerinnen und Königin oder nur aus Jungbienen und Königin hergestellt und konnte dann beobachten, daß auch Sammlerinnen Ammendienste übernahmen oder Jungbienen ausflogen und Nahrung eintrugen.

Das Triumphgeschrei der Graugans (Anser anser). Graugänse sind bei uns nicht häufig zu sehen. Es liegt wohl einfach an Lorenz' Vorliebe für diese Tiere – man denke an seine unnachahmliche Schilderung des Gänsekindes Martina (Lorenz 1964) –, daß das Gänseverhalten qualitativ teilweise sehr gründlich analysiert ist, woraus wir die Berechtigung nehmen, es hier als Beispiel heranzuziehen. Ein charakteristisches Verhalten ist das *Triumphgeschrei*. Heinroth hat es als erster benannt und beschrieben: «Ein Gänsepaar mit Jungen oder ohne Junge kommt in die Nähe eines fremden Artgenossen, der Ganter rennt oder schwimmt mit vorgestrecktem Hals auf den fremden Vogel los, und dieser nimmt dann gewöhnlich Reißaus. Sofort kehrt sich der Angreifer um, eilt schleunigst zu seiner Gattin zurück, und nun stoßen beide ein lautes Triumphgeschrei aus: ein Schmettern, dem ein leises eigenar-

Abb. 36: Schematischer Ablauf eines Triumphgeschreis der Graugans. Der Ganter vertreibt einen Gegner F und kehrt ‹rollend› zur Gans zurück (1); danach schnattern beide (2) (nach Fischer 1965).

tiges Schnattern – etwa durch ein nasales, fortlaufendes ‹ganggang-gang› wiederzugeben – folgt. Die Tiere sehen dabei aus, als wollten sie jeden Augenblick übereinander herfallen und schreien sich ihre Rufe gewöhnlich direkt in die Ohren, immer den Hals dabei vorgestreckt und den Kopf nur wenig über den Erdboden haltend. In dieses Triumphgeschrei stimmen bereits die kleinen Dunenjungen mit ein, sie nehmen dabei schon ganz die Haltung der Alten ein» (Heinroth 1910, nach Fischer 1965, S. 247/8). Das so beschriebene Triumphgeschrei tritt in ähnlicher Weise auch in anderen Situationen auf. Es ist für das Gesellschaftsleben, für Rangordnung und Familienbildung und -zusammenhalt von ausschlaggebender Bedeutung. Die obige Schilderung läßt die zwei Komponenten des Triumphgeschreies erkennen, das schmetternde ‹Rollen› und das ‹Schnattern› (Abb. 36). Wir wollen uns hier nur mit dem letzteren beschäftigen. Wichtig beim Schnattern ist, daß der Hals vorgestreckt und der Kopf ungefähr waagerecht gehalten wird und daß die erwachsenen Schnatter-Partner die Schnäbel seitlich aneinander vorbeistrecken. Die einzelnen Schnattersilben dauern jeweils nur knapp 0,1 s, ihr Grundton kann beim ♂ etwa im Bereich von 0,25 bis 1,25 kHz, beim ♀ im Bereich von 0,7 bis 1,0 kHz liegen. Die Entwicklung des Schnatterns läßt sich bis zum Ei zurückverfolgen (Abb. 37). An den letzten beiden Tagen vor dem Schlüpfen kann man aus ihm neben einem Wein- und einem Schlaflaut den zwei- bis viersilbigen Wi-Laut hören. Das Gössel äußert ihn z. B., wenn das abgekühlte Ei erwärmt wird, oder bei Geräuschen. Die einzelne Silbe hat eine Dauer

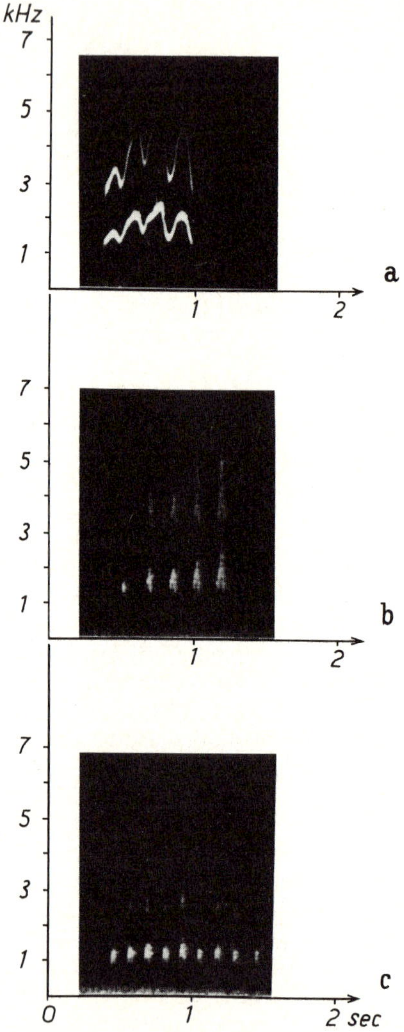

Abb. 37: Entwicklung des Wi-Lautes bei Gänsen. a) Im Ei kurz vor dem Schlüpfen, b) 8 Tage, c) 34 Tage altes Gössel (nach Fischer 1965).

von etwa 0,15 s bei einer Frequenz des Grundtones von ca. 1,5 bis 3,0 kHz. «Der Wi-Laut ist vom Schlüpfen ab mit einer bestimmten Bewegungsweise gekoppelt. Sowie es den Kopf heben kann, versucht das Gössel beim Wi-Laut Hals und Kopf vorzustrecken. Das Ausmaß dieser Bewegung, die Lautstärke und die Silbenzahl des Lautes gehen dabei einander parallel. . . . Haben sich die Gössel etwas von den Eltern entfernt und kehren dann zu ihnen zurück, so äußern sie immer den . . .Wi-Laut . . . mit Halsvorstrecken» (Fischer 1965, S. 253/4). Auch bei Angriffen der Eltern auf andere Gänse rennen die Gössel etwa vom dritten Tag an mit vorgestrecktem Hals und Wi-Lauten hinter den Eltern her; die Laute werden heftiger, wenn sich die Eltern nach dem Angriff ihnen wieder zuwenden. Während der Mauser aus dem Dunen- ins Konturgefieder (zwischen dem 20. und 60. Tage) verändert sich der Wi-Laut; da die Gänse einen Stimmbruch durchmachen, wird er zunehmend tiefer, außerdem nimmt die Silbenzahl zu. Die Wi-Laute mit Halsvorstrecken herrschen zunächst noch vor, während die Jungen Fremde angreifen, später werden sie in dieser Form nur noch gegenüber den Familienangehörigen geäußert. Bei solchen Begegnungen junger Geschwister sind die Schnäbel in der Regel aufeinandergerichtet. Manchmal beißt ein Junges ein Geschwister, das ihm mit Wi-Lauten und vorgestrecktem Hals entgegenkommt. Gelegentlich beißt das angegriffene Gössel nicht zurück, «sondern fährt unbeirrt darin fort, Wi-Laute auszustoßen und den Hals vorzustrecken, aber nicht wie bisher üblich, dem Partner direkt entgegen, sondern seitlich an ihm vorbei. Darauf stellt der Partner seinen Angriff sofort ein und stimmt in die Wi-Laute ein, indem er ebenfalls den Hals nunmehr seitlich an seinem Gegenüber vorbeistreckt» (a.a.O., S. 264). Damit liegt die Verhaltensweise des Schnatterns vor. Sie löst also in der Ontogenese den Wi-Laut mit Halsvorstrecken ab. Diese Feststellung ist ein sehr schöner Beleg dafür, wie durch geduldige, intensive Beobachtung an vertrauten Tieren die Ontogenese eines Verhaltens geklärt werden kann. In diesem Falle führte das mit dazu, Schnattern und Zusammenhalten mit einem Partner als Ausdruck eines eigenen Triebes, des *Bindungstriebes*, zu erkennen (vgl. S. 47). Auf die gesamte dazu notwendige Analyse können wir hier nicht eingehen, ebensowenig wie auf andere Formen des Wi-Lautes.

Der Mensch – der einzige sekundäre Nesthocker? Eine grundlegende Frage der Wissenschaft, nicht zuletzt der Biologie, ist die, wodurch sich der Mensch von den Tieren, insbesondere den ihm nächststehenden Menschenaffen, unterscheidet, was also eigentlich die menschliche Eigenart ausmacht. Wahrscheinlich ist es, wie bei anderen Tierarten auch, eine Reihe von Faktoren. Immer wieder wird aber versucht, den einen oder anderen besonders herauszuheben, so daß er ein unzulässiges Übergewicht bekommt. Eine Zeitlang galt das für den menschlichen Geburtszustand. Man bezeichnete den Menschen als einzigen sekundären Nesthocker.

Nesthocker sind Vögel oder Säugetiere, die in einem recht unentwickelten Zustand schlüpfen oder geboren werden und zunächst intensiver Pflege durch die Eltern bedürfen (Beispiele: Singvögel, Kaninchen). *Nestflüchter* dagegen sind nach dem Schlüpfen oder nach der Geburt in so weit fortgeschrittenem Entwicklungszustande, daß sie schon nach kurzer Zeit selbständig sind oder den Elterntieren oder der Mutter folgen (Beispiele: Entenvögel, Hasen). Als *Tragling* bezeichnet man neuerdings junge Säugetiere, die zwar nicht selbständig sind, aber auch nicht in ein Nest kommen, sondern am Körper der Mutter bleiben und von ihr herumgetragen werden (Beispiele: Känguruhs, Affen).

Der Mensch bedarf nach der Geburt so intensiver Pflege wie ein Nesthocker. Aber: «Würde der Mensch als einfacher Nesthocker geboren, . . . so müßte er auf (der) Entwicklungsstufe des fünften (Fötal-) Monats etwa zur Welt kommen. In Wirklichkeit reift er aber im Mutterleibe weiter heran zur Stufe des Nestflüchters» (Portmann 1944, S. 32). Daß der Mensch als Nestflüchter aufzufassen sei, «kann nur eine von vielen Perspektiven der Betrachtung sein, doch wird sie uns helfen, das auffälligste Merkmal unseres Geburtszustandes, seine Hilflosigkeit, in ihren wahren Beziehungen zu sehen» (a. a. O., S. 33). «Der neugeborene Mensch, seinem Grundplane nach ein Nestflüchter, gerät in eine besondere Art von Abhängigkeit, weshalb wir ihn als einen ‹sekundären Nesthocker› bezeichnet haben. . . . In dieser besonderen Abhängigkeit steht der Mensch in der Gruppe der Säuger allein» (a. a. O., S. 50).

Die letzte Aussage läßt sich nur durch vergleichende Untersuchungen der Verhaltensontogenese bei Primaten erhärten oder widerlegen. In der Tat ist z. B. das Neugeborene des Totenkopfäffchens schon während der Geburt imstande, sich im Fell der Mutter anzuklammern, klettert dann an ihrem Körper umher und nimmt zeitweise schon die typische Reitlage auf dem Rücken der Mutter ein; auch sucht es selbständig mit pendelnden und nickenden Kopfbewegungen die Brustwarzen der Mutter. Es ist also bei weitem nicht so hilflos wie das menschliche Neugeborene. Wie steht es aber hiermit bei den Menschenaffen? Anfang der 60er Jahre wurden Beobachtungen über die Verhaltensentwicklung beim Gorilla (Gorilla gorilla) sowohl im Zoo wie im Freiland bekannt. Diese Beobachtungen zeigen, «daß Gorillas während ihrer ersten beiden Lebensmonate nahezu hilflos sind. Ihr Klammerreflex ist so schwach, daß sie unfähig sind, mehr als ein paar Sekunden ohne Unterstützung an ihren Müttern zu hängen. Während des ersten Monats nach der Geburt läßt sich nicht beobachten, daß sie auf bewegte Objekte in ihrer Umgebung antworten; während ihrer ersten beiden Monate versuchen sie nicht, nach Gegenständen zu greifen» (übersetzt nach Schaller 1963, S. 274). Dadurch und durch weitere Beobachtungen ist klar, daß der Mensch, wenn man überhaupt von sekundärem Nesthokker sprechen will, jedenfalls nicht der einzige ist. Das Beispiel macht zugleich deutlich, wie nützlich verhaltensontogenetische Erhebungen zur Klärung von Theorien sein können.

5.3. Zukunftsbezogene Verhaltensanpassungen in der frühen Ontogenese

Bei den Verhaltensweisen von Larven und Jungtieren kann man zwei Haupttypen unterscheiden, solche nämlich, die unmittelbar für das Tier in seinem derzeitigen Zustand Bedeutung haben, und andere, die eigentlich nur auf seine Zukunft gemünzt sind. Junge Singvögel sperren, ‹damit› sie gefüttert werden und nicht Hungers sterben müssen. Das ist für sie jetzt unmittelbar wichtig (aber natürlich auch für ihre Zukunft). Wenn dagegen eine ausgewachsene Kohlweißlingsraupe an einer Hauswand hochklettert und sich dort mit einem Seidengürtel festspinnt, ‹um› sich zu verpuppen, überwiegt die zukunftsbezogene Komponente. Wenn man nicht wüßte, welche weiteren Entwicklungsprozesse folgen, würde dieses Verhalten schwer zu deuten sein. Das gleiche gilt für andere Insekten mit vollständiger Verwandlung, die zur Verpuppung geeignete Orte aufsuchen, an denen sie vorher nicht waren, oder die noch weitergehende Vorausleistungen erbringen. Die Larve des Erbsenkäfers (Bruchus pisi) lebt und verpuppt sich in der Erbse. «Der völlig ausgebildete Käfer besitzt kein geeignetes Werkzeug, um sich selbst einen Ausgang aus der jetzt durch und durch hartgewordenen Erbse zu bahnen. Die Larve kennt diese zukünftige Ohnmacht und schafft in höchst kunstvoller Weise Rat. Mit ihren kräftigen Kiefern bohrt sie einen vollkommen runden Ausgangsschacht mit ganz glatten Wänden», wobei sie, nach dieser Darstellung von Fabre 1882, die äußerste Hautschicht der Erbse als schützenden Deckel erhalten läßt, in den sie nur ringsum am Rande eine schwache Rille nagt. Der Käfer braucht ihn beim Ausschlüpfen nur «wie den Deckel einer Dose aufzusprengen».

Nicht nur Insekten, auch manche niederen Wirbellosen zeigen in ihrer Ontogenese auffallende Verhaltensanpassungen. So gibt es kleine Fadenwürmer, die in ausgeschiedenen Exkrementen leben. Der Kot bietet nur begrenzte Zeit günstige Lebensbedingungen; dann müssen die Würmer frisches Substrat zu besiedeln suchen. Sie sind nicht imstande, selbständig größere Entfernungen zu überwinden, besitzen jedoch ein spezielles Verhalten, das ihnen trotzdem die Übersiedlung ermöglicht. Wie die meisten Fadenwürmer haben sie vier Larvenstadien, die dadurch auseinander hervorgehen, daß die Larve die relativ feste Haut des vorigen Stadiums abstreift. Die Larven des dritten Stadiums kriechen bei schlechter werdenden Lebensbedingungen an die Oberfläche des Substrats, erheben dort den größten Teil des Körpers frei in die Luft und pendeln mit ihm hin und her (Abb. 38). Dadurch kommen sie leicht mit einem Insekt, z. B. einem Mistkäfer, in Berührung. Sobald das geschehen ist, kriechen sie an ihm hoch, verbergen sich an geschützten Stellen, oft unter den Flügeldecken, und lassen sich von ihm zu frischen Kothaufen transportieren. Dort verlassen sie ihr Transport‹vehikel› und setzen ihre Entwicklung im neuen Substrat fort.

Eine verblüffende Vorausleistung bei einem Wirbeltier beschreibt

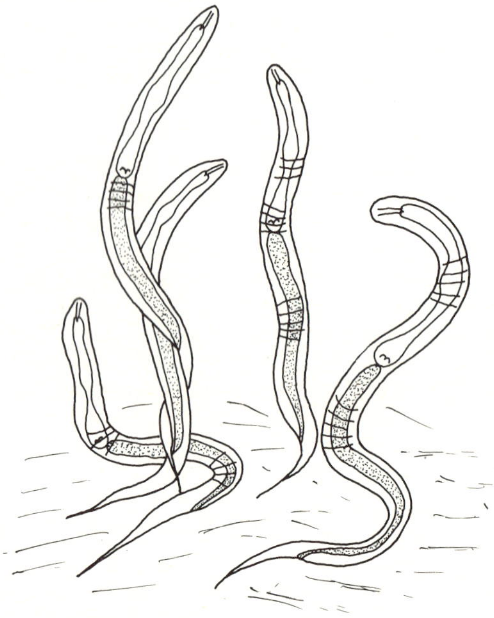

Abb. 38: Larven einer Fadenwurmart (Rhabditis spec.), die ihren Körper weit aus dem von ihnen besiedelten Kot herausstrecken (nach Osche 1966).

Abb. 39: Der junge Kuckuck (Cuculus canorus) befördert ein Ei über den Nestrand (nach Heinroth 1955).

Heinroth am Beispiel des jungen Kuckucks (Cuculus canorus) (vgl. S. 145). «Da unser europäischer Kuckuck auf kleine und kleinste Vögel angepaßt ist, so müssen die rechtmäßigen Nestjungen natürlich beseitigt werden, denn ein Zaunkönigpaar kann unmöglich einen Kuckuck zugleich mit seinen eigenen 6 Jungen auffüttern. Das hat nun zu einer merkwürdigen Triebhandlung geführt, die uns zwar sehr grausam erscheint, aber für den Kuckuck durchaus arterhaltend ist. In dem völlig nackten und blinden Kuckuckskind erwacht nach einigen Stunden der Trieb, alles im Nest Befindliche, also Eier oder Jungvögel, hinauszuwerfen. Es schiebt sich seitlich und rückwärts unter seine Stiefgeschwister oder die noch vorhandenen Eier, nimmt sie auf seinen breiten, etwas ausgehöhlten Rücken zwischen die hochgestreckten armartigen Flügelchen, die im Gegensatz zu anderen neugeborenen Kleinvögeln sehr kräftig und beweglich sind, und klettert nun mit seiner Bürde rücklings an der Wand der Nestmulde empor; dabei werden der Vorderkopf und die Stirn zum Stützen benutzt, wie man dies auf der . . . Zeichnung» (Abb. 39) «sehen kann. Der kleine, blinde Lastträger befördert den Fremdkörper bis auf den äußeren Nestrand, muß im letzten Augenblikke sehr bedacht sein, nicht selbst über Bord zu fallen, und arbeitet sich dann mit Kraft und Geschick wieder in die Nestmulde zurück, um sein Werk nötigenfalls von neuem zu beginnen. . . . Mit ungefähr 4 Tagen verschwindet der Trieb des Hinauswerfens, dann ist er auch nicht mehr nötig, weil bis dahin unter natürlichen Verhältnissen alles aus dem Nest entfernt ist . . .» (Heinroth 1955, S. 46/7).

Es bedarf kaum einer besonderen Erwähnung, daß man solche zukunftsbezogenen Verhaltensweisen nicht etwa als bewußt geplante Leistungen ansehen darf. Gerade Fabre hat heftig gegen eine derartige Überinterpretation tierischen Verhaltens gestritten, ihr aber vielleicht durch seine auch in unserem obigen Zitat deutlich gewordene Ausdrucksweise etwas Vorschub geleistet – eine Ausdrucksweise, die besonders plastisch wirkt und ähnlich auch heutzutage noch anzutreffen ist (vgl. Zitat S. 84).

5.4. Reifung

Wenn eine Verhaltensweise eines Tieres bei der Geburt oder beim Schlüpfen noch nicht oder nur unvollkommen vorliegt, später aber ohne vorhergehende Übung auftritt oder sich vervollkommnet, so sagt man, daß die Verhaltensweise reift. Es handelt sich also um angeborenes, wenn auch nicht sofort vorhandenes Verhalten. Allerdings braucht es nicht so zu sein, daß eine Instinkthandlung oder Handlungskette als ganze reift, sondern es können vielleicht einige Teilkomponenten schon von Anfang an vorhanden sein und andererseits Lernvorgänge zu ihrer endgültigen Ausführung ebenfalls eine wichtige Rolle spielen (s. S. 111). Schon früh hat Lorenz bei seinen Auseinandersetzungen mit dem Instinktbegriff die Frage der *Reifung* aufgegriffen und dargelegt, daß ein Körperteil und die angeborenen Anteile der Bewegungskoordination, die seinen Gebrauch bestimmen, sich durchaus nicht gleichzeitig entwickeln müssen. «Wenn die Entwicklung der Handlung der des Organes vorauseilt, ist der Sachverhalt leicht zu durchschauen. So haben z. B. die Küken aller Entenvögel unverhältnismäßig kleine und ganz unbrauchbare Flügel. Trotzdem ist bei ihnen schon in den ersten Lebenstagen eine Kampfreaktion auslösbar, bei der sie genau dieselben Bewegungskoordinationen zeigen wie die erwachsenen Tiere ihrer Art, die mit eingewinkeltem Handgelenk auf den Feind losschlagen, den sie mit dem Schnabel gepackt haben und in der richtigen Schlagweite vor sich halten. Die angeborene Koordination dieser Bewegungen ist aber von vornherein auf die Körperabmessungen des erwachsenen Vogels eingestellt, und der Jungvogel hält daher seinen Gegner so weit von sich ab, daß gar keine Möglichkeit besteht, ihn mit den winzigen Flügelchen zu erreichen! Wenn umgekehrt die Entwicklung des Organes früher beendet ist als die der zugehörigen Instinkthandlung, so sind die Zusammenhänge nicht so durchsichtig. Bei vielen Vögeln sind die Flügel der Jungen schon lange mechanisch funktionsfähig, ehe die Koordinationen der Flugbewegungen heranreifen. Wenn dann die Reifung der Koordinationen im Begriffe ist, die vorausgeeilte Entwicklung der Organe einzuholen, so sieht dieser Vorgang äußerlich ganz gleich aus wie ein Lernvorgang. Außer dem stets gleichen Endresultat gibt es kein äußeres Merkmal, das uns sagen könnte, daß hier ein Reifungsvorgang auf genau vorgeschriebener Bahn fortschreitet. Daher sind hier Experimente nötig» (Lorenz 1965, Bd. 1, S. 286/7).

Ein Schüler von Lorenz zog drei noch nicht flügge Jungtauben mit gutem Allgemeinzustand vom 10., 27. bzw. 30. Lebenstag an einzeln in schmalen und niedrigen Kistchen auf, in denen sie unter keinen Umständen die Flügel entfalten konnten. Vorher im Nest schon auftretende Flügelbewegungen waren Streckbewegungen oder stereotype Bettelbewegungen, die als nicht zum Fliegen gehörig für die Untersuchung seiner Entwicklung unberücksichtigt bleiben konnten. Eine fünf Wochen lang eingesperrte Taube flog beim Freilassen im Alter von etwa neun Wochen sofort 5 m weit auf den Boden, machte dort einige Minuten Flügelbewegungen und flog dann auf ein 40 m entferntes, 2 m hohes Seil. Auch die anderen Versuchstiere brauchten das Fliegen nicht zu üben. Ganz offenbar liegt hier ein Reifungsvorgang vor. – Man beachte, daß bei dem positiven Ausgang des Experiments für die qualitative Aussage, daß Haustauben unter den geschilderten Umständen das Fliegen nicht zu lernen brauchen, schon der Nachweis bei nur einem Tier genügt. Wäre umgekehrt der Versuch nicht erfolgreich gewesen, ließe sich daraus nicht schließen, daß Tauben das Fliegen lernen müssen. Es könnte ja einfach sein, daß die Tiere, wie es bei einem weiteren Versuchstier tatsächlich der Fall war, durch die Isolation in so schlechtem Zustand sind, daß sie deshalb nicht fliegen können.

Waren hier vor allem motorische Prozesse bei der Reifung beteiligt – ohne daß man im einzelnen weiß, welcher Art sie sind –, so dürften beim folgenden Beispiel wahrscheinlich auch Reifungserscheinungen im sensorischen Bereich mitspielen. Hühnerküken picken anfänglich nicht ganz genau gezielt auf ein Getreidekorn, sondern treffen auch den Boden rings um das Korn und erwischen es dabei offenbar zufällig. Man kann das dadurch veranschaulichen, daß man sie nach einem Nagelkopf picken läßt, der fest in weichen Töpferton eingebettet ist; um den Kopf ergibt sich dann eine kleine ‹Wolke› von Pickeinschlägen (Abb. 40). Im Laufe weniger Tage verbessert sich die Zielgenauigkeit, so

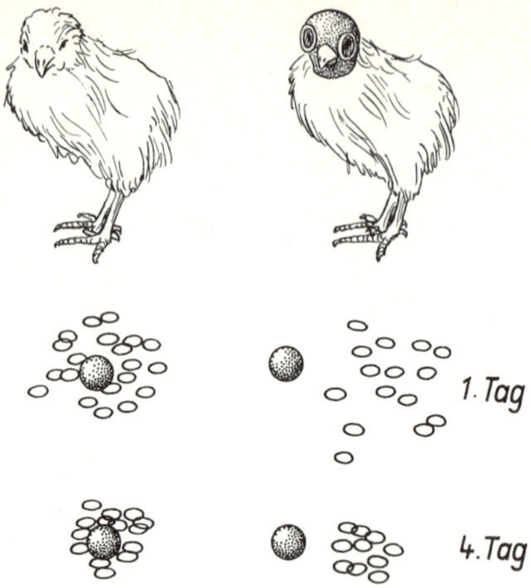

Abb. 40: Reifung der Zielgenauigkeit bei Hühnerküken. In der Abbildung ist nur das eine Küken mit Brillenhaube dargestellt. Weitere Erklärung im Text (nach Hess 1956).

daß am 4. Tag die Pickmarken ganz dicht um den Kopf herum liegen. Das gilt, wenn die Tiere in der Zwischenzeit nach verstreut und einzeln liegenden Körnern picken mußten, um sich zu ernähren, dabei also möglicherweise das Zielen üben konnten; es gilt aber auch, wenn sie sich aus Schalen mit Futter ernährten, wo der Zwang zum Zielen nicht vorhanden war, denn wenn ein angezieltes Korn nicht erwischt wurde, dann doch jedenfalls ein anderes. – Ist damit der Beweis erbracht, daß hier eine Reifung des Zielmechanismus vorliegt? Nun, auch wenn die Küken aus der Schale fressen, ist nicht ausgeschlossen, daß sie ihre Zielgenauigkeit durch Übung verbessern. Man muß also methodisch anders vorgehen, um das auszuschließen. Hess tat das, indem er Küken ohne Seherfahrung – sie waren im Dunkeln geschlüpft – Brillenhauben überstülpte, die mit flachen Prismen versehen waren und deshalb bewirkten, daß jeder Punkt der Umwelt gegenüber seiner wirklichen Lage 7° nach rechts oder, bei anderen Tieren, nach links versetzt wurde. Tiere, die sich von verstreuten Körnern ernähren sollten, magerten sichtlich ab, weil sie meist danebenpickten und nur zufällig ein Korn fanden. Andere Tiere, die Körner aus einer Schale pickten, zielten zwar sicherlich auch, wie die anderen, immer daneben, bekamen aber trotzdem immer etwas zu fressen. Jedenfalls konnten sie das Zielen nicht lernen. Ließ man sie dann am 4. Tag im Test nach dem Nagel im Ton picken, lagen die Pickspuren so wie bei Normaltieren ganz eng beisammen, aber nicht um den Nagelkopf herum, sondern, je nach der Brille, etwas zur linken oder rechten Seite versetzt. Damit ist bewiesen, daß das Zielen nicht gelernt wird, sondern daß der Zielmechanismus reift. Zur Kontrolle wurden übrigens, damit wirklich nur ein einziger Faktor im Versuch eine Rolle spielte, Tiere mit Brillenhauben genommen, deren Brillengläser die Umgebung nicht versetzten. – Für Reifungsvorgänge bei Insekten verweisen wir auf die im vorigen Abschnitt beschriebenen frühontogenetischen Verhaltensanpassungen.

5.5. Prägung

Schon im Jahre 1873 berichtete Spalding von einem Phänomen, das man seit Lorenz (1935) *Prägung* nennt. Spalding nahm Glucken über 50 von den schlüpfenden Küken angepickte Eier fort und beobachtete die Verhaltensweisen der frisch geschlüpften Jungen. Er fand, daß Küken, die bis zum 10. Tag nach dem Schlüpfen keine Gluckenrufe hörten, nicht mehr der Glucke, sondern nur dem sie betreuenden Menschen folgten. Unabhängig von diesen Befunden beobachtete Heinroth (1910) junge Gänse, die im Brutschrank ausgebrütet worden waren. Wie Spalding sah er, daß die frisch geschlüpften Gössel dem Menschen oder anderen bewegten Objekten folgten und auf diese viele Verhaltensweisen richteten, die normalerweise nur einem Elterntier gegenüber gezeigt wurden. Seit Heinroth und Lorenz sind zahlreiche Untersuchungen, vor allem an Vögeln, über diese spezielle Form einer Verhaltensentwicklung durchgeführt worden.

Als besonders kennzeichnende Merkmale für Prägungserscheinungen gelten die *sensible Phase* und die *Irreversibilität*. Damit ist gemeint, daß eine Prägung nur während eines begrenzten Zeitabschnittes im individuellen Leben eines Tieres, der sensiblen Phase, erfolgt, und daß das durch Prägung erworbene Verhalten oft nicht veränderlich, irreversibel, erscheint. Den gelegentlich verwendeten Ausdruck ‹sensible Periode› sollte man vermeiden, da es sich bei den verschiedenen Prägungserscheinungen nicht um wiederkehrende, sondern um einmalige Vorgänge handelt.

Man unterscheidet die *Objektprägung*, bei der ein Tier die auslösenden Reize für eine Instinkthandlung lernt, von der *motorischen Prägung*, bei der Bewegungsmuster festgelegt werden.

5.5.1. Objektprägung

Eine Objektprägung findet vor allem dann statt, wenn das Objekt der Instinkthandlung arm an unterscheidbaren Signalen ist. Das klassische Beispiel ist das eben beschriebene Verhalten frischgeschlüpfter Gänse, das als *Nachfolgereaktion* bezeichnet wird. Man hat diese bisher nur bei nestflüchtenden Vögeln, wie Enten, Gänsen und Hühnern, sicher nachgewiesen.

Bei Stockenten-Küken (Anas platyrhynchos) erstreckt sich die Zeit der besten Prägbarkeit für das Nachfolgen von der 13. bis 16. Stunde nach dem Schlüpfen. Vor der 8. Lebensstunde kommen Prägungen kaum zustande. Hält man Küken mehr als 20 Stunden isoliert, fliehen sie meist schreckhaft vor der natürlichen Mutter oder einer Attrappe, die noch wenige Stunden zuvor anziehend wie die Mutter gewirkt hätte. Zur Auslösung der Nachfolgereaktion sind Größe und Form eines Prägungsobjektes – in gewissen Grenzen – unwesentlich (Abb. 41).

Abb. 41: Ein junges Entenküken folgt einer Kugel, auf die es geprägt wurde (Foto: F. Schutz).

Mag es sich um eine Holzente, einen Ball, eine Pyramide oder gar um einen Menschen handeln, wichtig ist, daß sich diese bewegen und mehrsilbig gegliederte Laute von sich geben. – Ob die Nachfolgereaktion irreversibel ist oder nicht, ist nicht nachprüfbar, da sie erlischt, wenn die Jungen selbständig werden.

Ein anderer Typ der Objektprägung ist die *sexuelle Prägung*. Manchen Vögeln und vermutlich auch einigen Säugern ist die Kenntnis des Sexualpartners nicht angeboren, sondern sie muß erworben werden.

Zieht man z. B. einen Stockerpel zusammen mit Graugänsen auf, so hält er sich – wenn möglich – als Erwachsener dicht bei einer bestimmten Gans auf, als sei er mit ihr verpaart; er wurde offenbar auf Gänse als Geschlechtspartner geprägt (*Fehlprägung*). Normalerweise dienen erwachsene Artgenossen, insbesondere die Eltern, als Präge-Vorbilder. Die Prägung erfolgt allerdings nicht individuell auf die Eltern, sondern überindividuell auf die Art. Die sensible Phase erstreckt sich bei Stockenten etwa bis zum 50. Lebenstage, endet also weit vor der Zeit, in der die Prägung wirksam wird; sie findet sinnvollerweise vor der Auflösung der Mutterfamilie mit 60–80 Tagen und vor dem Erreichen der Geschlechtsreife mit 4–5 Monaten statt. Bei Graugänsen, die etwa 300 Tage im Familienverband leben, liegt die sensible Phase für sexuelle Prägung nach dem 50. Tage und erstreckt sich bis weit über den 150. Tag hinaus.

Bei weiteren Untersuchungen ergaben sich, wie das häufig bei zunächst an geringem Versuchsmaterial entwickelten Begriffen der Fall ist, Modifikationen und Abweichungen. Man zog z.B. Stockenten nach dem Schlüpfen einzeln vier bis acht Wochen lang mit einem erwachsenen Individuum einer anderen Entenart als Prägungspartner auf und ließ sie dann mit diesem frei. Erwachsen schlossen sich nur zwei Drittel der unter diesen Bedingungen aufgezogenen Stockerpel bei freier Wahlmöglichkeit einem Individuum der Prägungsart an oder ließen doch wenigstens ein deutliches Interesse an dieser erkennen. Das restliche Drittel verpaarte sich ausschließlich mit Artgenossen, ebenso wie alle normal mit Artgenossen aufgezogenen Kontrolltiere. Alle Weibchen, die unter gleichen Bedingungen wie die männlichen Versuchstiere aufgewachsen waren, paarten sich nur mit männlichen Artgenossen. Es besteht also in bezug auf die sexuelle Prägung ein Unterschied im Verhalten der Männchen und Weibchen, während bei der Nachfolgereaktion kein Unterschied zwischen den Geschlechtern feststellbar ist. (Man könnte vermuten, daß dieser Unterschied der Prägbarkeit mit dem Unterschied der Gefiederfärbung von Männchen und Weibchen zusammenhängt. Bei den meisten bei uns vorkommenden Entenarten tragen die Männchen arttypische, deutlich unterscheidbare Prachtkleider; die Weibchen sind alle ganz ähnlich tarnfarben.) – Isoliert aufgezogene Stockerpel verpaarten sich zur üblichen Zeit mit weiblichen Artgenossen, ohne mit diesen jemals zuvor Kontakt gehabt zu haben. Männchen, die mit einem arteigenen und einem artfremden Weibchen aufwuchsen, verhielten sich unter Wahlbedingungen meist normal, d.h. sie bevorzugten den Artgenossen. Die Wahl des Sexualpartners beim Stockerpel wird also nicht nur durch Prägung, sondern offenbar auch durch angeborene Auslösemechanismen mitbestimmt.

Eine interessante Erscheinung ist die durch Prägung bedingte *Homosexualität.* Zieht man nämlich Stockerpelküken in gleichgeschlechtlichen Gruppen auf und hält sie bis zu einem Alter von 70 bis 100 Tagen ohne Weibchen, so werden sie gleichgeschlechtlich geprägt; wenn man sie dann frei läßt, reagieren sie auch unter natürlichen Lebensverhältnissen homosexuell, d. h. sie ‹verpaaren› sich meist mit einem ebenfalls homosexuell geprägten Erpel. Beide Tiere reagieren allerdings als Männchen und behandeln den Partner als Weibchen. Stockentenweibchen bilden bei gleicher Aufzucht und unter gleichen Versuchsbedingungen keine homosexuellen Paare. Sie verpaaren sich ausschließlich heterosexuell mit einem Artgenossen.

Die Erscheinung der sexuellen Prägung ist bisher hauptsächlich bei nestflüchtenden Vogelgruppen untersucht worden. Für Nesthocker sind weniger Daten bekannt, vor allem von Prachtfinken (Immelmann 1969). In Austauschexperimenten mit drei Arten wurden frisch gelegte Eier einer Art einem frischen Gelege einer anderen Art beigefügt. Die Jungen wurden von den fremdartlichen Stiefeltern aufgezogen. Sobald die Jungvögel selbständig waren, isolierte man sie in Einzelkäfigen. Nach Erreichen der Geschlechtsreife brachte man die Männchen jeweils mit einem Weibchen oder einer Weibchenattrappe sowohl der eigenen Art als auch der Stiefelternart zusammen. Die fremdaufgezogenen Männchen aller drei Arten richteten daraufhin ihre sexuellen und sozialen Verhaltensreaktionen auf das Weibchen oder die Weibchenattrappe der Stiefelternart (Abb. 42). Arteigene Weibchen oder Attrappen wurden äußerst selten angebalzt.

Von Säugetieren liegen wenige Befunde zur sexuellen Prägung vor. Das mag daran liegen, daß sie sich olfaktorisch, visuell und akustisch orientieren und ihr Verhalten daher einer eingehenden Analyse größere Schwierigkeiten bereitet, insbesondere wegen der nur schlecht faßbaren Geruchskomponenten. Es wird z. B. berichtet, daß man männliche Ziegen, Schafe und Schweine dadurch sexuell auf den Menschen geprägt habe, daß man sie in den ersten 10 Tagen nach der Geburt isolierte und nur in Kontakt mit dem Menschen und mit anderen Nutztieren, nicht jedoch mit Artgenossen aufzog. Nach der Geschlechtsreife zeigte eine Reihe dieser Tiere im Wahlversuch mit dem Menschen und einem brünstigen arteigenen Weibchen völlige oder jedenfalls statistisch signifikante Vorliebe für den Menschen, der sexuell umworben und teilweise besprungen wurde.

Sexuelle Prägung braucht nicht zu bedeuten, daß der zukünftige Geschlechtspartner in allen Funktionskreisen der Sozialpartner ist, wie ‹Fehlprägungen› zeigen. So schreibt Lorenz über seine handaufgezogene Dohle Tschock: «Vermenschlichend kann man also sagen: Er hielt

Abb. 42: Ein sexuell fehlgeprägtes Zebrafinkenmännchen balzt in Gegenwart einer arteigenen Weibchenattrappe (links) die Weibchenattrappe seiner Stiefelternart (Japanisches Mövchen) an (nach Immelmann 1969).

sich während der Balzzeit für einen Menschen, zur Aufzuchtzeit für eine Dohle, den Rest des Jahres für eine Nebelkrähe» (Lorenz 1965, Bd. 1, S. 14).

5.5.2. Motorische Prägung

Bei der motorischen Prägung werden motorische Abläufe erworben. Auch die Vogelgesänge sind derartige Bewegungsmuster, da sie mittels fein abgestimmter Muskelbewegungen hervorgerufen werden. Wegen der Aufzeichnungsmöglichkeiten mit Sonagraphen lassen sie sich gut untersuchen (Abb. 43).

Die Gesangsentwicklung wurde u. a. am australischen Zebrafinken (Taeniopygia guttata castanotis) genauer verfolgt (Immelmann 1967). Die Jungen sind mit ungefähr 33 Tagen selbständig und fangen im Alter von 35 bis 40 Tagen an zu singen; der Adultgesang ist mit 9 bis 11 Wochen ausgebildet. Zebrafinken haben den Vorteil, daß sie sich z. B. auch von anders singenden Japanischen Mövchen (Lonchura striata f. domestica) aufziehen lassen.

Wuchsen männliche Jungen ganz ohne Gesangsvorbild auf – z. B. dadurch, daß man sie in schallisolierten Räumen nur von Weibchen der eigenen oder der anderen Art aufziehen ließ –, so entwickelten sie einen einförmigen Gesang, der wie ein Normalgesang aus einzelnen Silben bestand, die hier aber länger waren und in geringerer Zahl auftraten; der Gesangsrhythmus erschien dadurch langsamer. Die Tiere entwickeln demnach angeborenermaßen einen Gesang von relativ grober Struktur. Hielt man die Jungen mindestens 80 Tage mit Stiefeltern zusammen, so daß sie nur den Gesang des Stiefvaters hören konnten, dann sangen die Jungen genau wie dieser. Jungtiere, die schon zwischen dem 38. und 66. Tag isoliert wurden, wiesen in ihrem Gesang nur Elemente des Stiefvatergesanges auf, aber in anderer Reihenfolge und mit andea)

b)

c)

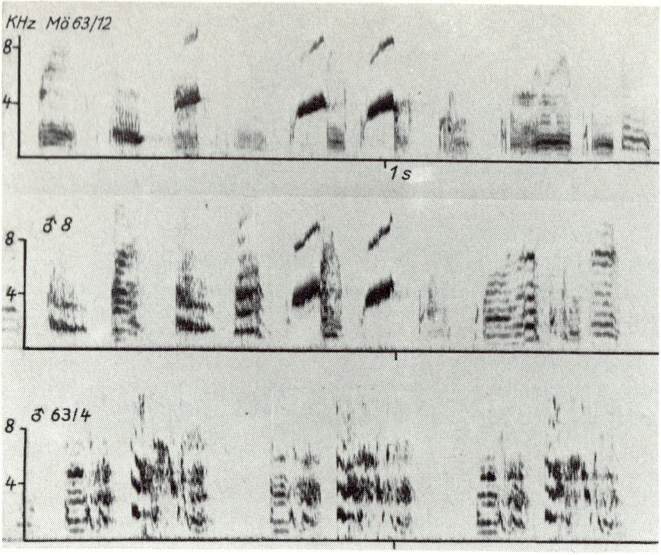

Abb. 43: Sonagramm vom a) Gesang eines Japanischen Mövchens, b) Gesang eines von einem Japanischen Mövchen aufgezogenen Zebrafinken, c) Gesang eines normal aufgezogenen Zebrafinken (Vater von b). Abszisse: Zeit in sec. Ordinate: Frequenzspektren in Kilohertz (aus Immelmann 1967).

rer Strophenlänge. Junge Männchen, die davor isoliert wurden, bauten nur einige Elemente des Stiefvatergesanges in ihren Gesang ein, sonst war er gänzlich abweichend und recht gleichförmig. Insgesamt verhält es sich derart, daß die einzelnen Silben vom (Zieh-)Vater schon vor oder gerade zu Beginn des eigenen Gesangs übernommen werden, die Reihenfolge und Länge der Silben sowie der Rhythmus dagegen erst zwischen dem 40. und 80 Tage. Nach dem 80. Tag läßt sich ein einmal geprägter Gesang auch dann nicht mehr ändern, wenn die Tiere nun mit normal singenden Artgenossen zusammenleben.

6. Lernen und Gedächtnis

Das menschliche Leben ist in wesentlichem Ausmaße vom Lernen und der Schulung der Lernfähigkeit und des Gedächtnisses bestimmt. Unsere Kinder lernen die Muttersprache, lernen, auf der Straße vorsichtig zu sein, sollen sich Unendliches in der Schule ‹einprägen›. Die Hausfrau ‹merkt› sich die günstigsten Einkaufsquellen, der Wissenschaftler erinnert sich an die Ergebnisse einer Publikation, der Biologiestudent ‹behält› ein gelungenes Experiment, Pflanzennamen, einiges über Verhalten und vieles andere. Wie das Lernen beim Menschen erfolgt, ist Thema mannigfacher psychologischer, pädagogischer und anderer wissenschaftlicher Untersuchungen und Überlegungen, die umfangreiche Theorien hervorgebracht haben. Die Bearbeitung dieser Probleme ist bei weitem nicht abgeschlossen, ja, man ist sich noch keineswegs einig, was man unter ‹Lernen› überhaupt verstehen soll. Man definiert deshalb auch nur vorsichtig und «vorläufig»: «Lernen ist der Vorgang, durch den eine Aktivität im Gefolge von Reaktionen des Organismus auf eine Umweltsituation entsteht oder verändert wird. Dies gilt jedoch nur, wenn sich die Art der Aktivitätsänderung nicht auf der Grundlage angeborener Reaktionstendenzen, von Reifung oder von zeitweiligen organismischen Zuständen (z. B. Ermüdung, Drogen usw.) erklären läßt» (Hilgard und Bower 1973, S. 16).

Nicht nur der Mensch, sondern zumindest auch höhere Tiere sind in weitem Maße lernbegabt; aufgrund von individuellen Verhaltensanpassungen, also Lernprozessen, setzen sie sich erfolgreich mit ihrer Umwelt auseinander. Im Hinblick auf Menschen und Tiere wollen wir, ähnlich wie oben und wie auch sonst in Ethologie und Psychologie üblich, immer dann von einem *Lernvorgang* sprechen, wenn sich die Wahrscheinlichkeit für das Auftreten einer Reaktion in einem bestimmten Reizgefüge ändert, und zwar als direkte Folge früherer Begegnungen mit dieser oder einer ähnlichen Situation, nicht aber als Folge von Ermüdungs- oder Reifungsvorgängen, Verletzungen oder dergleichen. Die die Definition einschränkenden Reifungsvorgänge haben wir im vorigen Kapitel dargestellt, andere Einschränkungen und Differenzierungen werden im Verlaufe dieses Kapitels besprochen.

Unter Berücksichtigung kybernetischer Überlegungen können wir Lernvorgänge etwas untergliedern. Ein Tier nimmt beim Lernen Information über die Umwelt oder den eigenen Körper auf, speichert sie ein, bewahrt sie auf und ruft sie im Bedarfsfalle ab. Die Aufnahme von Information erfolgt über Sinnesorgane (vgl. Kap. 2), das Einspeichern, Aufbewahren und Abrufen vermutlich hauptsächlich oder ausschließlich im Nervensystem; soweit diese Erscheinungen auch bei Einzellern vorkommen, kann man entsprechende Organellen annehmen. Gedächtnis stellt sich damit als Teil des Lernprozesses dar.

Als wir von den erworbenen Auslösemechanismen EAM (S. 33) oder von der Prägung (S. 95) sprachen, benutzten wir schon die Wörter ‹Lernen› und ‹Erfahrung›. Das macht wiederum deutlich, daß man überall Querverbindungen zwischen den einzelnen Teildisziplinen der Ethologie und zu den übrigen biologischen Disziplinen vorfindet. Es gibt eine Fülle von Versuchen, die nicht zuletzt durch solche Verzahnungen unübersichtliche Vielfalt tierischer und menschlicher Lernprozesse zu gliedern (vgl. Buchholtz 1973). Da man über die strukturellen und physiologischen Grundlagen des Lernens noch recht wenig weiß, verbietet sich eine darauf fußende Gliederung. Wir unterteilen das Kapitel bewußt grob und begnügen uns damit, weite Bereiche mit wenigen Beispielen tierischen Lernens zu erläutern.

6.1. Angeborene Lerndispositionen

Es ist selbstverständlich, daß nicht alle Tierarten dasselbe lernen können. Dagegen sprechen schon ganz einfach ihre Baueigentümlichkeiten. Man kann manche Affen, aber keinen Hund darauf abrichten, Kokosnüsse auf Palmen zu pflücken. Selbst wenn man experimentell zwei Tierarten in einer Situation untersucht, die von beiden gemeistert werden kann, kann doch die eine der anderen aufgrund ihrer physiologischen und ethologischen Anpassungen an den Lebensraum erheblich überlegen sein. «Wer die Lernfähigkeit eines Reihers, einer Ratte und eines Frosches prüfen will, ist sicherlich schlecht beraten, wenn er jedes dieser Tiere etwa durch ein Labyrinth laufen läßt. Die Ratte schneidet dann als normalerweise in Ganglabyrinthen beheimatetes Wesen ganz unverhältnismäßig besser ab als der Reiher oder der Frosch. Prüfen wir andererseits den Frosch mit vergällten Beuteattrappen, können wir auch bei ihm ein schnelles Lernvermögen feststellen» (Eibl-Eibesfeldt 1978, S. 315).

Art und Umfang des Lernvermögens werden also zumindest durch eine Reihe anatomischer, physiologischer und ethologischer Merkmale bestimmt, die genetische Grundlagen haben. Man ist deshalb berechtigt, von *angeborener* oder *ererbter Lerndisposition* zu sprechen, wenn man dieses arttypische Lernvermögen im Auge hat.

Die Grenzen angeborener Lerndispositionen werden oftmals bei Instinkthandlungen dadurch besonders deutlich, daß ungenügend wirkende Bewegungen nicht einfach durch andere, effektivere, ersetzt werden, zu denen ein Tier morphologisch-anatomisch durchaus imstande wäre. Eine Silbermöwe, der ein Ei aus dem Nest geraten ist, rollt es angeborenermaßen mit dem Schnabel unter recht ungeschickten und schlecht angepaßten Bewegungen ein (vgl. S. 33), nie jedoch mit dem Flügel oder einem der häutigen Füße, was eigentlich viel besser gehen müßte.

Bei relativ nahe verwandten Arten brauchen die angeborenen Lerndispositionen im Zusammenhang mit vergleichbaren Verhaltensweisen nicht gleich zu sein. Man ließ z. B. einige Exemplare der nordamerikanischen Singammer (Melospiza melodia), die zu den Finkenvögeln gehört, vom Ei an in einem schallisolierten Raum durch Kanarienvögel aufziehen. Obwohl sie also nur die Laute ihrer Zieheltern hören konnten, sangen die Ammern als Erwachsene wie ihre freilebenden Artgenossen, ohne irgendeinen Teil des Kanarienvogelgesanges in ihren Gesang aufzunehmen; eine angeborene Lerndisposition zum Erlernen des Gesanges eines Vorbildes scheint nicht vorhanden zu sein. Anders beim Buchfinken (Fringilla coelebs). Dessen Normalgesang, der ‹Schlag›, besteht aus drei Phrasen mit jeweils recht gleichförmigen Elementen sowie einem Endschnörkel. Einzeln schallisoliert aufgewachsene Buchfinkenmännchen singen einen einförmigen Gesang ohne Unterteilung in Phrasen und ohne Endschnörkel. Fängt man im Herbst Jungvögel, die zu dieser Zeit ihren Adultgesang noch nicht singen, und hält sie bis zum Frühjahr schallisoliert, so singen sie den Normalgesang. Offenbar haben sie ihn von erwachsenen ‹Vorsängern› zu einer Zeit gelernt, als sie selbst noch nicht den vollen Gesang ausgebildet hatten. Als man handaufgezogenen Buchfinken künstliche Gesänge vom Tonband vorspielte, die entweder aus Lauten des normalen Buchfinkengesanges (z. B. rückwärts gespielter Schlag oder einer mit dem Endschnörkel in der Mitte) oder aus Lauten der Gesänge anderer Singvögel oder aus reinen Tönen bestanden, wählten die Tiere die ersteren als Vorbilder. Sie scheinen also angeborenermaßen über ein grobes Modell zu verfügen, wie ihr Gesang, den sie lernen müssen, auszusehen hat. Spottende Singvögel schließlich fügen in ihr Repertoire eine ganze Anzahl von Lauten oder Bruchstücken fremdartlicher Gesänge ein – man denke etwa an den Star (Sturnus vulgaris). Hier ist die angeborene Lerndisposition für den Gesang also erheblich weiter als beim Buchfinken.

So wie verschiedene Tierarten im gleichen Funktionskreis durchaus unterschiedliche angeborene Lerndispositionen haben können, kann es sich auch für eine Tierart in verschiedenen Funktionskreisen verhalten. Bienen z. B. reagieren sowohl bei der Nahrungssuche als auch bei der Flucht auf optische Reize. Bei der Nahrungssuche lassen sie sich auf verschiedene Farben dressieren, bei der Flucht aber richten sie sich nicht nach Farben, sondern nur nach Helligkeitsunterschieden.

Schließlich ist zu beachten, daß nach allgemeiner Erfahrung nicht einmal alle Individuen einer Art gleichermaßen lernfähig sind; sicherlich beruht das zumindest teilweise auf unterschiedlichen angeborenen Lerndispositionen. – Die Lernfähigkeit eines Tieres kann sich auch mit seinem Alter ändern (vgl. sensible Phase der Prägung). Bei kombinierter Anwendung mehrerer Dressurmethoden hat man beispielsweise gefunden, daß junge Japanische Wachteln älteren im allgemeinen überlegen sind.

6.2. Elemente des Lernens

Zwei Lernformen haben seit der Jahrhundertwende besondere Aufmerksamkeit in zahlreichen experimentellen Untersuchungen gefunden, die *klassische Konditionierung* und die *instrumentelle Konditionierung*. Es hat sich gezeigt, daß sie an vielen komplexeren Lernvorgängen beteiligt sein können, so daß man sie mit einigem Recht als Elemente des Lernens bezeichnen darf. In ihrer Physiologie sind sie aber nach wie vor weitgehend unerklärt. Man darf sie also nicht etwa für elementar im Sinne von physiologisch einfach halten. Bei beiden geht es um die durch Lernen erfolgende Verknüpfung mehrerer Einzelvorgänge zu einem einheitlichen Verhalten. Man spricht deshalb zusammenfassend auch von *assoziativem Lernen*. Beide beruhen zum großen Teil auf der Fähigkeit der Tiere, ‹gute› von ‹schlechten› Erfahrungen zu unterscheiden (*Lernen durch Erfahrung*). Die Grundlage dieser Fähigkeit dürfte weitgehend angeboren sein.

6.2.1. Klassische Konditionierung

Die klassische Konditionierung oder Ausbildung eines (erfahrungs-) bedingten Reflexes (engl. classical conditioning) kann man relativ leicht am Blinzel- oder Lidschlußreflex des Menschen demonstrieren. Bläst man aus einer feinen Düse einen schwachen Luftstrom auf die Hornhaut eines Auges, so schließen sich die Lider. Der Luftstrom ist ein *unbedingter Reiz*, die Reaktion ein *unbedingter Reflex* (vgl. S. 17). Sie erfolgt nicht bei einem leisen Pfeifton. Läßt man aber unmittelbar nach dem Ton den Luftstoß aufs Auge treffen, so führt nach 40 bis 60 Versuchen der Ton allein bereits zum Lidschlußreflex. Durch die mehrfache vorausgegangene Erfahrung bedingt, hat sich eine Verbindung zwischen dem vorher neutralen Reiz und dem unbedingten Reflex herausgebildet, die so beschaffen ist, daß dieser Reiz jetzt als Signal den Reflex auslöst. Man nennt ihn einen *bedingten Reiz*, den Reflex dann einen *bedingten Reflex*.

Die Ausbildung der komplexeren *bedingten Reaktionen* ist von dem russischen Physiologen Pawlow intensiv untersucht worden. Er interessierte sich u. a. für Verdauungsvorgänge und arbeitete mit Hunden, bei denen durch eine Operation z. B. der Ausgang einer Ohrspeicheldrüse nach außen verlegt worden war. Der Speichel floß in ein Gefäß, so daß seine Menge und die Tropfenzahl bei verschiedenen Reizsituationen bestimmt werden konnten (Abb. 44). Gibt man einem solchen Hund ein Stück Fleisch ins Maul, so produziert er wie ein normaler Speichel. Er tut das auch dann, wenn er das Fleisch nur in einiger Entfernung sieht oder riecht. Allerdings ist es dazu notwendig, daß er vorher überhaupt Erfahrung mit Fleisch als Futter hat sammeln können. Das beweist ein Versuch, bei dem ein Mitarbeiter Pawlows einen neugeborenen Hund als Kaspar-Hauser monatelang nur bei Milch hielt; «der junge Hund kannte keinerlei andere Nahrung. Dann operierte er ihn, damit man die Arbeit der Speicheldrüsen beobachten konnte, und danach versuchte er, dem jungen Hund außer der Milch anderes Futter zu zeigen. Aber kein einziges Futter wirkte auf Distanz auf die Speicheldrüse» (Pawlow 1916 in einem Vortrag, aus Pawlow 1972, S. 65). An seine Zuhörer gewandt, fuhr Pawlow fort: «Wenn also verschiedene

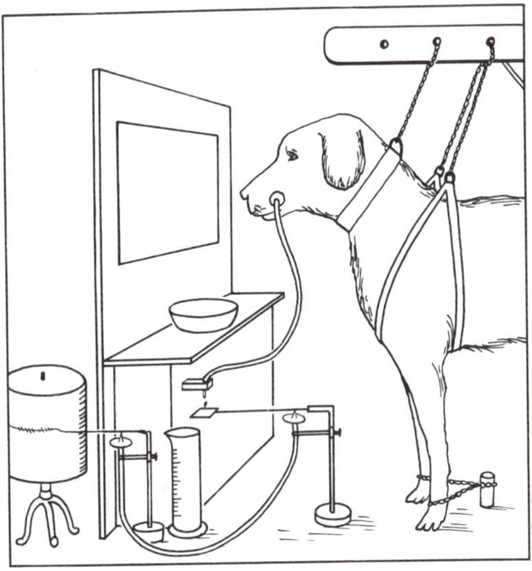

Abb. 44: Ältere Darstellung zur Untersuchung der Speichelreaktion beim Hund (aus Hempelmann 1926, verändert).

Nahrung auf Sie auf Distanz wirkt, so ist das ein Reflex, der sich neu gebildet hat, als Sie begannen, Lebenserfahrungen zu erwerben.» Man kann sich hiernach leicht ausmalen, wie viele bedingte Reaktionen dieser Art bei uns wirken mögen.

Eine übersichtliche und quantitative Daten liefernde Pawlowsche Versuchsanordnung besteht darin, daß man einem Hund, jeweils kurz bevor man ihm die Fleischschüssel gibt, einen Lichtreiz gibt. Die Zeitdifferenz sollte höchstens wenige Sekunden betragen. Wichtig ist, daß der Reiz vor dem Fleisch gegeben wird. Während er anfangs keine Reaktion – gemessen in Speichelmenge – hervorruft, fängt nach einigen derartigen Versuchen schon gleich nach dem Lichtsignal der Speichel an zu tropfen, auch ohne daß Fleisch zu sehen ist. Diese Reaktion ist nach ca. 30 Versuchen voll ausgebildet. Das Fleisch, das in solchem Versuch die Speichelsekretion auslöst, wird herkömmlicherweise als unbedingter Reiz bezeichnet, die auf seinen Anblick einsetzende Speichelabsonderung als unbedingter Reflex. Beides ist, wie wir eben gesehen haben, nicht ganz korrekt, da ja auch der Anblick des Fleisches erst aufgrund von Erfahrungen speichelabsondernd wirkt.

Wir können die beschriebenen Fälle zusammenfassen und allgemein feststellen, daß häufig ein ursprünglich neutraler Reiz, der mehrfach kurz vor einem solchen Reiz auf ein Tier einwirkt, welcher mit Sicherheit eine bestimmte Reaktion – einen Reflex oder eine schon auf vorheriger Erfahrung beruhende Reaktion – auslöst, schließlich auch allein die Reaktion auszulösen vermag. Der neue Reiz wird *bedingter Reiz*, die Reaktion *bedingte Reaktion* genannt. (Die englischen Fachausdrücke sind: (un)bedingter Reiz = (un)conditioned stimulus, (U)CS; (un)bedingte Reaktion = (un)conditioned reaction, (U)CR.)

Zwischen bedingten Reflexen des Typs ‹bedingter Lidschlagreflex auf akustisches Signal› und solchen Reaktionen, wie sie bei den Hunden durch den Lichtreiz hervorgerufen wurden, besteht ein deutlicher Unterschied. Beim bedingten Reflex löst der bedingte Reiz stets das gleiche motorische Verhaltensmuster aus. Eine bedingte Reaktion des zweiten Typs ist aber abhängig vom Motivationszustand des Tieres. Eine Konditionierung des Speichelflusses kann nur erfolgen und zeigt sich nur, wenn der Hund längere Zeit nichts gegessen hat, das Futter also ‹Belohnung› im Sinne einer Befriedigung des Nahrungsantriebes ist. Da häufig der Befriedigung einer Motivation in einer Endhandlung ein Appetenzverhalten voraufgeht (vgl. Kap. 3), ist zu erwarten, daß auch der Hund in der Versuchssituation mehr zeigt als bloß Speichelfluß. Das läßt sich allerdings in der Regel deshalb nicht beobachten, weil er in eine Versuchsapparatur eingeschirrt ist, aus der er nicht heraus kann. Als man einen solchen Hund einmal freiließ, lief er sofort zur Reizquelle, wedelte mit dem Schwanz, bellte sie an, versuchte sie anzuspringen, «mit anderen Worten, er zeigte so deutlich wie möglich alle die Verhaltensweisen, die bei einer Reihe von Caniden dazu dienen, Futter von einem Artgenossen zu erbetteln» (übersetzt aus Lorenz 1969, S. 47). Es wird hier also, wie in vielen anderen Fällen, nicht bloß die eine gerade untersuchte Reaktion konditioniert, sondern ein ganzes Appetenzverhalten. Hassenstein (1973) nennt das deshalb *bedingte Appetenz*. Das Speicheln des Hundes ist hiernach als physiologische Begleitfunktion von bedingtem Appetenzverhalten aufzufassen, keineswegs als Prototyp eines bedingten Reflexes, als welcher es lange Zeit angesehen wurde.

Hinsichtlich der strukturellen und physiologischen Grundlagen für die Ausbildung einer bedingten Reaktion (Abb. 45) muß man anneh-

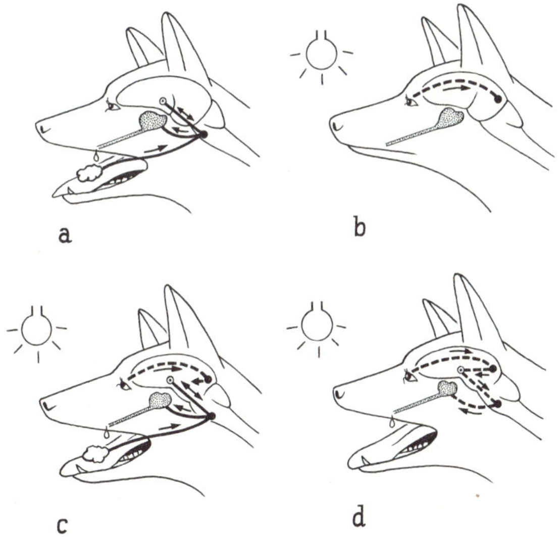

Abb. 45: Hypothetisches zentrales Verschaltungsschema für die Ausbildung einer bedingten Reaktion. a) unbedingte Speichelreaktion, b) optischer Reiz bleibt unbeantwortet, c) Ausbildung der bedingten Speichelreaktion, d) bedingte Speichelreaktion (aus Penzlin 1977, verändert).

men, daß es Stellen im Zentralnervensystem gibt, «die für das zeitlich zusammenhängende Eintreffen von Signalen auf zwei Bahnen empfindlich sind und daraufhin eine bleibende signalleitende Verbindung zwischen den beiden Bahnen entstehen lassen. (Wenn das ZNS für einen

Reflexbogen über keine solchen Stellen verfügt, so kann sich auch kein bedingter Reflex bilden; beispielsweise läßt sich der Kniesehnenreflex auf keine Weise in einen bedingten Reflex umwandeln)» (Hassenstein 1973, S. 200/201).

6.2.2. Instrumentelle Konditionierung

Die instrumentelle Konditionierung (engl. instrumental oder operant conditioning) ist in gewisser Weise das Gegenstück zur klassischen Konditionierung. Während bei der letzteren ein neuer Reiz für eine vorhandene Reaktion gelernt wird, erweist sich beim instrumentellen Konditionieren eine neue – von möglicherweise vielen – Verhaltensweise als ‹erfolgreich› und wird beibehalten. Als erstes Beispiel sollen Versuche dienen, die Thorndike um die Jahrhundertwende mit sogenannten ‹problem-boxes› durchführte. Das waren Lattenkäfige mit einer Tür, die von innen durch eine bestimmte Handlung, wie Ziehen an einer Drahtschlinge oder Drücken auf einen Hebel, zu öffnen waren. Thorndike setzte hungrige Katzen einzeln in solche Käfige und beobachtete ihr Verhalten. Sie bemühten sich heftig, ihrem Gefängnis zu entkommen, bissen, kratzten und zerrten an den Teilen im Inneren des Käfigs oder versuchten, sich zwischen den Latten hindurchzuzwängen. Früher oder später hatten die Tiere Erfolg, erwischten zufällig den richtigen Öffnungsmechanismus, wurden frei und erhielten draußen Futter. Bei weiteren Versuchen gelang das immer schneller, die ‹unnötigen› Bewegungen wurden immer weniger, und nach vielen Versuchen faßten die Katzen sofort, jede immer mit einer bestimmten Bewegungsweise, nach dem Hebel oder der Schlinge, sobald sie in den Käfig gesetzt wurden. Es hatte sich also ein Verhalten herausgebildet, das unter den gegebenen Umständen erfolgreich war und beibehalten wurde. Eine bestimmte Verhaltensweise wurde sozusagen zum Instrument für den Erfolg. Hassenstein spricht von *bedingter Aktion* im Gegensatz zu der oben dargestellten bedingten Reaktion.

Von Skinner wurde die (erfahrungs-)bedingte Aktion mit einer weitgehend automatisierten Versuchsapparatur z. B. an Tauben untersucht. Die sog. *Skinner-Box* (Abb. 46) ist eine gegen äußere Einflüsse abgeschirmte Versuchskiste, in der eine Taube aus einem in der Wand befindlichen Futternapf Körner erhält. Belohnt wird aber nur, wenn sie eine bestimmte Verhaltensweise zeigt; beispielsweise muß sie ein- oder mehrfach gegen eine oberhalb des Napfes angebrachte, erleuchtete Scheibe picken. Das ist die bedingte Aktion. Durch unterschiedliche Belohnungsmuster (eng. schedules of reinforcement) kann man unterschiedliche Pickmuster, also verschiedene Verhaltensweisen, hervorrufen. Belohnt man beispielsweise nach stufenweiser Vergrößerung der

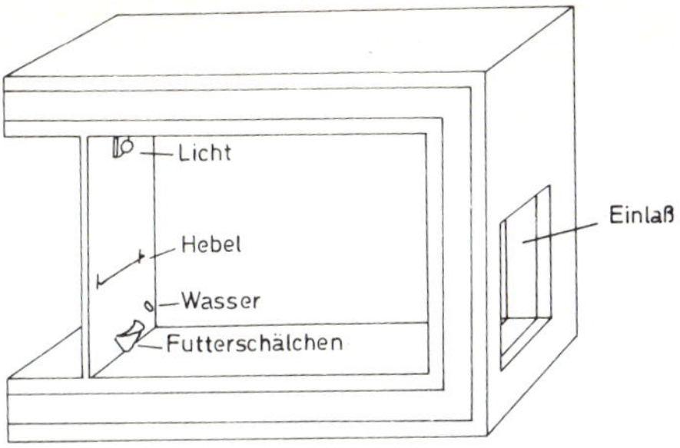

Abb. 46: Schematische Darstellung einer Skinner-Box für Ratten, die einen Hebel herunterdrücken müssen, um Futter bzw. Wasser zu erhalten (nach Skinner 1966).

Abstände nur jedes 20. Picken, so picken hungrige Tauben relativ regelmäßig und mit hoher Frequenz gegen die Scheibe; je schneller sie pikken, um so eher werden sie belohnt. Gibt man andererseits den Futternapf nicht sofort auf erneutes Picken wieder frei, sondern frühestens 30 Sekunden nach einer Belohnung, so reagieren die Vögel zunächst gar nicht, fangen dann zögernd an und picken erst zur ‹erwarteten› Zeit wieder häufiger. Auch Bienen lernen in einer geeigneten Apparatur zu unterscheiden, ob sie nur in Abhängigkeit von ihren eigenen Aktivitäten oder zusätzlich in Abhängigkeit von der Zeit belohnt werden. Daß die unmittelbar vor einer Belohnung gezeigten Verhaltensweisen von den Tieren mit der Belohnung verstärkt in Zusammenhang gebracht und immer häufiger ausgeführt werden, ‹damit› wieder eine Belohnung kommt, zeigt besonders eindringlich die folgende Beschreibung. «Der Versuchsleiter setzt mehrere Tauben in getrennte Experimentierboxen. Ein Futtermagazin gibt jeder Taube alle 15 Sekunden eine kleine Futtermenge, unabhängig davon, was die Taube gerade tut. Wenn der Versuchsleiter später wiederkommt, findet er einen Vogel ganz still sitzend, ein anderer hüpft von einem Fuß auf den anderen; einer dreht sich immer im Kreise herum; wieder ein anderer hebt und senkt seinen Kopf usw. Jeder Vogel wiederholt zwischen den Futterdarbietungen fortgesetzt sein eigenes ‹Ritual› (Holland und Skinner 1971, S. 88). Falls im Kontrollversuch ohne Futtergaben nicht ebenfalls die entsprechenden Bewegungsstereotypien auftreten, kann der Versuch so gedeutet werden, daß die jeweils direkt vor einer Futtergabe zufällig auftretende Aktion durch das Futter verstärkt wird und sich auf diese Weise allmählich einige zufällige Verhaltensweisen herauskristallisieren. Die Vögel benehmen sich also ‹abergläubisch›.

Außer der auf Belohnung beruhenden Ausbildung einer bedingten Reaktion bzw. bedingten Aktion gibt es auch die entsprechenden auf Strafe beruhenden Prozesse. Ist eine Katze mehrfach bei einem bestimmten Hause von einem Hund attackiert worden, so wird sie dieses in Zukunft meiden; die auf die Wahrnehmung des Hauses folgende ‹schlechte› Erfahrung hat zu einer *bedingten Aversion* geführt. Folgt eine schlechte Erfahrung auf eine Verhaltensweise, so kann diese dadurch gehemmt werden: Wenn eine rangniedere junge Gans gegen eine ranghohe droht, so wird sie von dieser angegriffen und verjagt; nach dieser und evtl. weiteren negativen Erfahrungen wird sie die ranghöhere nicht mehr angreifen (*bedingte Hemmung*). Es kann auch durch negative Erfahrungen erreicht werden, daß eine neue Verhaltensweise entsteht. Ein Hund erhält jedesmal kurz nach einem Lichtsignal einen elektrischen Schlag. Er kann ihn vermeiden, wenn er sein rechtes Vorderbein während des Lichtzeichens vom Boden hochhebt. Nach einiger Zeit hat er das gelernt; die Verhaltensweise, beim Lichtsignal normal stehen zu bleiben, ist also gehemmt, statt dessen eine andere Verhaltensweise entstanden. Es braucht nicht besonders darauf hingewiesen zu werden, wie viele Verhaltensweisen beim Menschen man mit Hilfe guter oder schlechter Erfahrungen an- oder abzu‹dressieren› versucht.

6.2.3. Übereinstimmungen bei klassischer und instrumenteller Konditionierung

Wir haben die Lernformen des klassischen und des instrumentellen Konditionierens (bedingte Appetenz und bedingte Aktion) durch typische Experimente erklärt. Die dabei durchgeführten Operationen sind verschieden. Es ist aber keineswegs gesagt, daß verschiedene Experimentalanordnungen auch notwendigerweise prinzipiell verschiedene Lernmechanismen erfassen. Eine genauere Analyse dieses Problems wollen wir hier nicht unternehmen. Wir wollen aber darauf hinweisen, daß auch im Versuchsablauf zwischen beiden Konditionierungsformen Überschneidungen vorkommen können. Wenn man Tauben in einer Skinner-Box ‹arbeiten› lassen will, dann dressiert man sie in der Regel schrittweise auf die Prozedur, etwa indem man bereits eine Wendung zur erleuchteten Scheibe belohnt, dann das Näherkommen, usw. Man kann unerfahrene Vögel aber auch ohne jedes zusätzliche schrittweise Formen der gewünschten Verhaltensweise in der Apparatur belassen. Es leuchtet z. B. nur für 8 s die Scheibe auf, sofort anschließend wird der Futternapf für 4 s zugänglich, dann tritt eine Pause ein, danach leuchtet wieder die Scheibe auf, usw. Das ist die typische Versuchsanordnung für die Ausbildung einer bedingten Reaktion (bedingte Appetenz). Man sollte erwarten, daß die Tauben nach dem Signal

‹Scheibe leuchtet auf› vor dem Näpfchen auf das Erscheinen des Futters warten. Aber nach einer Reihe derartiger Versuche fangen sie an, auch auf die Scheibe wie auf Futter zu picken; bei Konditionierung durstiger Tauben mit Wasser als Belohnung versuchen diese sogar allen Anzeichen nach an der Scheibe zu saugen. Offenbar passen Scheibenpicken und -‹saugen› in die bedingte Appetenz, die sich hier demnach mit der bedingten Aktion überschneidet.

6.2.4. Instinkt und Erfahrung

Unsere eben geschilderten Beispiele zum Lernen aus Erfahrung waren weitgehend künstlich-experimenteller Natur. Lernvorgänge sind vor allem im Wildleben der Tiere bedeutsam, wie wir z. B. im Zusammenhang mit angeborenen Lerndispositionen und bei der Prägung gesehen haben; Lernen durch Erfahrung ist uns schon beim EAAM und beim EAM begegnet. Nicht selten ist es so, daß einige motorische Verhaltenskomponenten einer Handlungsfolge angeborenermaßen beherrscht werden, daß aber ihr sinnvoller Einbau in die Gesamthandlung erlernt werden muß. Ratten beherrschen die einzelnen Nestbaubewegungen, wie Zerspleißen und Zurücklegen von Material, instinktiv, aber die richtige Reihenfolge müssen sie durch Erfahrung erwerben. «Eichhörnchen (Sciurus vulgaris) verfügen über die Bewegungen des Nagens und Sprengens, sie lernen aber, wie man diese Erbkoordinationen beim Nüsseöffnen erfolgreich einsetzt. Erfahrene Eichhörnchen tun dies mit dem geringsten Arbeitsaufwand. Sie nagen auf der Breitseite der Haselnuß eine Furche zur Spitze und nötigenfalls eine zweite auf der gegenüberliegenden Seite, setzen dann die unteren Nagezähne hebelnd ein und sprengen die Nuß in zwei Hälften. Unerfahrene Eichhörnchen dagegen nagen regellos viele überflüssige Nagespuren, bis die Schale an irgendeiner Seite durchbricht. Sie versuchen aber schon von Anfang an zu sprengen und setzen ihre Nagezähne immer wieder hebelnd ein, doch erst bei der richtigen Lage der Nagespuren führt dies zum Erfolg. Den ersten Lernfortschritt erkennt man an einer Parallelausrichtung der Nagespuren zur Faserung der Nuß. Außerdem sind sie auf die Breitseite der Nuß konzentriert. Das Eichhörnchen folgt dabei dem Wege des geringsten Widerstandes, denn quer zur Faser nagt es sich schwerer, und auf der stärker gewölbten Seite der Nuß gleiten die Nagezähne ab. So wird die Aktivität des Tieres durch die Struktur der Nuß in eine bestimmte Richtung gelenkt. Dazu kommt, daß das Eichhörnchen immer wieder zu sprengen versucht und das Erfolgbringende behält. Auf diese Weise gelangen schließlich die meisten zur gleichen arbeitsparenden Sprengtechnik» (Eibl-Eibesfeldt 1978, S. 307–309). Lorenz spricht bei derartigen Lernprozessen von *Instinkt-Dressur-Ver-*

schränkung. Es handelt sich dabei um notwendige (*obligatorische*) *Lernvorgänge*, ohne die das betreffende Tier vermutlich nicht oder jedenfalls schlechter als Artgenossen überleben würde. *Fakultatives Lernen* dagegen wird angesehen als individuelle Anpassung an bestimmte Umweltbedingungen, die über das für den Vollzug artspezifischen Verhaltens notwendige Maß hinausgeht. Wir werden Beispiele dafür im nächsten Abschnitt kennenlernen.

6.3. Komplexe Lernvorgänge

Unsere Einstufung der im folgenden behandelten Lernvorgänge als ‹komplex› beruht vorwiegend auf dem jeweiligen Versuchsaufbau oder den Umständen, unter denen Lernprozesse beobachtet werden. Sie ist insofern willkürlich, ebenso die Auswahl der im folgenden besprochenen Ergebnisse.

6.3.1. Wahlversuche

Ein häufig verwendeter Typ einer Versuchsapparatur ist das *Labyrinth*. Einfache T- und Y-Labyrinthe entsprechen nur sehr wenig der gängigen Vorstellung eines labyrinthartigen Gangsystems. Ein von einer Startkammer fortführender Gang oder Steg gabelt sich an einem Entscheidungspunkt T- oder Y-förmig in zwei Alternativwege, die jeweils mit einer Zielkammer enden. Das Versuchstier lernt, nur in den einen oder anderen Gang zu laufen, ‹weil› es nur dort belohnt wird. Der Lernfortschritt wird an der abnehmenden Zahl der Falschläufe gemessen. Die Zielkammern können auch verschiedene Belohnungen, die eine z. B. Wasser, die andere Futter enthalten. Je nach Motivation – Durst oder Hunger – bevorzugen Versuchstiere schließlich den einen oder anderen Gang. Durch Zufügen weiterer Gänge kann man ein Labyrinth nahezu beliebig komplizieren. Auch ohne Belohnung (Verstärkung) erkunden Ratten ein Labyrinth so gründlich, daß sie nach Einführung einer Belohnung erheblich schneller (fast) fehlerfrei laufen als eine von Anfang an belohnte Kontrollgruppe (*latentes Lernen*).

Eine andere, viel benutzte Methode ist die der visuellen Zweifach- oder Mehrfach-Musterwahl (Abb. 47). Das Versuchstier erhält z. B. Zugang zu zwei mit Deckeln versehenen Näpfen. Die Deckel tragen verschiedene Muster, etwa Kreuz und Kreis. Nur unter dem einen Deckel liegt eine Belohnung, und nur einer darf vom Tier entfernt werden. Es lernt schrittweise, überhaupt die Deckel wegzuschieben oder hochzuheben, und allmählich auch, vorzugsweise den positiven Deckel zu wählen. Dieser muß natürlich in unregelmäßiger Folge bald auf dem ei-

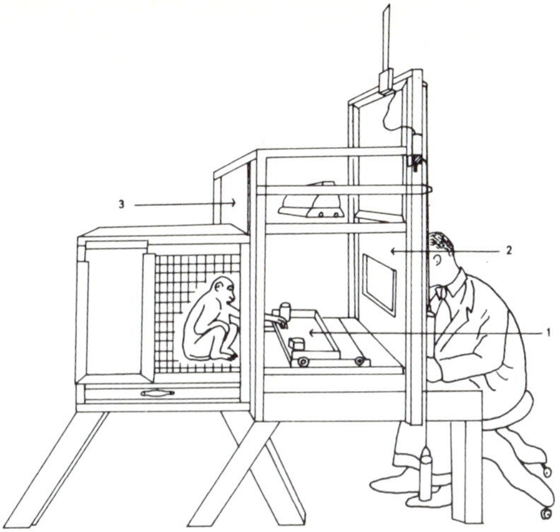

Abb. 47: Zweifachwahlapparatur für Affen. Während der Experimentator das Versuchsbrett 1 einrichtet – hier dienen als Muster zwei verschiedene Holzklötze –, wartet der Affe hinter einer undurchsichtigen Sperrwand 3 in seinem Käfig. Wenn sie hochgezogen wird, kann der Affe durch die Maschen seines Käfigs hinauslangen. Der Experimentator beobachtet durch ein nur von seiner Seite durchsichtiges Fenster 2 (nach Harlow 1949).

nen, bald auf dem anderen Näpfchen liegen, damit eine Ortsdressur vermieden wird. Auf diese Weise lassen sich die verschiedensten ‹Vermögen› von Tieren untersuchen, z. B. für Abstraktions- und Generalisationsleistungen.

In einem solchen Dressurversuch muß das Tier zunächst lernen, nur auf die beiden Muster zu achten, und von den übrigen Merkmalen in der Versuchsapparatur abstrahieren. Das gleicht dem Verhalten beim klassischen und beim instrumentellen Konditionieren oder im Labyrinth. Weiterhin muß es die beiden Muster überhaupt als verschieden erkennen, andererseits auch, daß sie in aufeinanderfolgenden Versuchen jeweils gleich bleiben. «Nun prägt sich ein Tier normalerweise aber nicht alle Einzelheiten eines erlernten Musters ein, sondern nur die charakteristischen Merkmale bzw. diejenigen, die seine Aufmerksamkeit besonders erregen. Es findet also ein weiterer *Abstraktions*vorgang statt: bestimmte Komponenten der Sinnesempfindung werden akzentuiert, andere unterdrückt. Wenn z. B. ein Fisch gelernt hat, ein horizontal stehendes Quadrat von einem Dreieck zu unterscheiden, so reagiert er auch dann im Dressursinne, wenn ihm nur die obere und untere Begrenzungslinie des Quadrats gegen einen Winkel geboten werden . . . Auf diese Weise erfaßt das Tier angeborenermaßen auch Ähnlichkeiten» (Rensch 1973, S. 119). Das bedeutet, daß das Tier Abwandlungen eines Musters vielleicht deshalb spontan richtig beantwortet, weil es das Muster noch nicht genau genug gelernt hat. Vergleichbar ist das der klassischen Konditionierung, wenn der Versuchshund nicht nur auf den ursprünglichen Ton, sondern auch auf andere Töne Speichel absondert (*Reizgeneralisation*). «Wenn der Experimentator nach Dressur eines Tieres auf ein Merkmalspaar bei weiteren Versuchen die Muster stufenweise abändert, kann er zumeist das Versuchstier dahin bringen, daß es schließlich im Sinne eines relativ abstrakten Gedächtnisinhalts wählt, der nur noch wenige Komponenten des anfangs erlernten Musterpaares enthält. So kommt es zu einer mehr oder minder weitgehenden *Generalisation*. Das Tier handelt, als ob es einen Allgemeinbegriff gebildet hat» (a. a. O., S. 119). Man spricht von *averbalen Begriffen*. Diese Form der Generalisation erfordert, daß bestimmte Komponenten eines Musters durch Dressur hervorgehoben (differenziert) werden müssen, also nicht wie oben schon spontan beantwortet werden. Insofern kann sie als eine höhere Leistung angesehen werden.

Eine Kleine Zibetkatze (Viverricula malaccensis) wurde darauf dressiert, ein Muster mit zwei gleich großen, schwarzen, runden Punkten gegenüber einem mit zwei ungleich großen zu wählen. Die Punkte jedes Musters wurden zunächst neben-, später auch untereinander geboten, bis das Tier mit großer Sicherheit ‹ungleich› wählte. Eine Übertragung auf ein entsprechendes Musterpaar mit Dreiecken statt der Punkte gelang nicht sofort (nur 60 Richtigwahlen bei den ersten 100 Versuchen). Beide Musterpaare wurden in unregelmäßigem Wechsel mit den verschiedensten Drehungen weiterdressiert, auch wurde das positive ungleiche Dreiecksmuster mit dem negativen Punktmuster kombiniert und umgekehrt. Offenbar wurde durch diese Dressur erreicht, daß das Versuchstier nun einen averbalen Begriff von ‹Ungleich› gegen ‹Gleich› bildete, denn weitere Musterpaare mit neuen gleichen bzw. ungleichen Figuren wurden jetzt spontan in hohen Prozentsätzen richtig beantwortet (Abb. 48). Das ist ein Beispiel für die eben genannte zweite Art der Generalisation.

Mit ähnlicher Zweifachwahlmethode gelang es nachzuweisen, daß (ähnlich wie wir Menschen) auch einige Vogelarten der Ebbinghausschen Kreistäuschung unterliegen. Bei dieser optischen Täuschung werden zwei gleiche, volle Kreisscheiben auf ihre Größe verglichen. Die eine ist aber von einem Kranz großer, nicht ausgefüllter Kreise umgeben, die andere von kleinen Kreisen. Letztere wirkt größer als die ande-

Nr.	Ausgangsmuster		
1.			
	Testmuster	Anzahl der Tests	Prozentsatz der „Richtig-Wahlen“
2.		100	70
3.		95	87
4.		70	99
5.		50	90
6.	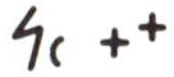	60	80
7.		60	85
8.		110	75
9.		50	78
10.		60	73
11.		50	90
12.		50	80

Abb. 48: Generalisation einer Kleinen Zibetkatze auf ‹Ungleich› gegen ‹Gleich›. Nach Dressur auf die ersten beiden Muster (vgl. Text) wurden die weiteren spontan in den angegebenen Prozentsätzen richtig gewählt (nach Rensch und Dücker 1959).

re (Abb. 49). Bei der Dressur wurde z. T. so verfahren, daß auf eine kleinere Scheibe als Positivmuster gegen eine größere als Negativzeichen dressiert wurde. Dann wurden die Scheiben mit verschiedenen Zusatzfiguren umgeben, so daß die Versuchstiere lernen mußten, nur die zentralen Kreisscheiben zu beachten. Schließlich wurde das Täuschungsmuster mit gleichgroßen Scheiben geboten, auf das die Tiere dann ‹hereinfielen›.

In der Regel dauert es hundert und mehr Versuche, bis ein Tier in einer Zweifach-Musterwahl einigermaßen fehlerfrei arbeitet. Was geschieht nun, wenn man ein Musterpaar nur in – sagen wir – 6 aufeinanderfolgenden Versuchen anbietet, dann durch ein neues ersetzt, dieses wieder nach 6 Versuchen durch ein neues ablöst, usw.? Mehrere Verhaltensweisen eines Tieres, z. B. eines Rhesusaffen, sind denkbar. Es

Abb. 49: Ebbinghaussche Kreistäuschung. Die schwarzen Kreisscheiben sind gleich groß.

könnte sein, daß das Tier überhaupt nicht mehr mitmacht – das tritt bei höheren Säugern und hinreichender Motivation aber nicht auf. Es könnte weiterhin vorkommen, daß das Tier mit zufälligen Erfolgen zufrieden ist. Es wird ja bei Zufallswahl in immerhin durchschnittlich 50 % der Versuche belohnt, und das ist gegenüber den Verhältnissen im Freiland wahrscheinlich ein recht hoher Prozentsatz. Aber auch das tritt nicht ein. Vielmehr entwickeln die Tiere allmählich eine *Lernstrategie* oder *Lernhaltung* (engl. *learning-set*), die es ihnen ermöglicht, die Aufgaben immer erfolgreicher zu lösen. Entscheidend ist jeweils der zweite Versuch, denn im ersten können die Tiere ja nur zufällig wählen. Die Lernstrategie drückt sich darin aus, daß das Tier im zweiten Versuch das gleiche Muster wählt wie im ersten, wenn es dort belohnt worden war, oder aber das andere, wenn es im ersten Versuch das unbelohnte gewählt hatte (Abb. 50). Im übrigen ist die Fähigkeit von Tieren, manches nur in einem einzigen Versuch (*one-trial-learning*) oder höchstens mit wenigen Wiederholungen zu erlernen, die Voraussetzung für die Wirksamkeit von Warnfarben. Schlecht schmeckende oder wehrhafte Insekten wie Marienkäfer oder Wespen warnen potentielle Feinde durch ihre auffällige Färbung, und diese lernen sehr schnell, sie zu meiden (vgl. bedingte Aversion und bedingte Hemmung, S. 110). Man kann – unter der schon beim Labyrinth gemachten Einschränkung, daß nicht jede Versuchsmethode für alle Tiere gleichermaßen tauglich ist – die Leistungen verschiedener Tiere bei der Bildung von Learning-Sets miteinander vergleichen. Ratten erwerben die Lernhaltung nur sehr langsam; in den letzten 200 von 1800 Musterpaaren schaffen sie im jeweils zweiten Versuch knapp 65 % Richtigwahlen. Katzen erreichen bei den letzten 200 von 1000 Musterpaaren 70 % Richtigwahlen im zweiten Versuch, Totenkopfaffen 80 %, Rhesusaffen in den letzten 100 von 400 Musterpaaren gut 85 %. Man kann also mit einiger Vor-

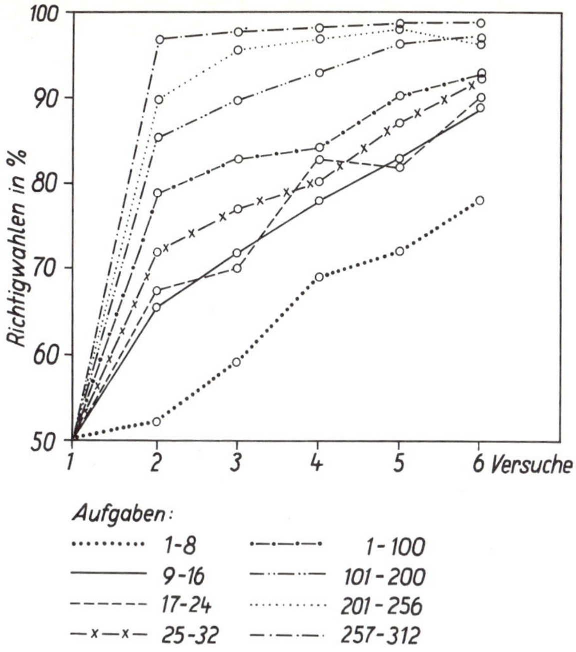

Abb. 50: Ausbildung von learning-sets bei visueller Zweifachwahl. Es wurden die Ergebnisse von 8 Rhesusaffen für die ersten 6 Versuche von aufeinanderfolgenden Aufgabenblöcken gemittelt. Mit zunehmender Aufgabenzahl wird der Lernerfolg im 2. Versuch besser (nach Harlow 1949).

sicht eine mit zunehmender Höherentwicklung der untersuchten Tierarten zunehmende Fähigkeit zu einem derartigen *Erlernen des Lernens* feststellen.

Höchst eindrucksvolle Ergebnisse über das *Zählvermögen* von Vögeln und Säugern erzielte O. Koehler mit einer modifizierten Mehrfachwahlmethode. Ein Kolkrabe war schließlich imstande, von fünf Näpfchen dasjenige auszuwählen, auf dessen Deckel gerade so viele Plastilinstückchen lagen, wie auch auf einer Anweisertafel (Abb. 51). Dabei stimmten aber Form, Größe und Lage der Plastilinbröckchen auf Napfdeckel und Anweiser nicht überein, und von Versuch zu Versuch wurde die geforderte Anzahl, bis maximal 7, verändert. Ein «Graupapagei lernte, nach zwei einander folgenden Lichtblitzen an der ständig wechselnd beköderten Schälchenreihe zwei Keksstückchen zu suchen und nach drei Blitzen drei. Danach gelangen ihm ebensogut die Doppelaufgabe 3 : 4, 4 : 5, 5 : 6 und endlich 6 : 7. Nach der Doppelaufgabe 2 : 3 befolgte er genausogut, ohne nachlernen zu müssen, also in dressurfreier Umstellung, auch Blockflöten- oder Pfeiftöne statt der Blitze . . . Da er Gesehenes und Gehörtes ohne weiteres gleichsetzt, darf man wohl mit Sicherheit annehmen, daß er die *unbenannten Begriffe* 2 und 3 hat» (O. Koehler 1974, S. 327).

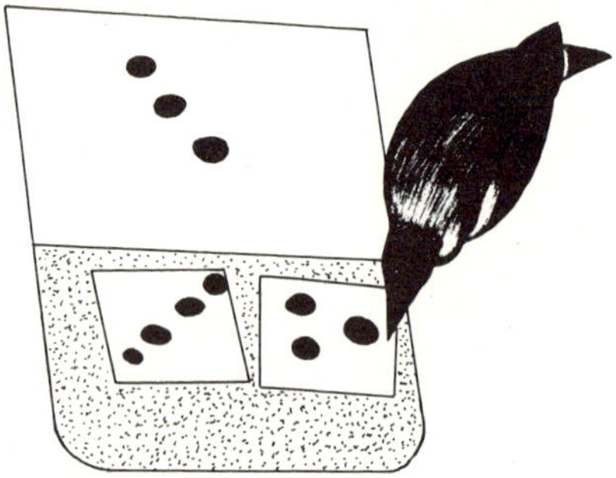

Abb. 51: Dohle bei der Wahl nach einer Anweisertafel. Trotz anderer Anordnung der drei Punkte wählt sie den richtigen Deckel auf der Futterschale (aus Rensch 1973, verändert).

Auch Wirbellose werden im Hinblick auf ihre Lernfähigkeit untersucht. Lern- und Orientierungsleistungen von Honigbienen im natürlichen Lebensraum sind inzwischen Schulbuchwissen, so daß wir hier nicht darauf einzugehen brauchen. Man hat Hummeln (Bombus terrestris) in Zweifachwahlen getestet und beschrieben, daß sie, nach aufeinanderfolgender Dressur auf die Musterpaare Gelb gegen Blau, Dunkelgrün gegen Hellgrün und Schwarz gegen Streifen, die Musterpaare anschließend auch in einem Test unterschieden, als sie in unregelmäßigem Wechsel geboten wurden. Auch Tintenfische (Octopus vulgaris) lernen erfolgreich, positive und negative visuelle Muster zu unterscheiden. Manche vergleichenden Psychologen beurteilen aber viele Lernergebnisse mit Wirbellosen recht skeptisch, weil möglicherweise nicht alle Sinnes- und sonstigen körperlichen Leistungen hinreichend bekannt sind, um sie im Versuch wirksam kontrollieren zu können.

6.3.2. Nachahmung, Neugier, Spiel

Viele, insbesondere höhere Tiere lernen nicht bloß aufgrund eigener guter oder schlechter Erfahrungen, sondern haben auch die Fähigkeit, durch *Nachahmen*, ohne eigenes Probieren, neue Kenntnisse zu erwerben. Bei freilebenden Mantelpavianen (Papio hamadryas) läuft ein Jungtier gelegentlich zu seiner Mutter hin, beobachtet sie beim Essen und beriecht dann ihr Maul. Wahrscheinlich lernt es dabei, welche Nahrung seine Mutter auswählt. Nachahmung kann zu *Traditionen* führen, die innerhalb einer Gruppe weitergegeben werden können, ohne daß Nachbargruppen ebenfalls diese Tradition übernehmen. Bei freilebenden Japanischen Makaken (Macaca fuscata) wurde Traditionsentstehung innerhalb von Gruppen durch die Anlage künstlicher Futterplätze provoziert. «Die neugeborenen Jungen scheinen nicht zwischen künstlichem und natürlichem Futter zu unterscheiden. In unserem Fall versucht meist das Kind, vom neuen Futter zu fressen; die Mutter unterbindet zunächst dies Abenteuer. Dann ahmt die Mutter ihr Kind nach, das Verhalten breitet sich auf andere Individuen aus, die in enger Beziehung zueinander stehen, und schließlich übernimmt die ganze Gruppe die neue Gewohnheit. . . .Verschiedene Gruppen nehmen auch verschiedenes Futter an. Einige Gruppen fressen nur frische Affen-Nüsse, andere nur gedörrte; nach sechs Jahren Fütterung frißt noch kein Tier der Mt. Takasaki-Gruppe Keks, in der Mt. Minoo-Gruppe tun dies die meisten. . . . Die bestehenden Gewohnheiten werden meist von Mutter zu Kind oder von älteren zu jüngeren Affen weitergegeben, neue Gewohnheiten nehmen dagegen den umgekehrten Weg» (Miyadi 1959, aus Wickler und Seibt 1973, S. 319).

Traditionen kann man auch bei anderen Wirbeltieren feststellen. Buchfinken lernen ein Gutteil ihres Gesanges von Alttieren (vgl. S. 103). In verschiedenen Gegenden können leichte Abwandlungen des Gesanges vorkommen, die von den Jungtieren übernommen werden und sich auf diese Weise viele Jahrzehnte lang durch Tradition erhalten. Tradition stellt also unter Wirbeltieren nichts Außergewöhnliches dar. Trotzdem verdient das Vorkommen von Traditionen bei nichtmenschlichen Primaten besondere Beachtung; denn Tradition ist offenbar entscheidend gewesen für die rapide Entwicklung der menschlichen Kultur. Die Fähigkeit zur Traditionsbildung bei nichtmenschlichen Primaten kann zwanglos als Modell für entsprechende präkulturelle Fähigkeiten der Vorfahren des Menschen diskutiert werden. Allerdings liegen noch keine sehr detaillierten Ergebnisse vor.

Das Beispiel der Japanischen Makaken zeigt, daß offenbar auch Neugier und Spiel beim Erwerb von Verhalten von Bedeutung sein können. Besonders im Zeitraum zwischen der frühen Kindheit und dem Erreichen des Erwachsenenalters finden wir beim Menschen und vielen höheren Säugern die Verhaltensweisen des Erkundens, der Neugier und des Spielens. *Erkunden* ist Herumstreifen und Prüfen dessen, dem das Tier begegnet; *Neugierverhalten* ist das gerichtete Aufsuchen und Untersuchen von Neuem in bekannter Umgebung; beim *Spielen* entwikkelt ein Tier sein eigenes Verhalten in Wechselwirkung und Auseinandersetzung mit Gegenständen, Partnern oder auch dem eigenen Körper. Spiele treten nur auf, wenn augenblicklich keine sonstigen Motivationen vorliegen. Sie können vielerlei Instinkthandlungen enthalten und führen letzten Endes wohl meist dazu, daß das heranwachsende Tier viele Handlungen immer sicherer auszuüben lernt, selbst wenn es Endhandlungen nicht in der später erforderlichen Weise üben kann und ‹darf› (sie lassen sich als angeborene Endhandlungen vielleicht ohnehin nicht durch Übung verbessern). Spiel ist insofern oft auch Einüben der Motorik. So jagen sich ältere Junglöwen gegenseitig wie Beute: Sie schleichen und springen sich an, verfolgen einen fliehenden Partner oder kämpfen mit ihm, wobei sie bevorzugt in Nacken oder Kehle beißen, wie bei einem Beutetier; aber sie beißen nicht fest zu und haben bei Prankenschlägen die Krallen eingezogen.

6.3.3. ‹Intelligenz› und ‹Sprache›

Wegen des bei Jungtieren vorhandenen Neugier- und Spielverhaltens nimmt man insbesondere für die anspruchsvollen Untersuchungen zur tierischen ‹Intelligenz› gern junge Tiere. W. Köhlers Schimpansen (Pan troglodytes), mit denen er 1914 seine berühmten «Intelligenzprüfungen an Menschenaffen» durchführte, waren fast alle nicht erwachsen; natürlich kommt hinzu, daß große Tiere wie Schimpansen erwachsen nicht so leicht zu behandeln und zu halten sind wie als Jungtiere. Köhler war an der Frage interessiert, ob man bei Schimpansen *‹einsichtiges› Verhalten* nachweisen könne. Nach Thorpes Definition für ‹insight learning› versteht man darunter «das plötzliche Hervorbringen einer neuen, situationsangemessenen Antwort ohne vorheriges Probieren oder die plötzliche, problemangemessene Neuverknüpfung von früheren Erfahrungen» (übersetzt aus Thorpe 1963, S. 110), wobei natürlich ausgeschlossen sein muß, daß das Verhalten angeborenermaßen oder nach Reifungsvorgängen auftritt. Als relativ komplizierte Aufgabe bot Köhler «Umwege über selbständige Zwischenziele». Den Tieren war dabei der Umgang mit einzelnen Geräten zum Beschaffen einer Banane als Ziel schon vertraut. Sie sollten nun mehrere Werkzeuge selbständig kombinieren. «Jenseits des Gitters liegt wieder das Ziel; im Raum des Tieres ist, weit vom Gitter entfernt, ein Stock am Dach befestigt, und eine Kiste steht abseits. Das Ziel kann mit dem Stock, dieser selbst nur mit

Hilfe der Kiste erreicht werden. Sultan . . . beginnt seine Tätigkeit mit der schon bekannten Torheit und zieht die Kiste ans Gitter dem Ziel gegenüber. Nachdem er dann eine Weile mit ihr im Raume umhergefahren ist, läßt er sie stehen, fängt besonnener an, überall (offenbar nach einem Werkzeug) zu suchen und sieht jetzt erst den Stock am Dach. Sofort ist er wieder an der Kiste, zieht sie unter den Stock, steigt auf, reißt ihn herunter, eilt mit ihm ans Gitter und holt das Ziel heran. Von dem Augenblick, wo seine Augen beim Suchen auf den Stab fallen, ist der weitere Verlauf vollständig klar und in sich abgeschlossen; die Zeit, die dabei verläuft, beträgt höchstens eine halbe Minute, mit Einrechnung des eigentlichen Stockgebrauches» (Köhler 1963, S. 127). Köhler schließt aus seinen Untersuchungen, daß Schimpansen einsichtiges Verhalten von der Art des beim Menschen bekannten zeigen.

Wie das Zitat zeigt, war bei Köhlers Schimpansen eine möglicherweise vorhandene Planungsphase, einfach aufgrund der Versuchsumstände, nicht deutlich gegen die ausführende Handlung abgesetzt. Man konnte sie also nicht messend erfassen. Deshalb wurden neuerdings für eine Schimpansin Versuchsanordnungen erdacht, die es ermöglichen, die *Planungs-* gegen die *Handlungsphase* abzusetzen. Beispielsweise

Abb. 52: Die Schimpansin Julia während der Planungsphase an einem überschaubaren Labyrinth. Sie mustert die weißen Wege und stellt dabei fest, welcher von dem Startpunkt, auf den sie einen gestielten Magneten hält, zu einem Ausgang führt. Die Labyrinthwege wurden von Versuch zu Versuch verändert und später noch unübersichtlicher gemacht (Foto: B. Rensch und J. Döhl).

wurden überschaubare Labyrinthe hergestellt, bei denen zwischen flachen grauen ‹Mauern› weiße Wege freiblieben, die vielfach gewinkelt verliefen und eine Reihe von Sackgassen aufwiesen. Darüber lag eine Plexiglasscheibe. In den Gängen konnte mit Hilfe eines auf der Scheibe entlanggeführten Magneten ein schmaler Eisenring bewegt werden (Abb. 52). Die Schimpansin lernte zunächst, ihn gegen eine Belohnung einzutauschen, und dann, ihn mit dem Magneten aus einfachen Gangsystemen zu einem Ausgang am Brettrand zu befördern. Später lag er zu Beginn eines Versuches auf einem Startplatz, einer ebenfalls plexiglasgedeckten Erhöhung an einer Seite des Labyrinths, von wo er mit dem Magneten nach rechts oder links in das Gangsystem hinunterbefördert werden konnte. Aber nur eine Bahn, die rechte oder die linke, führte in jedem Versuch zu einem Ausgang am Brettrand. Von Versuch zu Versuch wurden anfangs nur wenig, später immer stärker umgeänderte Labyrinthe mit immer mehr ineinander verzahnten Bahnen geboten, wobei sich der Ausgang ständig an anderen Stellen befand und durch ‹Scheinausgänge› getarnt war. Bei Falschwahl konnte die Schimpansin den Ring aus der ‹falschen› Bahn ohne Ausgang nicht wieder hinauf auf den Start und dann in die richtige Bahn ziehen. Sie wurde dadurch ‹gezwungen›, das Labyrinth jedesmal erst genau zu studieren, ehe sie den Ring vom Start nach rechts oder links in eines der Gangsysteme und dann im richtigen zum Ausgang zog. Sie entschied sich bei den letzten 100 kompliziertesten Aufgaben, denen etwa 2000 zunehmend schwierigere vorausgegangen waren, nur 14mal falsch. Bei 9 dieser Aufgaben dauerte die Planungsphase bis zur Entscheidung im Durchschnitt 51, maximal 137 s, während 6 Studenten, die dieselben 9 Aufgaben lösten, durchschnittlich 21 s benötigten. Beim Herausziehen des Ringes waren die Studenten mit durchschnittlich 25 s auch etwa doppelt so schnell wie die Schimpansin mit 48 s. Daß ein solches relativ langfristiges Planen bei einem sonst so leicht ablenkbaren und spontan handelnden Tier möglich war, war durchaus nicht ohne weiteres zu erwarten. Es ist das ein Vorgang, der unserem menschlichen Nachdenken recht weitgehend entsprechen dürfte, soweit dieses nicht in Wortklangvorstellungen erfolgt (Rensch und Döhl 1968).

Erstaunlich komplexe Lernleistungen wurden bei Schimpansen nachgewiesen, die man in verschiedener Weise lehrte, sich mit ihren menschlichen Betreuern in sprachähnlicher Weise zu verständigen. Mehrere Tiere lernten eine Reihe von Wörtern der amerikanischen Taubstummensprache und konnten die entsprechenden Gesten in geeigneten Situationen richtig anwenden. Die Schimpansin Sarah lernte, Substantive, Verben, Adjektive und weitere Begriffe in Form von kleinen Plastiksymbolen zu verwenden und sogar mehrgliedrige daraus zu-

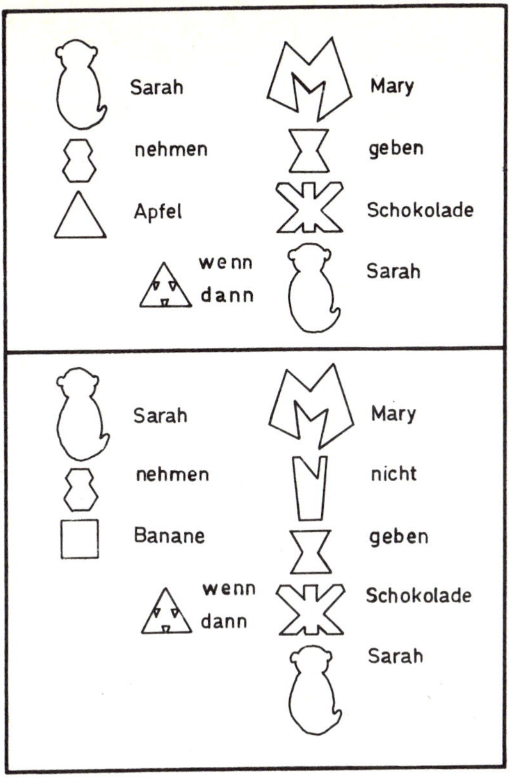

Abb. 53: Die Schimpansin Sarah lernte die Bedeutung verschiedener Plastiksymbole. Sie war schließlich in der Lage, einfache Bedingungssätze zu verstehen und ihr Verhalten danach auszurichten (nach Premack und Premack 1972).

sammengestellte Sätze und Anweisungen richtig zu lesen, d. h. entsprechend zu handeln (Abb. 53). Man ist der Ansicht, daß die hierbei gezeigten Fähigkeiten sich mit denen eines zweijährigen Menschenkindes durchaus messen können.

6.4. Erlöschen von Aktionen und Reaktionen

Bedingte Aversion und bedingte Hemmung sind im Bereich des Lernens nur zwei Beispiele für das Verschwinden von Reaktionen oder Aktionen eines Tieres. Wenn wir den verhaltensbestimmenden Apparat eines Tieres grob in Rezeptoren, afferente Bahnen, Zentrale, efferente Bahnen und Effektoren einteilen, betreffen sie vermutlich die Zentrale, ohne daß man im einzelnen wüßte, welche Vorgänge dort ablaufen.

Auch Erscheinungen in anderen Teilen des verhaltensbestimmenden Apparates können dazu führen, daß vorher gezeigte Verhaltensweisen schließlich, wenigstens vorübergehend, nicht mehr auftreten (vgl. S. 43/44). Am deutlichsten wird das, wenn man die Effektoren, vor allem die Muskeln, betrachtet. Ein von Raubtieren gehetztes Wild bleibt vielleicht stehen oder bricht zusammen, weil die Muskeln den Dienst versagen. Uns gelingt es trotz äußerster Willensanspannung nach einer Weile nicht mehr, durch fortwährendes Beugen und Strecken eines Fingers immer wieder ein Gewicht hochzuziehen: Die Muskeln sind ermüdet. Solche muskuläre *Ermüdung* ist kein Lernvorgang. Zum Komplex des Lernens rechnet jedoch die *Extinktion* eines bedingten Reflexes: Wird nach Ausbilden des bedingten Lidschlußreflexes das akustische Signal immer wieder ohne nachfolgenden Luftstoß gegeben, so führt das allmählich zum Nachlassen und Verschwinden des Reflexes.

Wichtig ist ferner die *Gewöhnung*. Man spricht dann von Gewöhnung *(Habituation)*, wenn Reaktionen eines Tieres, die es auf bestimmte Reizmuster zeigte, bei häufiger Wiederholung dieses Reizmusters immer schwächer werden und schließlich ausbleiben. Kaninchen erschrecken normalerweise bei Lärm und laufen weg; an Autobahnen haben sie sich aber an den Verkehr gewöhnt und bleiben ruhig sitzen. Nicht zur Gewöhnung rechnen Ermüdung und das Ansteigen der Reizschwelle nach Ablauf einer Endhandlung. Junge Buchfinken sperren vorübergehend nicht, wenn sie satt gefüttert sind. Das ist etwas anderes als der im folgenden dargestellte Gewöhnungsprozeß. Man kann 5 bis 7 Tage alte Buchfinken dadurch zum Sperren veranlassen, daß man das Nest etwas erschüttert oder den Lockton der Eltern nachahmt. Benutzt man einen dieser beiden Reize, ohne zu füttern, so sperren die Nestlinge nur 10- bis 13mal und tun es dann einige Zeit nicht mehr auf diesen Reiz. Wenn man aber unmittelbar nach Erlöschen der Reaktion den anderen Reiz gibt, erhält man abermals die gleiche Zahl von Sperreaktionen. Offenbar liegt also keine motorische Ermüdung, sondern eine Gewöhnung vor, und diese findet vor dem motorischen Anteil des zugrundeliegenden AAM statt. Auch die Rezeptoren kommen nicht für den Gewöhnungsvorgang in Frage, denn bei fortgesetzter Reizung mit derselben Reizmodalität hört zwar das Betteln auf, es lassen sich aber noch bestimmte andere Reaktionen, wie Zusammenzucken, beobachten. Die Reize werden also auch noch weiterhin wahrgenommen. Das läßt insgesamt den Schluß zu, daß in diesem Falle die Gewöhnung an die wiederholt angebotenen Reize noch im afferenten Teil des AAM, aber hinter den Rezeptoren stattfindet. Man spricht auch von *afferenter Drosselung*.

Gewöhnungsreaktionen lassen sich auch bei Wirbellosen feststellen. Der Meeresborstenwurm Nereis pelagica zieht sich auf Erschütterung oder Beschattung in seine Wohnröhre zurück. Gewöhnt man Tiere an Erschütterungsreize, so reagieren sie sofort wieder auf Beschattung und umgekehrt. Gewöhnung ist demnach reizspezifisch.

Bei der Meeresschnecke Aplysia californica (Abb. 54) konnte der Gewöhnungsprozeß sogar auf Zellniveau untersucht werden. Das Tier hat eine freiliegende Kieme, die es bei Berührung der Atemröhre einzieht. Reizt man eine Schnecke mehrfach, so gewöhnt sie sich an den Reiz und verlagert die Kieme nur noch wenig. An der Reaktion sind hauptsächlich nur 24 sensorische Nervenzellen in der Atemröhre und 6 motorische Nervenzellen im Eingeweideganglion beteiligt, die sich an ihrer Lage erkennen lassen. Durch elektrophysiologische Eingriffe fand man

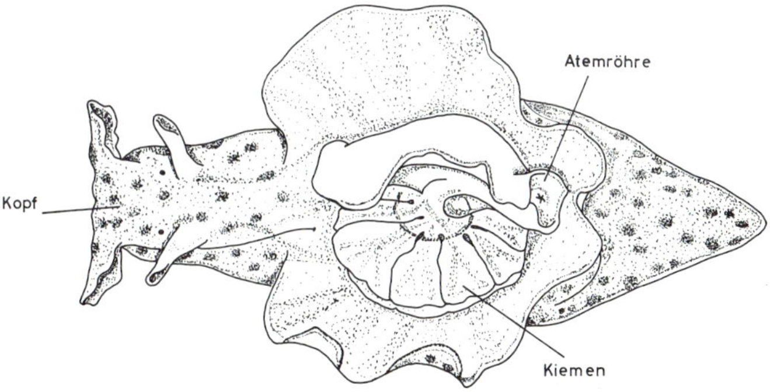

Abb. 54: Die etwa 40 cm lange Meeresschnecke Aplysia californica. Bei Reizung der Atemröhre werden die Kiemen bis zum gestrichelten Ring zurückgezogen. Die lappenartigen Fortsätze oben und unten im Bild verdecken normalerweise die Kiemen (nach Kandel 1979).

heraus, daß die Synapsen zwischen den sensorischen und den motorischen Nervenzellen entscheidend für den Gewöhnungsprozeß sind: Während der Gewöhnung wird dort immer weniger Überträgersubstanz für die Erregung der motorischen Nervenzellen bereitgestellt. Versuche an Krebsen und Katzen lieferten entsprechende Resultate; es könnte sich demnach um ein allgemein gültiges Prinzip handeln.

Der Vorteil der Gewöhnung dürfte darin liegen, daß dauernd vorhandene oder besonders häufig auftretende, aber neutrale Reize aus der Wahrnehmung ausgeblendet werden und sich das Tier damit unnütze Reaktionen erspart.

Kennzeichnend für die bisher beschriebenen Fälle, in denen ein Erlöschen von Reaktionen oder Aktionen stattfindet, ist, daß ein Tier in der Regel mehrfach mit der gleichen Situation konfrontiert wird (vgl. aber one-trial-learning, S. 116) und die betreffende Handlung sich im Kontakt mit der Situation verliert. Insofern stellt sich dieses Verlernen als Umkehrung des Erlernens dar. Das Vergessen läßt sich hier nicht gut einordnen. Wir werden es gleich beim Gedächtnis besprechen.

6.5. Gedächtnis

Ein Lebewesen hat nur dann etwas gelernt, wenn es eine *Gedächtnisspur (Engramm)* gebildet und aufbewahrt hat. Wir schätzen es hoch ein, wenn jemand ‹ein gutes Gedächtnis› hat, und so nimmt es nicht wunder, daß man sich auch für langfristige Gedächtnisleistungen von Tieren besonders interessiert. Für die erwähnte Unterscheidung von Gelb gegen Blau, Dunkelgrün gegen Hellgrün und Schwarz gegen Streifen betrug die Gedächtnisdauer einer Hummel drei Tage. Ein Octopus unterschied waagerechten gegen senkrechten Balken noch nach einem Monat, ein Karpfen ein gelbes Dreieck von einer blauen Kreisfläche fast fehlerfrei noch nach knapp 3 Jahren. Ein Schimpanse, der gelernt hatte, mit Werkzeugen die Verschlußmechanismen kleiner Kisten zu entriegeln, beherrschte die Manipulationen noch nach 3 Jahren an den 12 getesteten Verschlüssen ohne Fehler. Rensch, der besonders viel über Gedächtnisleistungen von Tieren gearbeitet hat, schreibt: «Zusammenfassend können wir feststellen, daß die Gedächtnisdauer bei Evertebraten je nach der Organisationsstufe auf wenige Tage oder Wochen beschränkt ist, bei Vertebraten sich aber für visuell, auditiv und haptisch» (= mit dem Tastsinn) «Erlerntes über viele Monate oder einige Jahre erstrecken kann. Das gilt für alle Klassen, also auch ‹schon› für Fische» (Rensch 1973, S. 87).

Auch unter natürlichen Bedingungen lassen sich überraschende Gedächtnisleistungen feststellen. Das Weibchen der Sandwespe Ammophila campestris pflegt gleichzeitig zwei bis drei Larven in je einer Nesthöhle. Die Larven sind verschieden alt und brauchen deshalb auch unterschiedlich viel Futter pro Tag. Am Morgen kontrolliert die Wespe ihre Nester und trägt dann tagsüber gerade so viele und so große Raupen ein, wie dem Entwicklungszustand der Larven entspricht. Erhöht oder vermindert man nun künstlich nach dem morgendlichen Besuch der Wespe die Nahrungsmenge bei den Larven, so verfährt das Weibchen so, als sei nichts geschehen. Offenbar hat es sich beim ersten Besuch gemerkt, wieviel Nahrung jede Larve braucht, und behält das unverändert über den ganzen Tag – zugleich ein weiteres schönes Beispiel für angeborene Lerndispositionen bei Wirbellosen.

Die physiologischen Grundlagen des Gedächtnisses sind wenig klar. Man unterscheidet ein *Kurzzeit-* und ein *Langzeitgedächtnis*. Das Kurzzeitgedächtnis bewahrt ein Engramm eines Ereignisses nur für Minuten oder wenige Stunden auf. Man vermutet, daß die Engrammbildung hierbei durch besondere Verschaltungen der beteiligten Neurone zustande kommt, wie man sie von den sog. Laufzeitschaltungen her kennt. In diesen kreist eine Erregung einige Stunden. Entweder geht sie dann auf ungeklärte Weise und vermutlich spurlos verloren, oder sie bewirkt über Prozesse, an denen auch die Biosynthese von Proteinen beteiligt ist, eine Übernahme ins Langzeitgedächtnis. Man kann z.B. Mäusen einen Proteinbiosynthesehemmer injizieren. Sie erlernen dann trotzdem, wie Kontrolltiere, ein Labyrinth, haben den Weg aber schon nach wenigen Stunden wieder vergessen. Wenn man jedoch die Hemmstoffe erst einige Zeit nach der Lernphase spritzt, unterscheiden sich Versuchs- und Kontrolltiere im Gedächtnistest nicht. Wie die Proteinsynthese an der Engrammbildung beteiligt ist, ist noch ein Feld für Spekulationen. Man denkt beispielsweise an Verstärkung der Synapsenregionen der beteiligten Nervenzellen oder an Gedächtnismoleküle. Versuche, bei denen Gehirnganglien auf Lichtblitze konditionierter Bachstrudelwürmer an un‹dressierte› Artgenossen verfüttert wurden, die daraufhin das gleiche Verhalten schneller lernten als geeignete Kontrolltiere, deuteten an, daß Gedächtnissubstanzen eine Rolle spielen könnten. Inzwischen stehen aber selbst die Autoren ihren Befunden zurückhaltend gegenüber.

Auch aus dem Langzeitgedächtnis können Engramme verloren gehen; subjektiv gesprochen, kann man sich nicht mehr oder nur undeutlich ‹erinnern›. Ob es sich bei diesem Vergessen nur um den Abbau von Gedächtnisspuren oder auch um Mängel beim Abrufen eines an sich noch vorhandenen Gedächtnisinhaltes oder um beides oder um noch andere Erscheinungen handelt, ist nicht bekannt. Für den ersten Fall zieht Rensch zwei Möglichkeiten in Erwägung: «1. Da die bei einem Lernvorgang beanspruchten Neuronen jeweils durch eine größere Zahl von Synapsen verknüpft werden, kann das Vergessen darauf beruhen, daß diese feinsten Bindungen geschwunden sind, die eigentlichen ‹Engramm-Moleküle› aber erhalten geblieben sind. Derartiges kann angenommen werden, wenn ein jahrelang nicht wachgerufenes Gedächtnisbild aus der Jugendzeit wieder als Vorstellung in voller Lebhaftigkeit auftaucht. 2. Es können die eigentlichen ‹Engramm-Moleküle› abgebaut sein, also eventuell Moleküle, die den heute vorherrschenden Vorstellungen zufolge eine ‹Erkennungsfunktion› an den Synapsen haben. Das würde ein totales Vergessen bedingen» (Rensch 1973, S. 114). Die physiologische Gedächtnisforschung wird wohl erst mit verfeinerten Methoden oder anderen Versuchstieren endgültigere Ergebnisse gewinnen können.

7. Ökologie und Verhalten

Jede Verhaltensäußerung eines Tieres findet in einer bestimmten Umwelt statt und beeinflußt die Beziehungen des Tieres zu ihr. Die Umweltgegebenheiten sind für das Verhältnis eines Tieres zur Umwelt meistens der ‹stärkere› Partner, das Tier muß sich an sie anpassen oder ist, genauer gesagt, im Verlaufe seiner Stammesgeschichte an sie angepaßt worden. Solche Anpassungen betreffen beispielsweise Morphologie, Anatomie und Physiologie, aber auch seine Verhaltensweisen. Es ist Aufgabe der *Verhaltensökologie* oder der *Ökoethologie*, das Verhalten eines Tieres im Hinblick auf seine Auseinandersetzungen mit der Umwelt zu untersuchen. Beide Begriffe sind nicht ganz synonym, weil sie einmal mehr den ökologischen, das andere Mal mehr den ethologischen Aspekt in den Vordergrund stellen, doch werden sie meist in gleicher Bedeutung verwendet. Wir wollen in diesem Kapitel beispielhaft nur einige wichtige Bereiche herausgreifen. Beziehungen eines Tieres zu Artgenossen werden im nächsten Kapitel gesondert besprochen.

7.1. Verhalten im Lebensraum

Tierisches Leben ist über fast die ganze Erde verbreitet, doch ist das Vorkommen einer Art zumeist auf bestimmte Lebensräume *(Biotope)* beschränkt. Nur dort finden ihre Angehörigen die für sie geeigneten Umweltfaktoren, wie Bodenfeuchtigkeit, Temperatur, Nahrungsangebot oder Nistgelegenheiten, aber auch Artgenossen.

7.1.1. Einzelne Umweltfaktoren und Verhalten

Generelle Bedeutung für die Begrenzung der Ausbreitung von Land- und Wassertieren hat die Temperatur. Von den über 1 Million Arten wechselwarmer Tiere kommen in extrem kalten Lagen nur relativ wenige vor. Frost können sie z. B. als Dauerstadien überleben; werden sie im Zustand ‹aktiven› Lebens von ihm überrascht, sterben sie oft schon bei Temperaturen wenig unter dem Nullpunkt, weil ihre Körpersäfte gefrieren und dadurch die Gewebe zerstört werden. Die obere Temperatur, die längere Zeit ohne Schädigung ertragen werden kann, liegt bei den meisten Arten zwischen 42° und 50°C. Vögel und Säuger haben sich durch ihre Fähigkeit, die Körpertemperatur konstant zu halten, von der Temperatur des sie umgebenden Mediums weitgehend unabhängig gemacht. Sie können sich daher zumindest kürzere Zeit auch in solchen Gebieten aufhalten, die nicht den Temperaturverhältnissen ihres optimalen Lebensraums entsprechen. Dazu kommt ihre größere Beweglichkeit, durch die beispielsweise Vögel ungünstigen Temperaturen ausweichen können. Einige Säuger, wie der Igel (Erinaceus europaeus) oder der Siebenschläfer (Glis glis), überbrücken die kalte, nahrungsarme Jahreszeit durch ihren *Winterschlaf*. Der Igel zieht sich dazu in ein mit Laub und Gras ausgepolstertes Nest am Boden zurück, der Siebenschläfer häufig in Baumhöhlen und Nistkästen; ihre Körpertemperaturen sinken auf wenige Grad über Null ab.

Die Vorzugsbereiche mancher Tiere hinsichtlich einzelner Außenfaktoren kann man experimentell bestimmen. In einer Temperaturorgel, einem Laufgang, bei dem die einzelnen Bodenbereiche unterschiedlich stark erwärmt oder abgekühlt werden, sucht ein bodenlebendes, bewegliches Tier, etwa ein Laufkäfer oder eine Schlange, den Bereich auf, der ihm am meisten zusagt. Ähnliches gilt für Bodenfeuchtigkeit und Lichtintensität.

Eine Reihe äußerer Faktoren tritt häufig periodisch auf, beispielsweise in dem eben schon angesprochenen Sommer-Winter-Rhythmus oder als Tag-Nacht-Rhythmus. Viele Tiere haben sich an diesen angepaßt und einen entsprechenden endogenen (inneren) Rhythmus entwikkelt, der auch ohne äußere Einflüsse, in einem licht- und schallisolierten Raum, als circadianer Rhythmus ungefähr mit einer 24-Stunden-Periode weiterläuft (Beispiel: Wach- und Schlafzeiten von Singvögeln; vgl. S. 57/58). Durch die Außenbedingungen wird die *innere Uhr* immer wieder ‹gestellt›. Bienen berücksichtigen z. B. aufgrund ihrer inneren Uhr bei ihren Tänzen auf der Wabe im dunklen Stock zeitgerecht die Wanderung der Sonne. Auch wir Menschen haben für verschiedene physiologische Funktionen circadiane Rhythmen. Bei Versuchspersonen, die von der Außenwelt völlig abgeschlossen waren, stellte man ei-

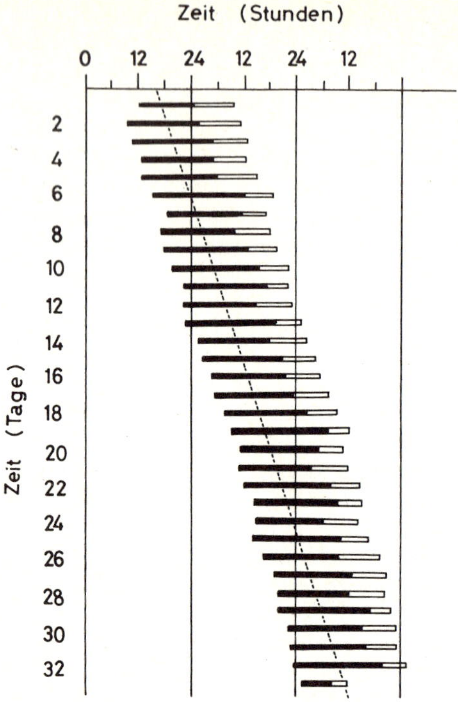

Abb. 55: Aktivitätsrhythmus einer unter konstanten Bedingungen ohne äußeren Zeitgeber lebenden Versuchsperson. Die schwarzen Balken geben Aktivitätsphasen, die weißen Balken die jeweils anschließenden Ruhephasen wieder. Der circadiane Rhythmus hat eine Dauer von 25,3 Stunden (nach Wever 1979).

nen circadianen Rhythmus für Wachen und Schlafen von beispielsweise gut 25 Stunden fest (Abb. 55).

Einen unter anderem vom Mond abhängigen und gesteuerten Rhythmus weist das Fortpflanzungsverhalten des Palolowurms (Eunice viridis) der Südsee auf. Er gehört zu den Borstenwürmern, von denen viele Arten zur Fortpflanzung ‹schwärmen›: Sie verlassen den Meeresboden, steigen zur Oberfläche empor und geben dort ihre Geschlechtsprodukte ab. Der Palolowurm wohnt in den Höhlen von Korallenriffen (Abb. 56) und lebt dort von Tieren und Tang. Die mit Geschlechtsprodukten prall gefüllten Hinterleiber werden abgeschnürt und kommen im Oktober oder November, also im Frühling jener Gebiete, vor

Sonnenaufgang am Tage vor dem letzten Mondviertel oder an diesem Tage selbst in ungeheuren Mengen an die Oberfläche. Bis zur nächsten Schwärmperiode in – je nach Flutverhältnissen – 12 oder 13 Mondmonaten werden die Hinterleiber von den Vorderenden regeneriert.

Die Faktoren der unbelebten Umwelt *(abiotische Faktoren)* setzen für das Verhalten einer Art im Lebensraum den groben Rahmen. Entscheidend sind aber die Bindungen an Pflanzen und andere Tiere *(biotische Faktoren)*: Wiederkäuer essen Gras oder Blätter, Eichhörnchen klettern auf Bäumen, Amseln nisten im Gebüsch, Kreuzspinnen bauen ihre Netze zwischen hohen Gräsern, manche Käferlarven im Wasser stechen die Blattstiele von Seerosenblättern an und entnehmen dem Durchlüftungsgewebe ihre Atemluft. Die Koalabären (Phascolarctos cinereus) Australiens sind so hoch spezialisiert, daß schon ein jahreszeitlich bedingter Wechsel in der Beschaffenheit des Öls der von ihnen gefressenen Eukalyptusblätter tödlich für sie sein kann. Die plumpen Tiere müssen daher gelegentlich weite Strecken über Land zurücklegen, bis sie Bäume mit genießbaren Blättern finden. – Die Abhängigkeit verschiedener Tierarten voneinander wird weiter hinten besprochen.

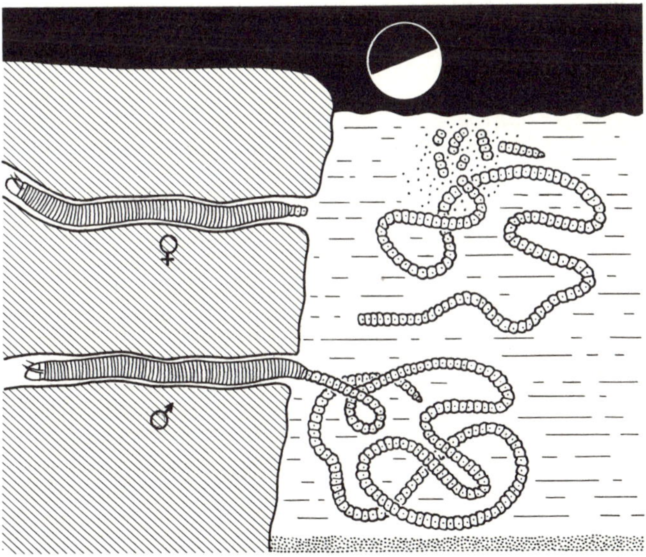

Abb. 56: Die mit Geschlechtsprodukten gefüllten Hinterenden des Palolowurms werden abgeschnürt und zerbrechen während des Schwärmens (aus Czihak, Langer und Ziegler 1976, verändert).

7.1.2. Anpassung an den Lebensraum

Die allgemeine Aussage, daß zwischen strukturellen und funktionellen Eigentümlichkeiten einer Tierart, dem damit zusammenhängenden Verhalten und der Art des Lebensraums enge Beziehungen bestehen, könnte man fast für trivial halten; aber man muß sie doch in jedem Einzelfall beweisen. Und in der Formulierung, daß ein Tier seinem Lebensraum angepaßt ist, ist sie der Kern der Evolutionstheorie. ‹Angepaßt› bedeutet nicht ‹in jeder Hinsicht optimal angepaßt›. Sollte der Schnabel der alten Silbermöwe nur dazu dienen, die Bettelreaktionen des Jungtieres optimal auszulösen, müßte er ein dünnes, rotes, weißgeringeltes Stäbchen sein (vgl. Abb. 11, S. 31). Er hat aber vielerlei Funktionen, und in der Stammesgeschichte ist zwischen den verschiedenen Anforderungen offenbar ein ‹Kompromiß› geschlossen worden, so daß alle in erträglichem Maße erfüllt werden können. Wo sich aber alles wie selbstverständlich zusammenfügt, merkt man oft gar nicht, wie seltsam es eigentlich ist, daß Umweltgegebenheiten, Körperbau und Verhalten so gut zueinander passen. Um das deutlich zu sehen, braucht man sich nur einmal vorzustellen, ein Elefant versuche, wie eine Katze, Mäuse zu jagen; oder man muß Anpassungserscheinungen betrachten, die nicht allzu bekannt sind. Fast alle unsere Tauchenten findet man an Teichen und Seen mit flachen, nicht aber an solchen mit tiefen, steilen Ufern. Ein Grund dafür ist der, daß die Tiere u. a. wegen ihrer Luftsäcke unter Wasser Auftrieb bekommen und es ihnen deshalb schwer fällt, bei der Nahrungssuche tiefer als fünf Meter zu tauchen. Das Verhalten bei der Wahl des Lebensraumes korrespondiert mit dieser funktionellen Eigentümlichkeit. – Der Steinwälzer (Arenaria interpres), ein kleiner, zu den Regenpfeifern gehörender Vogel, sucht seine Nahrung an steinigen Ufern und Geröllhalden. Warum lebt er nicht auf nassen Sumpfwiesen? Eine Erklärung dafür ist vermutlich darin zu sehen, daß der Vogel relativ kurze Beine hat, mit denen er über den Boden ‹schlurft›, und daß die Zehen sich beim Anheben des Laufes spreizen. Schon in niedriger Vegetation würde er sich verfangen und dauernd stolpern. Die Wahl des Biotops paßt zu dieser Baueigentümlichkeit.

Damit ist nichts darüber gesagt, ob in der Stammesgeschichte dieser Tiere die körperlichen oder die verhaltensseitigen Merkmale zuerst auftraten. Im Gegensatz zu einer verbreiteten Meinung dürfte häufig gerade das Verhalten der Schrittmacher in der Evolution (gewesen) sein. Es ist wenig wahrscheinlich, daß sich unsere Stadtamsel körperlich irgendwie bedeutsam von ihren Artgenossen im Wald unterscheidet. Aber die Verhaltensunterschiede fallen jedem auf, der die Entfernungen miteinander vergleicht, auf die die Amseln in der Stadt oder die in einem großen Waldgebiet einen Menschen an sich herankommen lassen, ohne aufzufliegen. Es ist anzunehmen, daß die Singvögel in der Stadt, wie überhaupt die Kulturfolger, ganz anderen Auslesebedingungen unterworfen sind als ihre Artgenossen ‹in freier Natur›. – Der Turmfalke (Falco tinnunculus) nistet neuerdings auch auf Bäumen, den Mäusebussard (Buteo buteo) findet man häufig an Landstraßen, wo er von überfahrenem Wild frißt – neuartige Verhaltensweisen, die zu neuartigen Selektionsbedingungen führen könnten.

Die Anpassungsfähigkeit des Verhaltens – z. B. als Lernfähigkeit oder in Form von nur relativ groben AAMs, auf die verschiedene Schlüsselreize passen, ausgeprägt – hat vermutlich entscheidend dazu beigetragen, daß der Mensch aus Wildtieren Haustiere züchten konnte und sie unter teilweise unglaublich naturfernen Lebensumständen halten kann, obwohl viele Instinkte offenbar noch wie beim Wildtier vorhanden sind. Verhaltensänderungen im Zuge der Haustierentstehung *(Domestikation)* betreffen z. B. das Sexualverhalten. Häufig kann man eine ‹Hypersexualisierung› feststellen. Eine einfache Attrappe – beispielsweise ein lederüberzogener Holzbock – genügt meist, um einen Bullen in einer Besamungsstation zum Bespringen zu veranlassen und, mit Hilfe einer Vagina-Attrappe, die Spermiengewinnung zu ermöglichen.

7.2. Tierische Wanderungen

Manche der bei uns ‹beheimateten› Tiere sind in Wirklichkeit nur begrenzte Zeit während des Jahres bei uns. Jedes Jahr ziehen im Herbst viele Vögel von uns fort und kommen dann im Frühjahr wieder. Nicht nur Vögel, sondern auch Seeschildkröten, viele Fische, Wale und Schmetterlinge wandern über weite Strecken, oft viele Hunderte oder gar Tausende von Kilometern. Es handelt sich dabei um gerichtete und nicht, wie bei der Wanderheuschrecke (Schistocerca gregaria), um zufallsgemäße Ortsbewegungen. Sie führen die Tiere jeweils zu einem bestimmten Zielgebiet, später aber auch wieder zu ihrem Ausgangspunkt zurück. Außer der oftmals erstaunlichen physiologischen Leistungsfähigkeit bedarf es dazu gut funktionierender Navigationsmechanismen. Viele Wanderungen, insbesondere von Vögeln, werden nachgewiesenermaßen von einem *endogenen Zeitprogramm* kontrolliert. Bei anderen, etwa den mit den Regenzeiten korrelierten Wanderungen der Antilopen in der Serengeti, sind vielleicht überwiegend die äußeren Bedingungen von Bedeutung. – Wir beschränken uns im folgenden auf Vogelwanderungen.

Ein Kernproblem bei den Vogelwanderungen ist die Frage, wie ein ins Winterquartier, z. B. nach Afrika, ziehender Vogel dorthin findet. Er muß nicht nur ‹wissen›, wann er fliegen muß, sondern auch, wohin. Es ist illusorisch, anzunehmen, Zilpzalpe (Phylloscopus collybita) fänden einfach zufällig in den Mittelmeerraum und nach Nordafrika, Fitislaubsänger (P. trochilus) ebenso zufällig nach Südafrika. Außerdem weiß man durch Beobachtungen, daß Vögel gerichtet ziehen. Einige vermutlich benutzte Orientierungsfaktoren hat man durch Laborexperimente herausgefunden; inwieweit die Vögel sie in der freien Natur verwenden, ist damit freilich nicht gesagt.

Vor ihrem herbstlichen Zug zeigen Vögel, auch gekäfigte, die sog. *Zugunruhe*. Sie wird im allgemeinen als Ausdruck der Zugstimmung betrachtet und drückt sich darin aus, daß die Tiere heftig in ihren Käfigen umherhüpfen. Man kann diese Aktivität messen und gleichzeitig auch, ob beim Hüpfen bestimmte Richtungen bevorzugt werden. Verschiedene Registrierverfahren sind dafür entwickelt worden. Beispielsweise wird ein Vogel in einem großen, trichterförmigen Käfig gehalten, in dem der flache Boden aus einem Stempelkissen besteht. Die schrägen Wände des Trichters sind mit Filtrierpapier ausgelegt. Der zugunruhige Vogel springt immer wieder auf die Schrägen, wo er sich allerdings nicht halten kann, und hinterläßt dort schwarze Fußabdrücke. In der von ihm bevorzugten Richtung wird das Papier am meisten geschwärzt (Abb. 57). Man kann mit solchen und anderen Apparaten und Methoden feststellen, daß die Vorzugsrichtungen gekäfigter Zugvögel in der Tat mit denen der freifliegenden Artgenossen beim Zug übereinstimmen. Man kann aber auch die äußeren Bedingungen variieren und z. B. den für den Vogel sichtbaren Stand der Sonne durch Spiegel verändern. Dadurch und durch Dressurexperimente fand man, daß Stare ihre Vorzugsrichtung nach der Sonne wählen, also eine *Sonnenkompaßorientierung* haben. Es bedarf natürlich einer inneren Uhr, damit ein Vogel trotz wechselnden Sonnenstandes stets die gleiche Richtung einhält.

Nächtlich ziehende Vögel, wie Grasmücken (Sylvia spec.), können sich nicht nach der Sonne orientieren. Bei ihnen hat man teilweise eine Orientierung nach den Sternen, einen Sternenkompaß, entdeckt. Bei Experimenten mit einem amerikanischen Singvogel, dem Indigofinken (Passerina cyanea), die in einem Planetarium gemacht wurden, stellte sich heraus, daß die Jungvögel den Sternenhimmel immer wieder betrachteten und dabei offenbar feststellen, welcher Teil am wenigsten rotiert. Auf der nördlichen Halbkugel ist dies das Gebiet um den Polarstern. Der zugunruhige Vogel strebt von ihm weg und damit nach Süden. Im entscheidenden Experiment zog man Jungvögel unter einem Planetariumshimmel auf, der sich, abweichend von den realen Verhältnissen, um den Orion, ein im Süden stehendes Sternbild, als Fixpunkt

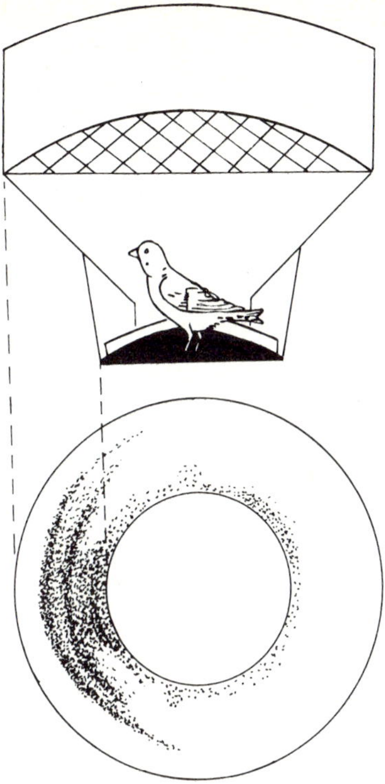

Abb. 57: Registrierapparat für die Richtungsbevorzugung von zugunruhigen Vögeln (oben) und Darstellung der Fußabdrücke (unten) (aus Schmidt-König 1974, verändert).

drehte. Im Herbst zeigten diese Vögel auch eine Richtungsvorliebe vom Fixpunkt weg – in diesem Falle ganz unbiologisch nach Norden. Für eine *Sternenkompaßorientierung* ist eine innere Uhr nicht nötig und, soweit untersucht, auch nicht vorhanden.

Beim Rotkehlchen (Erithacus rubecula) konnte man auch dann Vorzugsrichtungen feststellen, wenn der Käfig in einem geschlossenen Raum ohne Fenster stand. Durch Verändern des umgebenden Magnetfeldes konnte die Vorzugsrichtung geändert werden – ein Fall von *Magnetkompaßorientierung*.

Brieftauben richten sich im Freilandversuch nicht nur nach der Sonne, sondern zusätzlich auch nach dem Magnetfeld der Erde. Es gibt ferner starke Hinweise darauf, daß sie sich außerdem geruchlich orientieren können. Eine derartige Beteiligung mehrerer Sinne an der Orientierung wäre nichts Außergewöhnliches; sie entspräche dem vielfach belegten, allgemeinen biologischen Prinzip, daß wichtige Funktionen mehrfach abgesichert sind.

Daß tatsächlich auch im Freiland – und nicht nur im Laborexperiment – bestimmte Richtungen eingehalten werden, bewiesen z. B. Untersuchungen an Staren (Abb. 58). Stare des Ostseeraumes ziehen zur Überwinterung über Holland nach Südengland, Südirland oder Nordfrankreich. Man fing in mehrjährigen Aktionen mehr als 11 000 dieser Tiere in Holland, beringte sie und ließ sie in der Schweiz wieder frei. Jungvögel flogen parallel zur ursprünglichen Richtung weiter und überwinterten an neuen Plätzen in Südfrankreich und Nordspanien. Überraschenderweise suchten aber Altvögel die üblichen Überwinterungsgebiete auf. Wie sie dahin fanden, ist unklar.

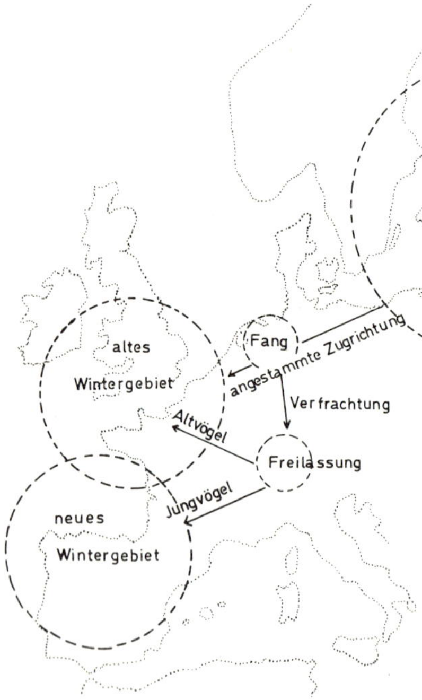

Abb. 58: Ergebnis der Versuche mit wandernden Staren, die im nordost-europäischen Raum beheimatet sind (weitere Erklärungen im Text) (aus Schmidt-König 1974, verändert).

Eine reine Richtungsorientierung reicht noch nicht aus, um einen Vogel sicher in ein Zielgebiet zu führen. Er muß auch ‹wissen›, wo er aufhören muß zu fliegen. Man hat die Hypothese aufgestellt, daß ein endogenes Zeitprogramm dem Vogel das Ende seiner Reise angibt, daß also insgesamt gerade soviel Zugunruhe aktiviert wird, wie zum Erreichen des Zielgebietes nötig ist. Im Registrierkäfig wurde dazu im Herbst die nächtliche Zugunruhe vom Fitis und vom Zilpzalp gemessen. Die normalerweise weiter ziehenden Fitislaubsänger blieben, wie es die Hypothese voraussagte, erheblich länger zugunruhig und verausgabten insgesamt während der Zugzeit eine größere Aktivitätsmenge als die Zilpzalpe.

7.3. Räuber-Beute-Beziehungen

Räuber jagen und töten andere Tiere und verzehren sie ganz oder teilweise. Zwischen ihnen und ihren Beutetieren haben sich im Laufe der Stammesgeschichte vielfältige Beziehungen ausgebildet, von denen wir einige in den folgenden Abschnitten besprechen.

7.3.1. Erkennen der Beute

In Anpassung an die verschiedenen Lebensräume, Lebensweisen und Beutetiere sind die Sinnesorgane der Raubtiere unterschiedlich entwikkelt. Die auf dem Boden stöbernden Iltisse benutzen vorwiegend ihre Nase, die nächtlich jagenden Katzen Nase und Ohren, Fledermäuse bei ihrer Echoorientierung nur die Ohren. Bei vielen Raubtieren spielt der Gesichtssinn für die Beutewahrnehmung die Hauptrolle. Die am besten entwickelten Augen im ganzen Tierreich finden sich bei räuberischen Wirbellosen und Wirbeltieren. Ein Falke beispielsweise soll eine Heuschrecke von 2,5 cm Länge noch aus 200 m Höhe sehen können. Bei Wirbeltieren beträgt das Gesichtsfeld des einzelnen Auges ungefähr 170 Grad. Unterschiede treten in der Hauptsache in der Augenstellung auf. Im allgemeinen haben Tiere, die gejagt werden, ein weites, panoramaartiges Gesichtsfeld mit wenig Überlappung zwischen den Sehfeldern beider Augen. Optisch jagende Tiere sind auf eine gute Tiefenwahrnehmung für die genaue Lokalisation der Beute angewiesen; sie haben ein großes binokulares, insgesamt allerdings etwas eingeengtes Gesichtsfeld (Abb. 59).

Von nur wenigen Arten werden elektrischer Sinn oder der Temperatursinn zum Lokalisieren einer Beute verwendet. Grubenottern (Crotalidae) besitzen jederseits zwischen Nasenloch und Auge eine von einer Membran überspannte Grube. Die Membran enthält ein außerordent-

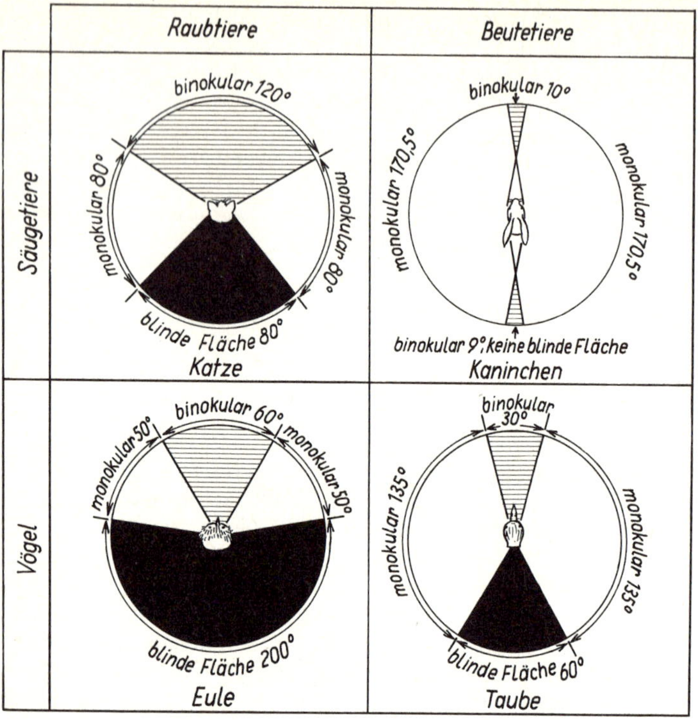

Abb. 59: Vergleichende Darstellung des Gesichtsfeldes von Raubtieren und Beutetieren (aus Marler und Hamilton 1972, verändert).

lich empfindliches Temperatursinnesorgan. Bereits ein Temperaturunterschied von nur 0,003°C soll zur Erregung ausreichen. Damit sind die Schlangen in der Lage, noch die sehr geringe Wärmeabstrahlung festzustellen, die von warmblütigen Beutetieren ausgeht, und sie auch bei Dunkelheit zu jagen.

Viele Raubtiere reagieren angeborenermaßen auf bestimmte Schlüsselreize, die von ihrer Beute ausgehen, die Erdkröte etwa auf kleine, bewegte Objekte, Kreuzspinnen auf Erschütterungen ihres Netzes. Aber keineswegs alle Raubtiere, vor allem nicht Raubsäuger, erkennen ihre Nahrung und Beute auf diese Weise. Bei den Pawlowschen Versuchen hatte der mit Milch aufgezogene Hund auf Fleisch keine Speichelflußreaktion (vgl. S. 105). Katzen, die rohes Fleisch nicht kennen, kann man sehr oft nicht dazu bewegen, Mäuse zu verzehren. Ob die Kenntnis eines Beutegeruches angeboren ist oder während der Jugendentwicklung erworben wird, wurde beim Frettchen, dem domestizierten Iltis, näher geprüft. Man zog dazu Tiere entweder nur mit toten Küken oder nur mit toten Ratten auf. Im Alter von vier Monaten, zu der Zeit, zu der die Tiere die Mutter verlassen und selbständig werden, führte man einen ersten Test durch. Dazu blies man den Tieren beider Gruppen einzeln sowohl Kükenduft bzw. Rattenduft zu und registrierte ihre Reaktionen. Sie waren bei beiden Düften vorhanden, beim Duft des jeweils bekannten Nahrungstieres aber signifikant stärker ausgeprägt. Im Alter von zwölf Monaten wurden die Tests wiederholt. Diesmal reagierten die Tiere nur noch auf den bekannten Nahrungsduft. Aus diesen und weiteren Versuchen ist zu folgern, daß Frettchen Beutedüfte während ihrer Jugend lernen (Apfelbach 1978).

7.3.2. Flucht, Tarnung und Abwehr

Den leistungsfähigen Sinnen der Räuber stehen die ihrer potentiellen Beutetiere kaum nach. Je eher sie ihre Feinde erkennen, um so größer sind ihre Überlebenschancen. Ein Löwe muß sich gegen den Wind an Antilopen anschleichen, da diese ihn an seinem Geruch erkennen und sonst rechtzeitig fliehen. Elritzen (Phoxinus laevis) wittern Duftspuren im Wasser, durch das ein Hecht geschwommen ist, und lassen sich auf den Grund absinken, wo sie für den Räuber schlecht auszumachen sind. Kammuscheln (Pecten spec.) sehen mit vielen hochentwickelten Augen ihre Feinde, Seesterne und Tintenfische, und versuchen, vor ihnen zu fliehen, indem sie die Schalenklappen mehrfach blitzschnell schließen und so nach dem Rückstoßprinzip oft meterweit durchs Wasser flitzen. Manche Nachtfalter hören die Ultraschallaute der sie jagenden Fledermäuse und lassen sich daraufhin reflexartig fallen oder führen verwirrende Flugmanöver aus. – Hühnervögel fliehen situationsgerecht vor Bodenfeinden nach oben, vor Luftfeinden verstecken sie sich am Boden. Mäuse und Kaninchen rennen in ihren Bau, Korallenfische schwimmen in feste Verstecke, Hasen irritieren den verfolgenden Hund durch plötzliches Hakenschlagen, Frösche springen vom Ufer oder einem Seerosenblatt ins Wasser und tauchen weg.

Zur schnellen *Flucht* unfähige Tiere sind in ihrer Farbe und Gestalt häufig besonders gut an ihre Umgebung angepaßt. Das gilt beispielsweise für viele junge Tiere. Silbermöwenküken ‹verschmelzen› mit der schütteren Dünenvegetation, wenn sie sich auf den Alarmruf ihrer Eltern ‹drücken›. In manchen Seeschwalbenkolonien findet man nur Küken, die in ihrer Farbe der der Sandbank oder des Ufergerölls angepaßt sind – vielleicht schon die Wirkung von Auslesevorgängen. Auch die

Eier von Freibrütern sind tarnfarbig, die von Höhlenbrütern dagegen oft auffällig weiß. Wenn die Küken von Möwen geschlüpft sind, leuchten die Schaleninnenseiten weithin verräterisch weiß, doch das Verhalten der Alttiere ist darauf eingestellt: Sie tragen die leeren Schalen vom Nest weg. Tinbergen hat nachgewiesen, daß von künstlich ausgelegten Eiern die tarnfarbenen tatsächlich in geringerer Zahl Räubern zur Beute fallen als die weißen. Manche Spannerraupen können eine Tarnstellung einnehmen, so daß sie wie ein Ästchen ihrer Futterpflanzen aussehen. Einige Schmetterlinge, wie das Tagpfauenauge (Inachis io), haben auffällige Flügeloberseiten, aber tarnfarbene Unterseiten, so daß das Tier beim Zuklappen der Flügel in geeigneter Umgebung schlecht sichtbar ist. Die Augenflecken, die die Schmetterlinge durch Aufklappen der Flügel plötzlich zeigen, wirken auf unerfahrene Vögel erschreckend.

Der *Abwehr* von Feinden dienen mancherlei Verhaltensweisen. Singvögel führen Scheinangriffe auf Eulenvögel aus *(Hassen)*. Der Stichling droht durch Aufstellen der harten Rückenstacheln. Die nordamerikanischen, harmlosen Hakennattern (Heterodon spec.) richten beim Zusammentreffen mit einem Gegner, z. B. dem Menschen, den Vorderkörper hoch, blähen ihn bis zum doppelten Umfang auf und stoßen Kopf und Hals, ähnlich wie eine Kobra, vor. Unter wiederholtem Vorschnellen des Kopfes lassen sie die Luft aus den Lungen laut zischend entweichen. Läßt man im Angriff nicht nach, so stellen sich die Tiere plötzlich tot, wobei sie starr auf dem Rücken am Boden liegen. Über ein ablenkendes Abwehren *(Verleiten)* verfügen die Eidechsen. Ein gepacktes Tier kann seinen Schwanz an einer präformierten Stelle abwerfen. Das Schwanzstück bewegt sich dann heftig hin und her und zieht dadurch die Aufmerksamkeit des Räubers auf sich, so daß die Eidechse entkommen kann. Bei manchen Skinken ist die ablenkende Wirkung des Schwanzes noch zusätzlich durch auffällige Färbungen erhöht, während der übrige Körper des Tieres schwarz oder braun ist. Stockenten versuchen, Bodenfeinde von ihrem Nest wegzulocken, indem sie wie lahm vor ihm weglaufen und dadurch den Feind auf die vermeintlich leichte Beute aufmerksam machen, die schließlich, in gehöriger Entfernung vom Nest, auffliegt.

Der *Tarnung* und Abwehr zugleich dient die Tintenflüssigkeit von Tintenfischen. Hinter der ausgestoßenen Tintenwolke versucht ein gejagtes Tier zu entfliehen, zugleich kann die Tinte eine leicht lähmende Wirkung auf die Sinnesorgane eines Räubers ausüben. Ohrwürmer (Forficula auricularia) wehren sich gegen Ameisen und Frösche durch Drüsensekrete, die aus dem Abdomen verspritzt werden.

Viele Tiere kämpfen in auswegloser Situation heftig um ihr Leben. Die Kampfeswut einer in die Enge getriebenen Ratte ist sprichwörtlich.

Giraffen wehren sich gegen Raubkatzen mit ihren schweren Hufen, beim Rivalenkampf dagegen mit dem ‹Gehörn›. Oryx-Antilopen versuchen, ein angreifendes Raubtier mit ihren langen Hörnern aufzuspießen, die sie im Rivalenkampf nur turniermäßig einsetzen (vgl. S. 155).

Die Zahl solcher Beispiele läßt sich beliebig vermehren. Sie machen zusammen mit weiteren Lebensäußerungen und Verhaltensweisen einen wesentlichen Anteil dessen aus, was man gemeinhin unter ‹Biologie› von Tierarten versteht. Darüber informiert manche Literatur über spezielle Zoologie (z. B. Kaestner).

7.3.3. Warnung und Mimikry

Die Wirksamkeit von Tarnung und Schutzfarbigkeit hängt hauptsächlich von der Begrenztheit der Sinneswahrnehmung eines Räubers ab, *Warnung* nutzt seine Lernfähigkeit aus. Der Siebenpunkt (Coccinella septempunctata), ein kleiner Marienkäfer, ist auffällig gefärbt, ‹um› gesehen zu werden. Da er vielen Vögeln offenbar schlecht schmeckt, ist es für die Art nützlich, wenn sich ein solcher Vogel nach nur ganz wenigen schlechten Erfahrungen merkt, daß es besser ist, ihn zu meiden. Die plakative Farbe unterstützt diesen Lernprozeß. Eine Wespe (Vespa spec.) ist ebenfalls auffällig gefärbt. Schnappt eine Kröte nach ihr und wird gestochen, wird sie in Zukunft Wespen meiden.

Die Tatsache, daß es wehrhafte oder schlecht schmeckende Tiere gibt, die wegen ihrer Warnfarben vor Räubern geschützt sind, wird von anderen Tieren in einer besonderen Form von Mimikry ‹ausgenutzt›. Unter *Mimikry* versteht man allgemein die Nachahmung eines Tieres oder von Teilen eines Tieres zum Erzielen eines biologischen Vorteils. Sie dient zur Irreführung eines Signalempfängers. Voraussetzung für Mimikry sind zwei verschiedene Signalsender, die täuschend ähnliche Signale senden und mindestens einen Signalempfänger gemeinsam haben. Man bezeichnet den einen Signalsender als Vorbild, den anderen als Nachahmer. Der Nachahmer kopiert nicht nur körperliche Merkmale seines Vorbildes, sondern manchmal auch Verhaltensweisen (Verhaltens- oder *Ethomimikry*). Die Nachahmung einer geschützten Art durch eine ungeschützte bezeichnet man als Batessche Mimikry (falsche Warntracht). Es gibt viele Beispiele für diese Art von Nachahmung, von denen wir, weil nicht unmittelbar verhaltensrelevant, nur die einheimischen, auffällig gestreiften, harmlosen Schwebfliegen nennen, die Wespen mehr oder weniger genau nachzuahmen scheinen.

Mimikry dient nicht nur als Schutz, sondern kann auch von einem Räuber zum erfolgreichen Beutefang angewandt werden. Man bezeichnet diese Form der Nachahmung als Peckhamsche Mimikry oder Angriffsmimikry. Hier ist also der Räuber der Nachahmer. Anglerfi-

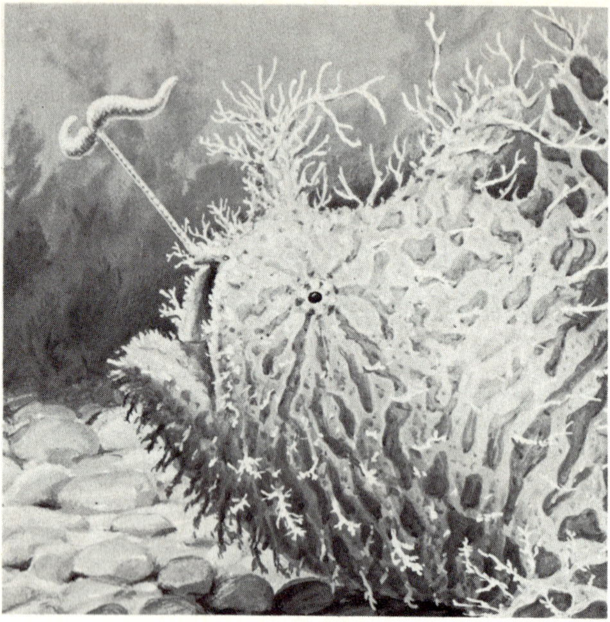

Abb. 60: Anglerfisch (Phrynelox scaber) mit ‹Köder› (aus Wickler 1968).

sche, bodenlebende Raubfische tropischer Meere, sind oft tarnfarben und haben eine kaum an einen Fisch, sondern eher an einen Korallenblock erinnernde Gestalt. Auf dem ersten, frei beweglichen Strahl ihrer Rückenflosse besitzen sie eigenartige Körperanhänge, die wie ein Wurm aussehen können (Abb. 60). Diese ‹Köder› bewegen sie vor ihrem Maul, besonders auffallend und heftig, wenn sich ein anderer Fisch dieser ‹Beute› nähert. Ist der andere Fisch nah genug, schnappen sie zu und saugen ihn mit einem gewaltigen Schluck samt dem umgebenden Wasser ein. Auch die im Mississippigebiet lebende Geierschildkröte (Macroclemys temminckii) fängt ihre Beutefische auf diese Weise. Beim Angeln verharrt sie regungslos, durch den Algenbewuchs ihres Panzers gut getarnt, und sperrt das Maul weit auf. Ihre Mundhöhle und die Zunge sind schwärzlich. Ein rotgefleckter, zweizipfliger Fortsatz vorn auf der Zunge wird durch Muskelkontraktionen hin- und herbewegt. Fische, die entsprechende Beute suchen, werden angelockt, zupfen daran und werden geschnappt.

Hochinteressant ist die *Putzermimikry* bei Fischen. Der Putzerfisch (Labroides dimidiatus), ein Lippfisch, lebt im Indopazifik und bewohnt dort paarweise feste Reviere an Riffen. Er hat eine sehr auffallende Schwimmweise, die andere Fische auf ihn aufmerksam macht: Er schwimmt langsam rückwärts und schwingt dabei unaufhörlich den Hinterkörper mit der gespreizten Schwanzflosse nach oben und läßt ihn wieder bis zur Horizontalen absinken. Wenn dann andere Fische auf ihn zukommen, schwimmt er ihnen entgegen und beginnt, sie nach Ektoparasiten abzusuchen. «Rasch mit den Bauchflossen trillernd, gleitet er über die Körperoberfläche des Kunden, stößt ihn, wenn er nicht stillhält, heftig mit dem weit aufgerissenen Maul und macht sich dann an die Arbeit. Der Unterkiefer des Labroides ist zweispitzig wie die Rückseite eines Zimmermannshammers; er kann damit Parasiten loshebeln. Er sucht die Flanken, Flossen, Kopfseiten, Kiemen, Zähne und manchmal auch den Rachen des Kunden sorgfältig ab, zupft, wo es was zu zupfen gibt, und läßt erst dann vom Kunden ab, wenn der ungeduldig zu rucken beginnt oder wirklich fertig bedient ist» (Wickler 1968, S. 156). An solchen Putzerstationen findet man aber auch einen Fisch, der sich in Körperform und Färbung kaum vom Putzer unterscheidet; es ist der Schleimfisch Aspidontus taeniatus. Mit den gleichen Schwimmbewegungen wie der Putzer lockt er ebenfalls Fische an, die dann die entsprechenden Putzaufforderungsstellungen einnehmen. Doch werden sie nicht geputzt, sondern dieser Räuber beißt ihnen Stükke aus den Flossen und frißt sie. Der Nachahmer greift hier also in eine bestehende Symbiose ein.

7.4. Symbiose und Parasitismus

7.4.1. Symbiose

Eine *Symbiose* liegt vor, wenn sich Angehörige verschiedener Arten zum gegenseitigen Nutzen zusammentun. Symbiosen findet man zwischen Pflanzen und Pflanzen (z. B. bei den aus Pilzen und Algen zusammengesetzten Flechten), zwischen Pflanzen und Tieren (z. B. bei der Blütenbestäubung durch Bienen) und zwischen Tieren und Tieren. Auf die letzte Gruppe sei hier näher eingegangen.

Beim Putzerfisch haben wir ein erstes Beispiel für eine Symbiose kennengelernt. Der Putzer ernährt sich – wenn auch nicht ausschließlich – von den ektoparasitischen Pilzen oder Kleinkrebsen seiner ‹Putzkunden›, zahlreichen Fischarten, die dadurch von ihren lästigen Parasiten befreit werden. Die Bedeutung des Putzens wird aus folgendem Versuch deutlich. Man zählte an einem kleinen, isolierten Riff mit reicher Fischfauna die vorbeikommenden und ansässigen Fische. Dann fing man alle Putzer von diesem Riff weg. Nach wenigen Tagen waren erheblich weniger Fische da, nach zwei Wochen nur noch einige revierfeste Tiere. Diese hatten jetzt zahlreiche leicht verpilzte Hautstellen, lose Flossenstückchen und Geschwüre. – Putzgemeinschaften sind inzwischen aus vielen Fischfamilien und bei einigen Garnelenarten bekannt geworden. Bei allen dürften einfache Verständigungssignale zwischen den beteiligten Partnern herausgebildet sein.

Das klassische Beispiel für eine Symbiose ist die Lebensgemeinschaft von Einsiedlerkrebsen mit den zu den Korallentieren gehörenden Seerosen oder Seeanemonen. Krebse der Gattungen Pagurus und Eupagurus haben einen weichen, ungeschützten Hinterleib. Sie stecken ihn in ein leeres Schneckenhaus, das von ihnen herumgetragen und nur vor einer Häutung gegen ein größeres eingetauscht wird. Diesen Schneckenhäusern sitzen Seerosen auf. Bei einem Umzug wird die Seerose mit dem leeren Schneckenhaus nicht etwa zurückgelassen, sondern vom Krebs mitgenommen. Er beklopft und bestreicht dazu die Anemone, die sich dann vom alten Schneckenhaus ablösen und auf das neue übersetzen läßt; es findet also eine Verständigung statt. Ohne dieses ‹Einverständnis› der Seerose ist es nicht möglich, sie abzulösen, denn sie haftet sehr fest an der Unterlage. Der Nutzen, den die Partner aus dieser Gemeinschaft ziehen, besteht darin, daß der Krebs durch die nesselnden Tentakel der Anemone gegen Raubfeinde, z. B. Tintenfische, geschützt ist; die Anemone ihrerseits ist durch den Krebs beweglicher geworden, was ihr die Nahrungssuche erleichtert. Auch kann sie von der Nahrungsaufnahme des Krebses profitieren, wenn dieser seine Beute packt und zerkleinert.

Auch zwischen Ameisen und Blattläusen besteht eine Nutzungsgemeinschaft. Der Kot der Blattläuse besteht zu ungefähr 50 % aus Zukker und wird daher von vielen Insekten aufgeleckt. Ameisen suchen die Blattläuse aktiv auf und bestreicheln sie mit ihren Fühlern. Dadurch wird die Blattlaus zur Kotabgabe veranlaßt. Die Ameisen schlucken den ca. 1 mg schweren Kottropfen auf. Ein großer Staat der Waldameise Formica rufa soll auf diese Weise pro Tag bis zu 1 kg Blattlauskot gewinnen können. Die Ameisen ihrerseits verteidigen die Blattläuse gegen räuberische Insekten und Insektenlarven. Manche Ameisenarten tragen sogar die Wintereier von Wurzelblattläusen in ihr Nest und bringen die ausgeschlüpften jungen Läuse im Frühjahr in kleine, um Pflanzenwurzeln herum gefertigte Höhlungen.

7.4.2. Parasitismus

Der Begriff Parasit kennzeichnet keine bestimmte Tiergruppe, sondern lediglich eine spezielle Lebensweise. Ein *Parasit* oder ‹Schmarotzer› ist ein Organismus, der vorübergehend oder dauernd in oder auf einem anderen Tier oder einer Pflanze lebt und sich von diesem ‹Wirt› ernährt, in der Regel ohne ihn dabei zu töten. Dadurch unterscheidet sich der Parasit vom Räuber, der ebenfalls von anderen Tieren lebt, sie jedoch umbringt und auffrißt. *Ethoparasiten* sind vornehmlich durch Verhaltensweisen an ihre Wirte angepaßt.

Abb. 61: Das Silberfischchen Atelura nimmt an einer Ameisenfütterung teil (aus Eibl-Eibesfeldt 1978, verändert).

Ameisen dulden in der Regel keine fremden Tiere in ihren Stöcken. Verschiedene Insekten haben es aber geschafft, ihre Wachsamkeit zu ‹überlisten›. Das Silberfischchen Atelura wird als harmloser Mitbewohner, der ‹Abfälle› frißt, nicht verjagt. Nun verteilen Ameisen eingetragene Nahrung unter allen Mitgliedern des Stockes, indem sie sie hervorwürgen und an andere füttern. An solchen Futterübergaben kann als Dritter auch das Silberfischchen teilnehmen (Abb. 61). In der Nachbarschaft mancher Ameisenstöcke nisten Diebsameisen. Sie dringen in die Stöcke ein und leben von Nahrung oder Brut ihrer Wirte. Manche sind durch widerlichen Geruch geschützt, andere sind so flink, daß sie mit ihrem Raub schnell entwischen können. Gastameisen (Formicoxenus spec.) betteln sogar Arbeiterinnen des Wirtsstocks mit den passenden Verhaltensweisen an und werden von ihnen gefüttert.

Eine andere Form des Ethoparasitismus ist der *Brutparasitismus* der Vögel. Sprichwörtlich bekannt geworden ist das ‹Kuckucks-Ei›, das man in fremde Nester legt (vgl. S. 91). Der einheimische Kuckuck legt seine Eier einzeln in Nester von Singvögeln wie Drosselrohrsänger, Zaunkönig oder Bachstelze. In die meisten Nester dürfte das Weibchen die Eier direkt legen, in die oben geschlossenen des Zaunkönigs aber mit dem Schnabel hineinbefördern. Das Ei entspricht in Größe und Farbe ungefähr den Wirtseiern (Abb. 62). Jedes Kuckucksweibchen legt seine Eier in die Nester einer bestimmten Wirtsvogelart. Gegendweise kann es verschiedene Vorzugswirte geben.

Brutparasitismus ist nicht auf den Kuckuck beschränkt, sondern tritt auch bei einigen Finken und den in Afrika beheimateten Witwenvögeln (Viduinae) – sowie bei manchen Insekten – auf. Jede Witwenvo-

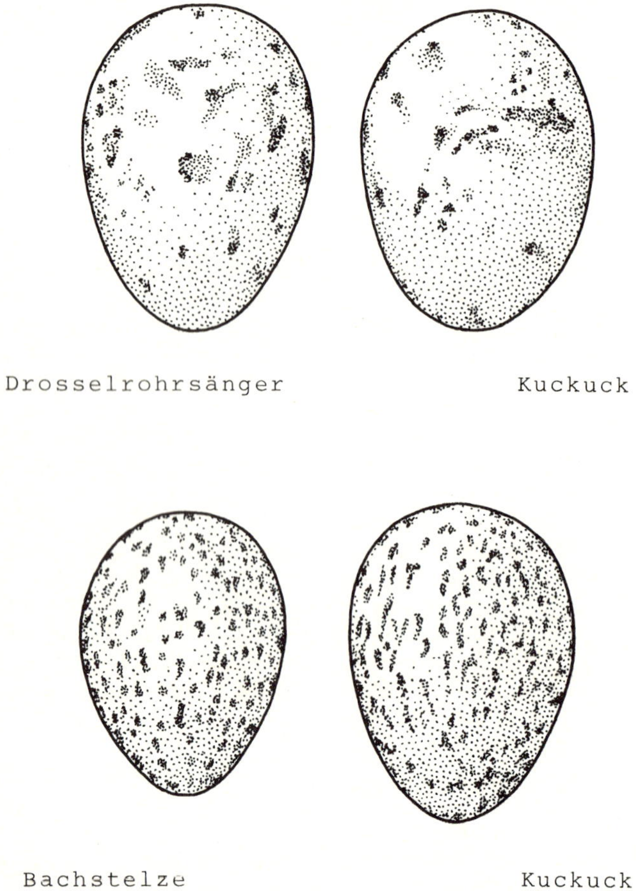

Abb. 62: Die Eier des Kuckucks (Cuculus canorus) ähneln denen ihrer Wirtsvogelarten in Größe und Färbung weitgehend.

gelart parasitiert bei genau einer Prachtfinkenart. Die Jungen werden zusammen mit denen der Stiefeltern aufgezogen. Sie haben Rachenzeichnungen, die denen ihrer Stiefgeschwister bis in feinste Einzelheiten gleichen – sonst würden sie nicht gefüttert. Die Männchen besitzen einen angeborenen Reviergesang. Außerdem lernen sie den Gesang ihrer Ziehelternart täuschend genau nachzuahmen. Mit diesem Gesang ‹sagen› sie den Weibchen, daß sie von der gleichen Wirtsvogelart bzw. -rasse aufgezogen wurden, wie jene. Die Parasitenarten und -rassen entwickelten sich stammesgeschichtlich als Folge dieser Anpassungen genau parallel zu den Wirtsvogelarten bzw. -rassen.

8. Sozialverhalten und soziale Organisationen

Sozialverhalten ist in seinem weitesten Sinne das Verhalten, das Tiere derselben Art mit- und gegeneinander zeigen. Soziale Tiere entwickeln Organisationsformen des Zusammenlebens, die durch geeignete Kommunikationssysteme zwischen den beteiligten Artgenossen aufrechterhalten werden. Das Zusammenleben braucht nicht das ganze Leben anzudauern. So treffen sich Eichhörnchen nur zur Paarung; doch bleibt das Weibchen während der Aufzucht der Jungen mit diesen zusammen. Man bezeichnet eine solche Art als *solitär*.

Keineswegs bei jeder Tierart kann man soziale Verhaltensweisen feststellen. Bei *sozial indifferenten Arten* suchen sich die Artgenossen nicht einmal zur Paarung auf. Männchen und Weibchen der Moosmilben «nehmen kaum Notiz voneinander, geschweige denn, daß sie sich irgendwie paarten». Die Männchen setzen kleine Spermatröpfchen auf schlanken Stielen ab, «ohne Rücksicht darauf zu nehmen, ob ein Weibchen in der Nähe war oder nicht . . . Dementsprechend sind auch die Weibchen nicht darauf angewiesen, daß ihnen die Männchen ihre Spermatophoren ‹zeigen›. Sie finden sie ganz allein, indem sie vorsichtig tastend herumstelzen und die ertasteten Samentröpfchen dann aus den kleinen Becherchen mit ihrer weit geöffneten Geschlechtsöffnung abstreifen» (Schaller 1962, S. 84/85).

Nicht selten sammeln sich mehrere oder viele Angehörige einer Art an einem Ort an. Das braucht nicht unbedingt an speziellen sozialen Verhaltensweisen zu liegen, sondern einfach an den dort herrschenden Umweltfaktoren. Solche rein umweltbedingten Ansammlungen bezeichnet man als *Aggregationen*. Wenn sich viele Stechmücken auf einem freien Hautbereich einfinden, um Blut zu saugen, ist das eine Aggregation, ebenso, wenn Marienkäfer an einem Waldrand in Scharen überwintern.

8.1. Soziale Organisationen

8.1.1. Anonyme Verbände

Als soziale Organisationsformen im Tierreich unterscheidet man herkömmlicherweise anonyme und individualisierte Verbände. Man spricht von einem *anonymen Verband*, wenn Tiere einer Art zusammenleben, ohne daß sich zwischen den einzelnen Individuen eine persönliche Bekanntschaft entwickelt.

Aus einem offenen anonymen Verband können sich jederzeit einzelne Individuen entfernen oder neue können hinzustoßen, ohne daß dies einen bemerkenswerten Effekt auf den ganzen Verband hat (Beispiel: Heringsschwarm).

Im Gegensatz dazu erkennen beim geschlossenen anonymen Verband die einzelnen Mitglieder an gewissen Merkmalen, ob ein Tier zu ihrer Gruppe gehört oder nicht. Nur Artgenossen, die die entsprechenden Gruppenmerkmale haben, werden geduldet, Gruppenfremde angegriffen. Beispiele sind die Ratten- oder Mäusesippen und Insektenstaaten. Die in einem Verband lebenden Wanderratten (Rattus norvegicus) erkennen sich am ‹Sippengeruch›, der durch gegenseitiges Markieren mit Urin zustande kommt. Nähert sich ein Individuum z. B. dem Gruppennest, wird es von den Artgenossen beschnuppert. Hat es den Sippengeruch, kann es sich in den Verband eingliedern – stimmt dieses Merkmal nicht, wird es angegriffen und vertrieben. Trennt man eine Ratte für längere Zeit vom Verband und setzt sie dann wieder zu, ist ihr die Eingliederung nicht mehr möglich. Durch die Trennung hat sie den Sippengeruch verloren, sie riecht anders und wird daher von den anderen als nicht mehr zum Verband gehörend betrachtet und angegriffen. Sie versucht jedoch nicht zu fliehen, da ihr der Sippengeruch offenbar noch vertraut ist. Oft wird dann eine solche Ratte getötet. Gelegentlich kann ihr aber auch die Wiedereingliederung gelingen, nämlich dann, wenn sie durch den Körperkontakt beim Angriff der anderen den Sippengeruch wieder erhält.

8.1.2. Individualisierte Verbände

Bei einem *individualisierten Verband* besteht zwischen den einzelnen Individuen eine persönliche Bekanntschaft. Die Verbandsmitglieder bleiben im typischen Fall längere Zeit zusammen. In der Regel geht mit dieser Verbandsform eine *Rangordnung (Hackordnung, Dominanzhierarchie)* einher. Sie entwickelt sich durch gelegentliche Kämpfe einzelner Mitglieder miteinander (vgl. S. 154). Aufgrund der Kämpfe lernt jedes Gruppenmitglied seine Stellung im Verband und richtet sein Verhalten danach; es genügt dann, daß ranghöhere Tiere rangniedere nur androhen, um diese zum Zurückweichen zu bewegen. Im einfachsten Falle sind die Tiere in linearer Reihenfolge einander untergeordnet, wobei die Spitzenposition vom α-Tier (Alpha-Tier), die Position des ‹Prügelknaben› vom ω-Tier (Omega-Tier) eingenommen wird. Diese lineare Anordnung kann z. B. beim Haushuhn (Gallus gallus domesticus) dadurch komplizierter werden, daß eine Henne A zwar den Hennen B und C übergeordnet sein mag, aber von der B und C untergeordneten Henne D dominiert wird.

Der α-Rang bringt besondere Vergünstigungen, aber auch wichtige ‹Pflichten› mit sich. Vergünstigungen können z. B. in Vorrechten am Futterplatz oder bei der Wahl des Schlafplatzes bestehen. Aufgaben des ranghöchsten Tieres können Schutz der Weibchen und Jungen sein oder das Eingreifen bei Kämpfen zwischen rangniederen Gruppenmitgliedern. Besonders das Verhalten von Primaten wurde in dieser Hinsicht untersucht. Als Beispiel für einen individualisierten Verband sei die soziale Organisation von Pavianen (Papio anubis) dargestellt, wie sie von manchen, aber keineswegs allen untersuchten Populationen in Afrika beschrieben wird. Die Tiere leben in Gruppen von etwa 15 bis 35 Tieren. Zumeist ist nur ein einziges Männchen über alle anderen Gruppenmitglieder dominant. Bei größeren Gruppen kann es jedoch auch vorkommen, daß sich zwei oder drei Männchen zu einer zentralen Hierarchiegruppe verbünden und die übrige Gruppe beherrschen. Die Dominanz eines Männchens zeigt sich im Freiland durch verschiedene Verhaltensweisen. Hochbrünstige erwachsene Weibchen werden fast ausschließlich von ihm begattet; rangniedere und jüngere Männchen dürfen sich nur mit nicht hochbrünstigen oder jüngeren Weibchen paaren. *Beschwichtigungsverhalten* (vgl. S. 154), nämlich das für die Erhaltung des Gruppenverbandes wichtige ‹Präsentieren› durch Zuwenden der Kehrseite, wird von Männchen und Weibchen besonders häufig gegen das ranghöchste Tier ausgeführt. Kämpfen zwei Tiere, kann es gelegentlich vorkommen, daß das unterlegene zum dominanten Männchen flüchtet, vor diesem präsentiert und gleichzeitig gegen den Widersacher droht. In einer solchen Situation ergreift das α-Tier regelmäßig die Partei des zu ihm Geflüchteten. Auch Weibchen mit neugeborenen Jungen suchen die Nähe des dominanten Männchens und halten sich dicht bei diesem auf. Jeder Angriff auf ein solches Weibchen wird von ihm heftig abgewehrt. Wichtige Einblicke in das Sozialverhalten liefern wandernde Trupps. Sie weisen eine bestimmte Marschordnung auf. Die Spitze bilden jüngere, kräftige Männchen, gefolgt von kinderlosen Weibchen und weiteren jüngeren Männchen. Im zentralen Bereich des Trupps finden wir eine Gruppe starker Männchen, die ranghöchsten eingeschlossen, und die Weibchen mit Jungen. Am Ende des Trupps halten sich wieder jüngere Männchen auf. Sobald jedoch irgendeine Störung auftritt, sei es, daß der Trupp von einem Raubtier angegriffen wird oder daß sich ein anderer Paviantrupp in unmittelbarer Nähe befindet, geht das ranghöchste Tier an die Spitze seines Verbands und droht den oder die Fremdlinge an.

Abb. 63: Marschordnung einer Paviangruppe. Die dominanten Männchen begleiten die Weibchen mit den kleineren und größeren Jungen im Zentrum der Gruppe. Andere Männchen und Weibchen gehen vor und hinter der Gruppe. Zwei Weibchen im Oestrus (dunkel gezeichnete Schwellung) werden von je einem Männchen begleitet (nach Hall und DeVore 1965).

Selbst bei nah verwandten Arten brauchen sich die Sozialstrukturen nicht zu gleichen. Der in kargen Hochsteppen Äthiopiens lebende – und in unseren Zoologischen Gärten besonders häufig gehaltene – Mantelpavian (P. hamadryas) bildet sog. Ein-Mann-Gruppen, in denen ein erwachsenes Männchen mit mehreren Weibchen, Jugendlichen und Kindern zusammenlebt. Mehrere Ein-Mann-Gruppen formieren sich zu lockeren Banden, die sich auf den Schlaffelsen allenfalls mit bekannten, nicht aber mit fremden Banden zu großen Herden vereinigen.

8.2. Kommunikationsformen

Das Sozialleben der Tiere erfordert Kommunikationsmöglichkeiten zwischen den einzelnen Individuen. Dazu dienen Verhaltensweisen zusammen mit morphologischen und/oder physiologischen Eigenschaften des Körpers. Für eine Fernkommunikation werden chemischer, akustischer und optischer Sinn verwendet. Viele Arten, die die notwendige sensorische Ausrüstung haben, machen in verschiedenen Situationen von diesen drei Sinnen Gebrauch, deren jeder für die Kommunikation besondere Vorzüge hat. Bei einer Nahkommunikation können noch weitere Sinne eingesetzt werden.

8.2.1. Chemische Kommunikation

Eine chemische Übermittlung von Information kann erfolgen über Harn, Kot und weitere Stoffe, vor allem Sekrete, die in speziellen Drüsen (Augendrüsen, Analdrüsen, Drüsen an den Geschlechtsorganen usw.) gebildet werden. Bei den Drüsensekreten handelt es sich um Stoffe, die in Erweiterung des üblichen Hormonbegriffs als Sozialhormone oder *Pheromone* bezeichnet werden. Diese hormonartigen Stoffe werden im Gegensatz zu den eigentlichen Hormonen nach außen abgegeben und entfalten ihre Wirkung nicht im Erzeuger, sondern beim Empfänger.

Chemische Kommunikation findet sowohl im Nah- als auch im Fernbereich statt. Geruchsrezeptoren sind häufig so empfindlich, daß der Gebrauch von chemischen Signalen auch über große Entfernungen möglich ist. Bewegungen des umgebenden Mediums (Luft, Wasser) bewirken eine Verbreitung von Duftstoffen. Sie können Hindernisse umgehen, eignen sich in unübersichtlichem Gelände und werden durch Lichtverhältnisse nicht beeinflußt; es erscheint deshalb ökologisch sinnvoll, daß sich insbesonders nachtaktive Tiere dieser Kommunikationsform bedienen. Ob ein Tier die Stärke, Häufigkeit oder Art der Duftstoff-Abscheidung kontrollieren bzw. regulieren und dadurch neue Informationen weitergeben kann, steht noch nicht fest. Auf einer festen Unterlage kann ein Duftstoff für einige Zeit erhalten bleiben und selbst dann noch eine Information darstellen, wenn der Urheber sich bereits entfernt hat. Dadurch wird also eine Informationsübertragung in die Zukunft bewirkt.

Olfaktorische Informationsübertragung kann – wie alle Kommunikationsformen – für das soziale Verhalten der Tiere verschiedene Funktionen übernehmen. Bei einigen Schwarmtieren treten Schreck- oder Warnstoffe bei Hautverletzungen aus (Beispiel: Amphibien, Elritzen); Sexuallockstoffe können Männchen anlocken (Beispiel: Seidenspinner-Falter Bombyx mori, vgl. S. 27/28); Duftstoffe können zur Markierung von Revieren dienen (Beispiel: Spitzhörnchen Tupaia glis) sowie zur Kennzeichnung einzelner Individuen (Beispiel: Hunde) oder Gruppen (Beispiel: Ratten).

Die Abgabe chemischer Stoffe hat auch Nachteile: Ein schneller Informationsaustausch zwischen Individuen ist durch sie oft nicht möglich; die Lokalisierung der Duftquelle kann durch widrige Umwelteinflüsse (Wind-, Wasserströmung) erschwert und unsicher sein. Auch locken chemische Stoffe Räuber an; so jagen Muränen mit Hilfe ihres Geruchssinns; Iltisse erkennen ihre Beute olfaktorisch; manche Parasiten finden ihre Wirte geruchlich (Beispiel: Zecken, Wanzen).

8.2.2. Akustische Kommunikation

Laute können aufgrund spezifischer Verhaltensweisen oder als Nebenprodukte bei anderen Aktivitäten eines Tieres entstehen (Beispiel: Schmatzen bei der Nahrungsaufnahme). Erzeugt werden sie z. B. durch Reiben oder Schlagen eines Körperteils gegen einen anderen oder gegen ein Substrat (Beispiel: Heimchen zirpen, indem sie ihre Flügel etwas über die Normalstellung anheben und die rechte über die linke Flügeldecke reiben). Eine andere Form der Lauterzeugung ist die Vokalisation, bei welcher Luftbewegungen in den Atemwegen dünne Membranen in Schwingungen versetzen können (Beispiel: Vögel, Säuger). Durch unterschiedliche Membranspannung, Unterschiede in der darüber bewegten Luftströmung sowie durch Abwandlungen des Resonanzkörpers kann eine Vielzahl von verschiedenen Lauten hervorgerufen wer-

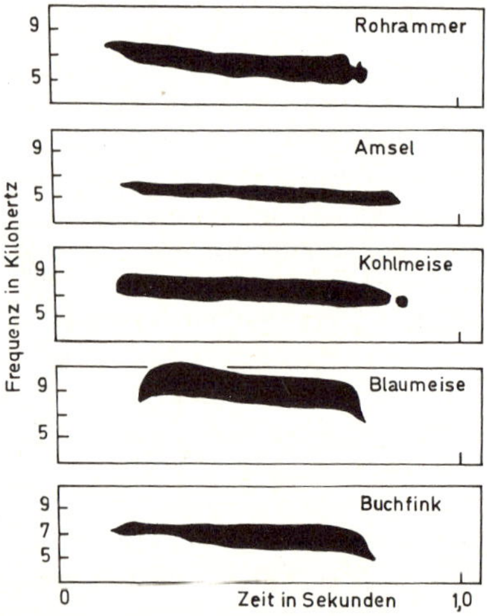

Abb. 64: Sonagramme der schwer lokalisierbaren Warnrufe einiger Singvogelarten (nach Marler und Hamilton 1972).

den. Sie unterscheiden sich in Tonhöhe (Frequenz), Lautstärke (Intensität) und in ihrer Zusammensetzung aus einzelnen Elementen zu Mustern beträchtlich. Dabei entstehen außer arttypischen auch individuelle Merkmale.

Alle akustischen Signale haben den Vorzug, daß sie sich im gesamten Bereich um den Urheber ausbreiten, also auch um Ecken und andere Hindernisse, und daß sie bei Nacht eingesetzt werden können. Im Vergleich zu Duftstoffen ermöglicht ihre Flüchtigkeit einen schnellen Austausch von variablen Informationen. Dies ist vor allem für sehr bewegliche Arten vorteilhaft (Beispiel: Kontaktrufe der im Urwald lebenden Gibbons). Damit ein Empfänger den Sender ausmachen und sein Verhalten auf ihn ausrichten kann, müssen die Laute deutlich lokalisierbar sein (Beispiel: Reviergesang der Singvögel). Dies hat aber auch den Nachteil, daß Freßfeinde durch Lautäußerungen auf Beute aufmerksam werden können. Vermutlich sind deshalb Warnlaute bei Vögeln und Säugern so gestaltet, so daß sie eine Lokalisierung des Urhebers kaum erlauben; bei Vögeln sind es hohe Pfeiflaute mit schmalem Frequenzbereich, die unmerklich beginnen und enden (Abb. 64).

8.2.3. Optische Kommunikation

Optische oder visuelle Kommunikation kann mit Hilfe von Körperhaltungen, Körperbewegungen sowie Bewegungen von Teilstrukturen (z. B. Mimik) erfolgen. Viele Farben und Farbintensitäten ergänzen die Variabilität der Ausdrucksmöglichkeiten (Beispiel: Erröten, Erblassen des Menschen). Die Auffälligkeit eines optischen Signals kann durch kontrastreiche Abhebung vom Hintergrund verstärkt werden.

Visuelle Signale können sehr schnell ‹an- und ausgeschaltet› werden. Sie sind daher von Vorteil, wenn z. B. feine Stimmungsunterscheidungen notwendig sind (Beispiel: mimisches Drohverhalten von Affen) oder wenn der Ausgangspunkt des Signals leicht lokalisierbar sein muß (Beispiel: optische Revierabgrenzung bei einigen Fischarten und Säugern).

Eine Informationsübermittlung mit Hilfe optischer Signale ist besonders deutlich bei in individualisierten Verbänden lebenden Tierarten ausgebildet. Doch ist diese Form der Kommunikation nur begrenzt einsetzbar, bei Nacht und in unübersichtlichen Biotopen ist sie stark beeinträchtigt. Es ist ein Kommunikationssystem vorwiegend für die Nähe.

Wie sich im Laufe der Stammesgeschichte einzelne Körperbewegungen oder bestimmte Farbmuster im Dienste der Kommunikation zu klaren Signalen entwickelt haben, werden wir bei der Beschreibung der Ritualisation (s. S. 179f.) darstellen.

8.2.4. Andere Kommunikationsformen

Außer den genannten drei Sinnesmodalitäten können auch noch weitere bei der sozialen Kommunikation von Bedeutung sein. So spielt speziell bei der Nahkommunikation der Tastsinn eine wichtige Rolle. Beispielsweise betteln Ameisen gegenseitig um Futter, indem sie sich mit den Fühlern betrillern. Viele Raubtiere füttern ihre Jungen, wenn diese wie z. B. beim Schabrackenschakal (Thos mesomelas) ihre Eltern durch Schnauzenstöße an deren Schnauze dazu auffordern. Bei adulten Schabrackenschakalen wird dieses Verhalten als Begrüßungsgeste gedeutet.

Sicherlich hat auch der Geschmackssinn als Kombination taktiler und chemischer Sinnesrezeptoren bei Begegnungen in der Nähe seine Bedeutung. Erwähnt sei z. B. das Lecken der Vulva im Sexualverhalten vieler Säuger.

8.3. Beispiele für Sozialverhalten

8.3.1. Innerartliche Aggression

Unter *Aggression* versteht man alle Verhaltensweisen des Drohens und Kämpfens. Bei der intraspezifischen Aggression findet eine Auseinandersetzung zwischen Individuen derselben Art statt, an der interspezifischen Aggression sind Angehörige verschiedener Arten – Räuber und Beute, konkurrierende Arten – beteiligt. Das innerartliche Kampfverhalten ist häufig deutlich vom zwischenartlichen zu unterscheiden (s. S. 141).

Innerartliche Auseinandersetzungen kommen bei vielen Wirbeltieren und Wirbellosen vor. In der Regel zielen selbst Kämpfe nicht auf die Vernichtung des Gegners ab; es dürfte nur selten vorkommen, daß in freier Natur ein Kämpfer getötet wird. Im einfachsten Falle flüchtet der Schwächere und wird nicht weiter verfolgt. Ist eine Art mit gefährlichen Waffen, wie Hörnern, großen Eckzähnen oder Krallen ausgestattet, so daß bei deren Gebrauch der Artgenosse getötet werden könnte, haben sich oft Hemmechanismen gebildet, die dieses verhindern. Sie werden ausgelöst durch *Demuts-* oder umfassender *Beschwichtigungsgebärden*, die insbesondere bei in Paaren, Familien oder anderen Gruppen lebenden Tieren die Aggression zwischen Gruppenmitgliedern vermindern oder unterdrücken. Beschwichtigungsgebärden haben sich stammesgeschichtlich aus verschiedenen Funktionskreisen entwickelt, etwa der Paarung (Beispiel: Präsentieren bei Pavianen) oder dem kindlichen Verhalten (Beispiel: das Bartmeisenmännchen (Panurus biarmicus) beschwichtigt das Weibchen bei der Balz dadurch, daß es wie ein Jungtier mit den Flügeln schlägt, und verhindert so die Flucht des Weibchens).

Ein anderer Weg, Beschädigungen eines Gegners zu vermeiden, besteht darin, daß von vornherein gefährliche Waffen nicht oder nur in ‹entschärfter› Weise in Kämpfen eingesetzt werden, die nach festen, angeborenen Regeln ausgetragen werden. Sie erhielten deshalb in Anlehnung an die mittelalterlichen Ritterturniere die Bezeichnung *Turnier-* oder *Kommentkampf*. Solche relativ harmlosen Kampfformen dienen dazu, einen Rivalen zu verdrängen oder innerhalb einer Rangordnung den Stärkeren zu ermitteln. Den meisten Kommentkämpfen geht ein intensives *Droh-* oder *Imponierverhalten* voraus, das oft schon zur Vertreibung eines Angreifers genügt. Beim Drohen werden Verhaltensweisen des Kampfes nur angedeutet (andeutende Verhaltensweisen heißen *Intentionsbewegungen*). Ein Kommentkampf bei dem in Afrika beheimateten Buntbarsch Tilapia macrochir verläuft folgendermaßen: Laichbereite, ca. 25 cm große Männchen leben einzeln in Revieren von einigen qm Größe in seichtem Wasser. Revierbesitzer sind dunkelblauschwarz gefärbt. Dringt ein anderes Männchen in das Revier ein, nimmt das revierbesitzende Tier, wie der Eindringling, die silbrig-graue Kampffärbung an. In Imponierhaltung, die unpaaren Flossen gespreizt, schwimmen die Rivalen aufeinander zu und umkreisen sich.

Abb. 65: Kämpfende Männchen des Buntbarsches Tilapia macrochir (Foto: R. Apfelbach)

Dabei führen sie gelegentlich heftige ‹Schwanzschläge› aus, die dem Gegner Druckwellen zutreiben, und rammen dessen Flanke mit geöffnetem Maul. Besonders typisch ist das ‹Maulklatschen›, bei dem die Gegner mit offenen Mäulern aufeinanderstoßen und versuchen, den Rivalen wegzuschieben (Abb. 65). Die Kampfentscheidung erfolgt vermutlich nur durch die Intensität des Drohens und durch die Heftigkeit der Rammstöße. Das unterlegene Tier, zumeist der Eindringling, gibt seine Kampffärbung auf, nimmt eine schmutzig-gelbe Tarnfärbung an und flüchtet. Der Sieger zeigt wieder das dunkle Balzkleid (Apfelbach und Leong 1970).

In seltenen Fällen, wie z. B. bei Löwen und der Affenart Berg-Guereza, richtet sich innerartliche Aggression von Männchen gegen wehrlose Jungtiere und führt zu deren Tod. Das kommt dann vor, wenn Männchen durch Vertreibung des vorherigen Besitzers einen Harem mit mehreren Weibchen und Jungtieren übernehmen. Der Sinn solcher ‹Babymorde› dürfte darin zu sehen sein, daß das Männchen – was es sicherlich nicht weiß – nur auf diese Weise möglichst viel eigene Nachkommen haben kann, also seinen eigenen Genen größtmögliche Verbreitung sichert (vgl. Wickler und Seibt 1977).

Daß innerartliche Aggressionen bei Tieren und beim Menschen vorkommen, ist nicht zu bestreiten. Umstritten ist aber, welche Ursachen sie haben, und die Diskussion wird oft auf die unsinnige Alternative ‹ererbt oder erworben› zugespitzt (vgl. S. 22f., 111). Vermutlich sind bei verschiedenen Arten angeborene und erworbene Anteile am aggressiven Verhalten in unterschiedlichem Maße beteiligt. Noch weniger als bei Tieren ist die Frage zu beantworten, ob es beim Menschen angeborene Aggressionstriebe gibt. «Es ist durchaus möglich, daß der Mensch angeborene Aggressionstriebe spezieller und begrenzter Art besitzt, wie wir sie auch bei anderen Primaten beobachten. Es wäre seltsam, wenn wir im Gegensatz zu allen anderen Säugetieren genetisch nicht zur eigenen Verteidigung und zu der unserer Nachkommen gegen feindliche Angriffe gerüstet wären und wenn wir nicht das Bedürfnis besäßen, in sozialen Wettbewerbssituationen uns selbst zu behaupten.» Jedoch: «Besitzt die Menschheit tatsächlich angeborene aggressive Triebe, dann erklärt dies noch keineswegs das Auftreten moderner Kriege» (Morris 1978, S. 16).

8.3.2. Territorialverhalten

Wie am Beispiel des Kommentkampfes von T. macrochir zu erkennen ist, gibt es eine Beziehung zwischen dem innerartlichen Aggressions- und dem Territorialverhalten. Als *Territorium* oder *Revier* bezeichnet man das Gebiet, das ein Individuum oder eine Gruppe gegen Artgenossen verteidigt. Territoriale Tiere sind jedoch nicht nur in ihren Revieren zu finden, sondern auch außerhalb. Das gesamte, von einem ortstreuen Tier bzw. einer Gruppe besuchte Gebiet wird *Streifgebiet* genannt.

Bei einem territorial lebenden Paar können sich Männchen und Weibchen gleichermaßen an der Revierverteidigung beteiligen (Beispiel:

Silbermöwen). Bei den Arten, bei denen ein Geschlechtsdimorphismus ausgebildet ist, ist die Revierverteidigung in der Regel Sache des Männchens (Beispiel: Buntbarsch Tilapia macrochir). Bewohnt eine ganze Gruppe ein Revier, können sich alle Gruppenmitglieder an der Auseinandersetzung mit anderen Gruppen oder Individuen beteiligen (Beispiel: gemeinsame Nestverteidigung der Ratten gegenüber Gruppenfremden). Es ist jedoch keineswegs so, daß revierbesitzende Tiere dauernd in aggressive Auseinandersetzungen mit Nachbarn verwickelt sind. Vielmehr kennen und respektieren Reviernachbarn die gemeinsame Grenze; Grenzkämpfe beschränken sich dann auf grenzsicherndes Drohverhalten. Grenzsicherungen werden auch durch Markierungsstoffe vorgenommen, die arttypisch auf exponierte Stellen angebracht werden. Marder und Iltisse markieren Gegenstände aus einer unter der Schwanzwurzel liegenden Drüsentasche; Hirsche markieren Sträucher mit einem Sekret, das aus ihren Voraugendrüsen stammt; die zu den Halbaffen zählenden Loris und Galagos harnen in ihre Handflächen und reiben sich damit die Fußsohlen ein – beim Klettern hinterlassen sie dann auf dem Substrat Duftspuren.

Eine Revierabgrenzung kann außer mit chemischen auch mit akustischen oder optischen Mitteln erfolgen. Bekannt ist, daß unsere Singvögel im Frühjahr durch ihren Gesang sowohl Weibchen anlocken als auch ihre Territorien gegenüber anderen männlichen Artgenossen sichern. Weitere Beispiele finden wir bei den Brüllaffen (Alouatta palliata) oder den Gibbons (Hylobates lar). Zur optischen Reviermarkierung gehört das ‹Sich-zur-Schau-Stellen›; solche Tiere sind dann oft auffällig gefärbt. Beispiele sind Buntbarsche wie T. macrochir, Korallenfische der tropischen Meere und unter den Säugern etwa die Gnu-Bullen (Connochaetes taurinus) in afrikanischen Savannen.

Viele Arten benützen zur Revierabgrenzung mehrere Methoden, z.B. das in der Serengeti beobachtete Dikdik (Madoqua kirki), eine Zwergantilope. Deren Reviere sind durch Kotplätze, Präorbitalsekrete (Augendrüsensekrete) und optisch durch auffallende Posen markiert. Der Kot wird immer an den gleichen Stellen an der Reviergrenze abgesetzt, ein Verhalten, das auch den Bantu-Negern in Ostafrika seit altersher bekannt ist. «Das Dikdik lief eines Tages seinen gewohnten Weg. Gerade war der Elefant vorbeigezogen und hatte Losung fallen lassen. Das Dikdik lief gegen einen Ballen, stolperte und überschlug sich. Es war sehr böse und löst sich seitdem immer auf der gleichen Stelle und hofft, eines Tages einen solchen Berg Losung anzuhäufen, daß der Elefant darüber stolpert» (Erzählung aus Hendrichs und Hendrichs 1971, S. 36).

8.3.3. Balzverhalten

Als *Balz* oder Balzverhalten bezeichnet man alle Verhaltensweisen, die von der ersten Begegnung der Geschlechtspartner an auftreten und schließlich zur Abgabe der Geschlechtsprodukte oder zur Begattung führen oder führen könnten. Der Balz geht oftmals ein Appetenzverhalten voraus, das auch räumlich getrennte Partner zusammenbringt. Dem Balzverhalten kommen mehrere biologische Aufgaben zu: Es hilft zu verhindern, daß sich artfremde Individuen verpaaren; es unterdrückt eine eventuell vorhandene Kontaktscheu und gegenseitige Aggression zwischen Männchen und Weibchen; es bewirkt die physiologische Synchronisation der Partner, so daß die Abgabe der Geschlechtsprodukte bzw. die Bereitschaft zur Kopulation bei beiden zum gleichen Zeitpunkt erreicht wird. Darüber hinaus dürften Verhaltensweisen der Balz bei paarbindenden Arten auch der Festigung des Paarzusammenhaltes dienen (wie es für den Menschen diskutiert wird).

Zusammenfinden und Erkennen der Partner: Auf größere Entfernungen oder in unübersichtlichem Gelände können chemische und akustische Reize die Partner zusammenführen. Läufige Hündinnen ziehen durch ihre Ausscheidungen Rüden des gesamten Umkreises an. Singvogelmännchen halten durch ihren Gesang männliche Artgenossen ab und locken Weibchen an. Die vorhergehende Reviergründung kann man auch als Appetenzverhalten vor der Balz ansehen. Erleichtert wird hierbei das Zusammenfinden der Geschlechter dadurch, daß der eine Partner ein festes Revier innehat und dem anderen, suchenden, dadurch seine Paarungsbereitschaft zu erkennen gibt. Entsprechendes gilt auch für Arten, die ihre Paarungsbereitschaft optisch signalisieren. Beim Männchen des Buntbarsches T. macrochir sind die dunkelblauschwarze Körperfärbung und die durch Furchen sternförmig verzierte Laichgrube im Revier Signale für Geschlechtspartner.

Auch von Wirbellosen ist eine derartige Balz mittels Sich-zur-Schau-Stellen bekannt. So locken Männchen der Winkerkrabben ihre Weibchen durch aufeinanderfolgendes Rucken der enorm vergrößerten rechten Schere zu ihren Revieren. Diese Bewegung ist streng artspezifisch. Männchen von Uca pugnax stemmen dabei den Körper möglichst hoch und heben die Schere in drei aufeinanderfolgenden Rucken. Die Schere bewegt sich dabei seitlich und nach oben, wird kurz in der höchsten Stellung gehalten und dann mit einer sanften Abwärtsbewegung gesenkt. Bei jeder Auf-Ab-Bewegung öffnen sich die Scherenfinger. Reagiert ein Weibchen auf dieses Winken, wird das Rucken häufiger ausgeführt.

Unterdrückung der Kontaktscheu und Aggression: Haben sich zwei fortpflanzungsbereite Individuen gefunden, ergibt sich ein weiteres

Problem, denn «Revierverhalten kompliziert . . . den Prozeß von Paarbildung und Paarung, indem es ein Element der Feindseligkeit einführt. Die erste Reaktion eines Männchens mit Revier gegenüber einem weiblichen Besucher ist in der Regel aggressiv, denn der Eindringling besitzt wenigstens einige Merkmale der männlichen Artgenossen» (Bastock 1969, S. 5). Besondere Verhaltensweisen, die *Werbezeremonien*, welche *Beschwichtigungselemente* enthalten, ermöglichen die Kontaktaufnahme. Sie stellen oft hochritualisierte Abfolgen von Verhaltenselementen aus anderen Funktionskreisen dar (vgl. S. 179f.). Seeschwalben-Männchen (Sterna hirundo) überbringen ihren Weibchen bei der Balz einen Fisch. Spechtfinkenmännchen (Cactospiza pallida) locken mit Hilfe kindlicher Bettelbewegungen; die streng solitären Hamster (Cricetus cricetus) balzen Weibchen durch Ausstoßen von Nestlingslauten an. Das Männchen des Diamanttäubchens (Geopelia cuneata) bringt seinem Weibchen Nistmaterial; der Stichlingsmann zeigt laichbereiten Weibchen den Weg zum Nest. Wehrhafte Arten verbergen bei der Balz aggressionsauslösende Signale oder wenden sie, wie die Lachmöwe (Larus ridibundus) ihren Schnabel, ab.

8.3.4. Versorgung der Nachkommen

Wenn der Bestand einer Tierart erhalten bleiben soll, muß immer wieder eine bestimmte Anzahl von Individuen zur Fortpflanzung kommen. Dies ist jedoch nur möglich, wenn Ausfälle durch Räuber, Parasiten oder widrige Umwelteinflüsse gering sind oder aber durch hohe Nachkommenzahlen ausgeglichen werden. Naturgemäß sind junge Entwicklungsstadien immer am gefährdetsten. Brutfürsorge und Brutpflege sind Mittel zum Schutz und zur Versorgung der Nachkommenschaft.

Unter *Brutfürsorge* versteht man alle Verhaltensweisen der Eltern, die für die Entwicklung der Jungen im voraus günstige Bedingungen schaffen; sie ist mit der Unterbringung der Eier abgeschlossen. Brutfürsorge zeigt sich z. B. darin, daß für die Eier Nester oder Kokons angelegt werden oder die Eiablage in die Nähe einer geeigneten Nahrungsquelle für die heranwachsenden Jungen erfolgt. Das Aufsuchen eines richtigen Larvenfutterplatzes verlangt oft beachtliche Instinktleistungen vom Weibchen, zumal, wenn es nicht selbst an der betreffenden Nahrungsquelle lebt oder frißt. Der Kohlweißling z. B. befliegt Blüten zur Nahrungssuche, sucht aber zur Eiablage Kohlpflanzen auf, an denen die Raupen fressen (vgl. S. 89). Die Fürsorge um die Nachkommen geht bei einigen Arten wesentlich weiter: Die Brut wird nicht zum Futter, sondern das Futter zur Brut gebracht. Einige Bienenarten leben solitär. Zur Brutversorgung legen die Weibchen Brutkammern in Erde,

Holz oder Schneckenhäusern an, in die tierische Beute – vielfach durch einen Stich gelähmte, aber nicht getötete Raupen – oder pflanzliches Futter – z. B. Blütenstaub – eingetragen wird. Jeder der so vorbereiteten Brutplätze wird dann mit einem Ei versehen. Nach dem Schlüpfen der Larven finden diese Nahrung vor und können sich im sicheren Versteck weiter entwickeln.

Bei der *Brutpflege* schützen, pflegen und ernähren ein oder beide Elterntiere längerfristig die Eier oder Jungtiere. Einfaches Brutpflegeverhalten beobachten wir bei Schaben wie Blattella germanica, bei denen die Weibchen die befruchteten Eier in einem Eipaket bis kurz vor dem Schlüpfen der Larven mit sich herumtragen. Auch die Sandwespe (s. S. 126) zeigt Verhaltensweisen, die über die Brutfürsorge hinausgehen. Nach der Paarung begibt sich das Weibchen auf die Suche nach einem Nestplatz. Mit den steifen Fußborsten der beiden Vorderbeine gräbt es zuerst einen 2 cm tiefen senkrechten Stollen in den Boden, an den sich horizontal eine ca. 2,5 cm lange Kammer anschließt. Ist die Nestkammer fertig, verschließt es den Eingang mit einem passenden Erdklümpchen und macht sich auf die Suche nach einer Raupe. Sie wird mit einem Stich in das Bauchmark gelähmt und in das Nest gebracht. Nun legt das Weibchen ein Ei dazu. In der nächsten Zeit besucht das Weibchen das Nest und versorgt die geschlüpfte Larve mit weiteren Raupen; zuerst mit kleinen, später mit größeren. Erst wenn die Larve sich verpuppt hat, verschließt das Weibchen den Nestplatz endgültig. – Staatenbildende Insekten zeigen noch weitergehendes Brutpflegeverhalten. Man vergleiche dazu die Bücher von v. Frisch (1977) und Lindauer (1975), die plastische Einblicke in das Leben im Bienenstaat geben. Über das Sozialleben der Ameisen berichtet Dumpert (1978).

Manche Autoren sprechen nur dann von Brutpflegeverhalten, wenn zwischen Eltern und Jungen eine familienartige Struktur besteht. Dies ist bei einigen Wirbellosen, vielen Fischen, den meisten Vögeln und allen Säugern der Fall. Man unterscheidet drei Familientypen: Mutterfamilie, Vaterfamilie, Elternfamilie. Solche Familienverbände bestehen oft aber nur auf Zeit, denn in der Regel trennen sich die Nachkommen unmittelbar vor oder mit Eintritt der Geschlechtsreife von den Eltern.

In der *Mutterfamilie* übernimmt das Weibchen die Pflege der Jungen. Bei den meisten maulbrütenden Buntbarschen Afrikas trägt das Weibchen nach der Laichablage die Eier in seinem Maul, bis sich die Brut zu schwimmfähigen Jungfischen entwickelt hat. Dann läßt es sie frei schwimmen. Bei den typischen Maulbrütern ist die Brutpflege damit noch nicht beendet, denn das Weibchen nimmt die Jungen bei Gefahr und nachts wieder ins Maul zurück (Abb. 66). Besondere Kontrastfärbungen am Kopf des Muttertieres und eine entsprechende

Abb. 66: Maulbrutpflegendes Weibchen des Buntbarsches Tilapia nilotica (Foto: R. Apfelbach)

Schwimmhaltung erlauben den Jungtieren, das Maul der Mutter schnell zu finden. Darüberhinaus haben die Jungfische die Tendenz, mit dem Mutterfisch häufig Kontakt aufzunehmen. Beim Älterwerden der Jungen schwindet diese Kontaktbereitschaft; auch nimmt das Weibchen die jungen Fische nicht mehr so bereitwillig in sein Maul zurück. – Mutterfamilien kommen bei vielen Säugern vor, z. B. bei Eichhörnchen, Hamster, Maulwurf, Reh, Katze. Bei Vögeln sind sie selten anzutreffen, so z. B. bei Kolibris.

Vaterfamilien gibt es z. B. beim Stichling und beim Seepferdchen sowie bei einigen Vögeln, etwa dem Odinshühnchen (Phalaropus lobatus). Bei diesem balzt, umgekehrt als üblich, das etwas größere und farbenprächtigere Weibchen um das Männchen. Dieses baut an dem vom Weibchen ausgesuchten Platz allein das Bodennest, bebrütet die Eier und führt die Jungen.

Elternfamilien sind unter den Vögeln weit verbreitet. Im einfachsten Fall brütet nur das Weibchen die Eier aus, nach dem Schlüpfen kümmern sich aber beide Eltern um die Jungen. (Beispiel: Graugans, Zaunkönig). Bei vielen Arten sind jedoch beide Geschlechter in gleicher Weise an der Brutpflege beteiligt (Beispiel: Feldsperling, Ringeltaube). Bei den Singvögeln wird das Verhalten zwischen den Eltern und den Kindern durch einfache Schlüsselreize reguliert. Die Alten kennen ihre Jungen nicht individuell; da im Normalfall keine fremden Jungen im Territorium anzutreffen sind, erübrigt sich das individuelle Band. Einfache Verhaltensweisen des Futterbettelns, das (Auf-)Sperren des Schnabels, sowie die Rachenzeichnungen der Jungvögel lösen das Füttern durch die Eltern aus. Diese Schlüsselreize weisen auch Jungen der Brutparasiten auf, so daß auch sie von den Wirtstieren gefüttert werden.

Auch bei den Säugetieren finden wir den Typ der Elternfamilie, z. B. bei Füchsen, wo sich der Rüde zwar nicht allzu sehr mit den Jungen abgibt, aber doch gelegentlich Beute herbeiträgt, oder bei Mantelpavianen. Gibbons leben in Einehe; jeweils ein Männchen und ein Weibchen bewohnen gemeinsam ein Revier und ziehen die Jungtiere auf, die sich als Erwachsene eigene Reviere suchen müssen.

Die Bedeutung des Aufwachsens im normalen Familienverband für die artgemäße Entwicklung von Verhaltensweisen wurde bei der Besprechung der sexuellen Prägung (S. 96ff.) an Beispielen von Fehlprägungen bei verschiedenen Vogel- und Säugerarten belegt. Daß Erfahrungsentzug die normale Verhaltensentwicklung mehr oder weniger stark stören kann, ist bei allen Kaspar-Hauser-Versuchen zu berücksichtigen (S. 24). Rhesusaffen, die man von Geburt an mehrere Monate lang isoliert aufzog, also ohne Möglichkeit, Erfahrungen im Sozialverband zu sammeln, zeigten später unnormales Verhalten: Weibchen konnten beispielsweise nur von sehr erfahrenen Rhesusaffen-Männchen zur Kopulation bewegt werden; ihren eigenen Kindern gegenüber waren sie gleichgültig oder sogar aggressiv. Nach Meinung vieler Forscher dürften auch beim Menschen für eine normale Entwicklung das Heranwachsen des Kindes im Familienverband oder einer entsprechenden Gruppe und die Möglichkeit, eine Bindung an eine Bezugsperson einzugehen, unerläßlich sein.

9. Genetik und Stammesgeschichte des Verhaltens

Alle heute lebenden Organismen sind die derzeitigen Endstadien einer viele Millionen Jahre dauernden Entwicklung. Mit ziemlicher Sicherheit sind sie sämtlich miteinander verwandt und enthalten mehr oder weniger große Anteile gemeinsamen Erbgutes. Das ist eine Hauptaussage der *Evolutionstheorie,* die auch allgemeine Aussagen über die Ursachen des erdgeschichtlichen Wandels der Lebewesen macht. Als wichtigste Faktoren sind Mutation, Rekombination, Selektion, Isolation und Gendrift erkannt worden. Maßgeblichen Anteil an der Aussagekraft der Evolutionstheorie haben die klassische und die molekulare Genetik. Sie deckten die Ursachen dafür auf, warum und wie Merkmale über viele Generationen konstant vererbt oder aber plötzlich abgewandelt werden. Man nimmt an, daß die für die Gegenwart gefundenen Gesetzmäßigkeiten auch in der Erdvergangenheit Gültigkeit hatten, so daß die Genetik auch Aussagen über die Stammesgeschichte zu liefern vermag.

Die Untersuchung erblicher Verhaltensanteile macht ein Gutteil der Arbeit der Verhaltensforschung aus. Sie trägt dadurch ebenfalls zunehmend zu den Aussagen der Evolutionstheorie bei. Bei der Behandlung der entsprechenden Fragen stützt sie sich auch auf die schon von anderen Disziplinen ausgearbeiteten Methoden. Wir wollen hierbei gewonnene Ergebnisse in Grundzügen darstellen.

9.1. Verhaltensgenetik

Ererbte Verhaltensweisen, wie unbedingte Reflexe oder Erbkoordinationen, und angeborenes Erkennen von Auslösern lassen sich in günstigen Fällen durch Kaspar-Hauser-Versuche feststellen. Weder bei solchen Verhaltensweisen noch bei Organen ist indes der ontogenetische Entwicklungsweg von der in den Chromosomen enthaltenen Erbsubstanz bis zum ‹Endprodukt› bekannt. Wäre das der Fall, so würden damit alle Spekulationen ein Ende haben, wie groß der Anteil der Umwelt und wie groß der des Erbgutes an der Ausprägung von Verhaltensweisen ‹wirklich› ist. Wir erinnern daran, daß das Erbgut nur die Reaktionsnorm, also die Modifikabilitätsbreite angibt, innerhalb welcher eine bestimmte Merkmalsgestalt durch die im Verlaufe der Individualentwicklung tatsächlich einwirkenden Außenbedingungen realisiert wird. Außenfaktoren und Erbgut wirken zusammen und können nur zusammen das fertige Merkmal hervorbringen.

Will man Verhalten unter dem Blickwinkel der Genetik betrachten, muß mit ihren Methoden für möglichst viele Verhaltensweisen nachgewiesen werden, daß diese den bekannten genetischen Gesetzen gehorchen. Die Schwierigkeiten liegen hier darin – ähnlich wie bei der Aufstellung von Ethogrammen –, Verhaltenseinheiten zu finden, die klar genug abgrenzbar sind, so daß man sie mit einiger Aussicht auf Erfolg einer genetischen Analyse unterwerfen kann. Sie dürfen dazu weder zu ‹groß›, d. h. zu merkmalsreich, noch zu ‹klein› sein. Auch in der klassischen Genetik fragt man weder danach, wie der Erbgang für die Ausbildung des Blutgefäßsystems bei einem Wirbeltier, noch, wie der für eine bestimmte Gefäßzelle ist, sondern man nimmt gut feststellbare ‹mittlere› Größen wie etwa die Blutgruppen. Welches solche ‹mittleren› Größen für die genetische Analyse von Verhaltensweisen sind, darüber ist eine allgemeine Aussage noch nicht möglich. Manchmal sind es Erbkoordinationen, deren Erbgang mehr oder weniger sicher aufgezeigt werden konnte. In der Regel dürfte aber an Verhaltensweisen wie Instinktbewegungen oder -handlungen eine ganze Reihe von Genen beteiligt sein. Die Mutation eines Gens braucht dann nur eine verhältnismäßig geringe Abweichung vom ‹Normal›verhalten zu bewirken, das ganze System ist also relativ gut ‹abgepuffert›. Das erschwert natürlich die Untersuchung.

9.1.1. Untersuchungen über Erbgänge von Verhaltensweisen

Gibt es überhaupt Belege dafür, daß ein einzelnes Gen an der Ausprägung von Verhalten beteiligt ist? Ein Beispiel liefert die Phenylketonurie des Menschen. Durch ‹Defekt› eines Gens – ein rezessives Allel – wird ein Stoffwechselprozeß in den homozygoten Zellen so gestört, daß sich die für den Körper schädliche Phenylbrenztraubensäure bildet und anreichert. Sie wirkt auf das sich entwickelnde Gehirn, was bei nicht behandelten Kindern zu Schwachsinn und damit zu Verhaltensänderungen führt. – Bei Mäusen gibt es die sog. Tanzmäuse, Tiere, die sich in Kreisen oder taumelnd fortbewegen. Man kennt über 30 verschiedene derartige Erscheinungsformen, die auf Mutationen jeweils eines zugehörigen Gens beruhen. Die anatomische Untersuchung ergab Defekte im Gehirn oder im inneren Ohr, das für die Erhaltung des Gleichgewichts verantwortlich ist. Hieran wird deutlich, daß ein Gen verschiedene – anatomische und verhaltensseitige – Merkmale beeinflussen kann (pleiotrope Gene). Im Grunde aber ist es klar, daß bei unvollständiger Ausbildung des Gleichgewichtsorgans auch die davon abhängigen Leistungen gestört sein müssen, so daß man die Wirkung eines Gens hier eigentlich ‹zu Unrecht› doppelt zählt. – Etwas Ähnliches liegt vor bei der in einem bestimmten Allelenpaar homozygoten Mutante ‹vestigial› der Taufliege Drosophila. Sie hat nur Stummelflügel und verfügt damit natürlich nicht über diejenigen Verhaltensweisen, die an die Ausbildung normaler Flügel gebunden sind. – Die relativ häufige Mutante ‹yellow› von Drosophila melanogaster, bei der ebenfalls nur ein Gen abgewandelt ist, hat einen gelblich-braunen anstatt des normalerweise grau-schwarzen Körpers. Die Männchen sind bei ihrer Balz um Weibchen weniger erfolgreich als Normalmännchen, denn sie führen eine bestimmte Balzbewegung, ein vibrierendes Flügelschlagen vor dem Weibchen (Abb. 67), in größeren Abständen aus als jene und stimulieren deshalb die Weibchen weniger. Im letzten Falle ist die Ursache des abweichenden Verhaltens nicht, wie in den ersten drei Beispielen, in deutlichen morphologischen oder physiologischen Abweichungen zu sehen. Alle diese Beispiele belegen, daß Änderungen nur eines Gens zu Verhaltensänderungen führen können, und damit auch, daß bestimmte Verhaltensweisen maßgeblich von bestimmten Genen abhängig sein können.

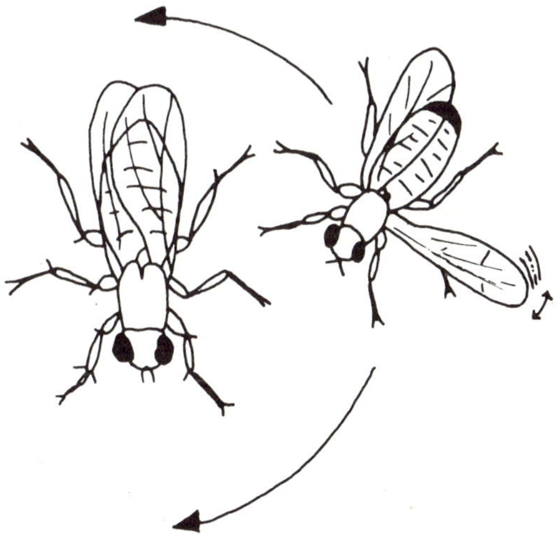

Abb. 67: Flügelvibrationen eines Drosophila-Männchens bei der Balz vor einem Weibchen (nach Bastock 1969)

Die Erbgänge hierbei lassen sich leicht aus den bekannten Gesetzmäßigkeiten der Genetik herleiten – daß es sich um jeweils ein Gen handelt, ist ja teilweise gerade auf diese Weise erschlossen worden. Aber es handelt sich um ‹untypische› Verhaltensweisen, und man möchte wissen, ob auch ‹normale› Verhaltensweisen einfache und durchschaubare Erbgänge haben. Solche Erbgänge wurden beispielsweise an Kreuzungen von Männchen der einheimischen Feldgrille Gryllus campestris mit Weibchen der südlichen Gryllus bimaculatus untersucht. Die Bastarde sind fruchtbar. Nach der Begegnung der Geschlechter erfolgt ein besonderer Werbegesang des Männchens. Zu Beginn richtet das Männchen von G. bimaculatus in einer Intentionsbewegung die Vorderflügel mehrmals (im Durchschnitt 4,6 mal) nacheinander lauthaft aus der Ruhelage in die Stridulationsstellung auf. Das Männchen von G. campestris dagegen hebt die Flügeldecken nur einmal stumm an und beginnt gleich mit dem Werbegesang. Fast alle Bastarde (1. Tochtergeneration F_1) unterscheiden sich von beiden Eltern durch nur einmaliges lauthaftes Anheben der Flügeldecken (Durchschnitt 1,4 mal) als Auftakt zum Werbegesang. Das läßt intermediären Erbgang vermuten. In der aus der F_1 gezogenen F_2 traten die beiden Elterntypen sowie der F_1-Typ wieder auf. Bei Rückkreuzung der F_1 mit G. campestris bzw. G. bimaculatus erhielt man den Campestris- bzw. Bimaculatus-Typ und den F_1-Typ jeweils etwa im Verhältnis 1:1. Daraus schließt man, daß G. bimaculatus für die Anstreichlaute homozygot AA ist, G. campestris dagegen aa, die intermediären F_1-Bastarde Aa. Allerdings wurde die F_2 in den drei Typen nicht weitergekreuzt, was zum Beweis nötig gewesen wäre, daß die dort aufgetretenen Campestris- und Bimaculatus-Typen wirklich den Großeltern entsprachen. Auch für andere Verhaltensmerkmale bei diesen Grillenkreuzungen wird monofaktorieller Erbgang angegeben.

Daß es sich bei dem besprochenen Erbgang um eine Artkreuzung handelt, bei der die Bastarde fruchtbar sind, ist ein Glücksfall. Mit Artkreuzungen arbeitet man, da Rassen einer Art mit einander entsprechenden, gut unterscheidbaren und nicht untypischen Merkmalen bisher nicht häufig gefunden und analysiert werden konnten. Eine Ausnahme bildet eine Untersuchung an der Honigbiene.

Bei der Suche nach Gründen dafür, daß in den USA manche Bienenstöcke stark unter einer bestimmten Bakterienseuche zu leiden haben, andere nicht, fand man, daß bei den letzteren die Arbeitsbienen die Zellen mit an der Seuche gestorbenen Larven oder Puppen öffnen und die toten Tiere aus dem Stock wegschaffen (‹hygienische› Bienen). Deshalb kann sich die Seuche von den toten Larven aus nicht weiter ausbreiten. Die ‹unhygienischen› Bienen lassen dagegen die toten Individuen in den

Zellen, so daß sie nach kürzerer oder längerer Zeit eine schwere Infektionsquelle für den Stock bilden. Kreuzungen zwischen beiden Formen lieferten nur unhygienische Tiere. Man vermutete daher, daß die hygienischen Bienen rezessiv für ihr Merkmal sind, und kreuzte zur Nachprüfung von F_1-Königinnen stammende Drohnen mit Bienenköniginnen aus hygienischen Kolonien. Das entspricht einer Rückkreuzung der F_1 mit dem (hier erst vermuteten) rezessiven Elter; denn die Drohnen entstehen aus haploiden Eiern der Königin, und die von ihnen produzierten Spermien gleichen im Chromosomensatz dem des Eies, aus dem sie sich entwickeln. Wenn das Merkmal ‹hygienisch› auf einem Genpaar beruht, sollte man erwarten, daß etwa die Hälfte der Rückkreuzungen hygienisch, die andere Hälfte unhygienisch sein würde. Von den 29 Rückkreuzungen erwiesen sich aber nur 6 Stöcke als hygienisch, die übrigen 23 als unhygienisch. Aber 9 davon entfernten die Deckel von Zellen, in denen tote Larven oder Puppen waren, ließen diese jedoch in den Zellen. Die übrigen 14 entfernten die Deckel nicht. Als man das bei ihnen aber künstlich machte, schafften 6 weitere mehr als 50 % der toten Brut aus den entdeckelten Zellen fort, die anderen 8 nicht oder jedenfalls weniger als 50 %. Es entstanden also 4 Typen im Verhältnis 6 : 9 : 6 : 8 oder ungefähr 1 : 1 : 1 : 1 (Abb. 68). Hygienisches Verhalten beruht, so kann man hieraus schließen, auf zwei rezessiven Genen, einem für Entdeckeln (e) von Zellen mit toter Brut und einem für Wegschaffen (w) toter Tiere. Die Elterngeneration hat die Gene EEWW (unhygienisch) oder eeww (hygienisch), die F_1 ist heterozygot EeWw (unhygienisch), die Rückkreuzung mit dem rezessiven Elter spaltet auf. Eine gewisse Unsicherheit entsteht allerdings dadurch, daß auch in der vierten Gruppe z. T. bis 47 % toter Tiere entfernt wurden. Ferner sollten bei Rückkreuzungen der F_1 (EeWw) mit dem dominanten Elter (EEWW) nur unhygienische Bienen auftreten, aber man fand unter 8 Stöcken einen hygienischen. Inwieweit das auf Mutation, auf nicht reinem Ausgangsmaterial, auf Umwelt- oder anderen Faktoren beruht, ist ungeklärt.

Unser letztes Beispiel befaßt sich noch einmal mit einer Artkreuzung. Die Paare der ‹Unzertrennlichen› unter den Papageien, z. B. das Rosenköpfchen Agapornis roseicollis und Fischers Schwarzköpfchen A. personata fischeri, bleiben lebenslang zusammen. Die Vögel bauen Nester in Höhlen; als Nistmaterial kann man gekäfigten Tieren Papierbögen geben, von denen sie mit dem Schnabel Streifen abschneiden. Das Schwarzköpfchen trägt sie einzeln im Schnabel zur Nisthöhle. Das Rosenköpfchen dagegen stellt die Rückenfedern auf, verhakt mehrere Streifen Nistmaterial darin und trägt sie in den allermeisten Fällen auf diese höchst ungewöhnliche Weise ein. Man kann männliche Rosen-

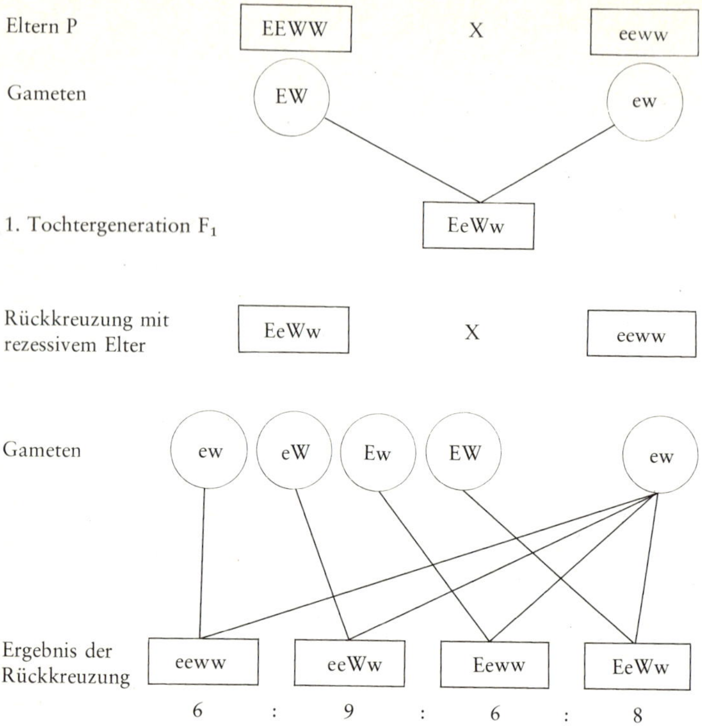

Abb. 68: Schema des Erbganges des Merkmals ‹hygienisch› bei Honigbienen. e = Entdeckeln, w = Wegschaffen (nach Rothenbuhler 1964)

köpfchen mit weiblichen Schwarzköpfchen verpaaren. Die Bastarde zeigen nun ein völlig konfuses Verhalten. Sie bemühen sich mit großem Eifer, die Nestmaterialstreifen im Gefieder zu befestigen, was ihnen jedoch nie gelingt. Schließlich tragen sie sie im Schnabel ein. Aber es dauert drei Jahre, bis sie ihre Anstrengungen aufgeben, das Material ins Gefieder zu stecken. Leider sind die Bastarde unfruchtbar, so daß man über den Erbgang wenig aussagen kann. Aber es wird deutlich, daß eine Verhaltensweise, die offenbar eine stark erbliche Komponente aufweist, auch einmal durch einen langen Lernprozeß unterdrückt werden kann.

9.1.2. Selektionsverfahren

Es gibt viele Verhaltensweisen, die so komplex sind, daß genetische Analysen der eben beschriebenen Art erfolglos erscheinen. Wenn man trotzdem etwas über die Beteiligung des Erbgutes an ihrem Zustandekommen erfahren will, helfen oftmals künstliche Auslesevorgänge weiter. Auf diese Weise dürften aus einer einzigen Ausgangsform die vielen heutigen Hunderassen gezüchtet worden sein, die sich nicht nur in ihrer Morphologie, sondern auch in ihrem Verhalten unterscheiden: ein Terrier wird als furchtlos angesehen, ein Cocker-Spaniel ‹kuscht› besonders bereitwillig, manche Rassen sind zum Hüten von Schafen besser geeignet als andere. – Im Experiment hat man Linien von Drosophila melanogaster ausgelesen, bei denen $2\frac{1}{2}$ Minuten nach dem Zusammensetzen bereits 80 % der Paare kopulierten gegenüber 30 % bei der Ausgangspopulation und noch überhaupt keinem Paar bei einer ‹langsamen› Linie. – Ratten-Inzuchten aus gleichem Ausgangsmaterial lieferten bei geeigneter Auslese Tiere, die mit wenigen Fehlern, andere, die mit vielen durch ein Labyrinth liefen. Allerdings bedeutet das nicht, daß die einen ‹intelligent›, die anderen ‹dumm› waren; bei anderen Testaufgaben schnitten beide Linien gleich gut ab. – In einem anderen Experiment züchtet man ‹ängstliche› und ‹furchtlose› Ratten; die ängstlichen defäkierten und urinierten in einer unbekannten Arena häufig und liefen nicht umher, sondern duckten sich am Platz, die mutigen koteten nicht und erkundeten das fremde Terrain. – Oft scheinen es unterschiedliche Reaktionsschwellen zu sein, die man herauszüchtet. Wenn durch Selektion eine Reizschwelle hoch genug angehoben worden ist, kann das den Anschein erwecken, als ob die Verhaltensweise weggezüchtet worden ist. Die Ausleseexperimente zeigen auf, daß Verhaltensweisen genetische Grundlagen haben, teils auch die Weite ihrer Reaktionsnorm; sie können aber nur aus dem vorliegenden genetischen ‹Angebot› auslesen, dieses aber nicht vermehren.

9.1.3 Versuche zur Aufhellung der Genwirkungen

Der biochemische und entwicklungsphysiologische Weg vom Genom zum Verhalten ist noch für keine Verhaltensweise vollständig aufgedeckt. Das Gen ‹yellow› ist zwar am ungenügenden Balzverhalten von Drosophila verantwortlich, aber wie es seine Wirkung ausübt, weiß man nicht. Doch wird die Analyse von Genwirkungen mit teilweise ingeniösen Methoden vorangetrieben.

Einen ersten wichtigen, wenn auch noch recht groben Hinweis kann man durch sorgfältige Beobachtung in der Natur auftretender Anomalien gewinnen. Viele Insekten zeigen die Eigentümlichkeit, daß aufgrund irregulärer Entwicklungsabläufe sog. *Gynandromorphe* entstehen können, Tiere, bei denen im Körper genetisch männliche und weibliche Zellen gemischt auftreten (Abb. 69). Vielfach liegt eine klare Trennung vor, etwa, daß die linke Seite männlich, die rechte weiblich ist, oder der Kopf ist männlich, der übrige Körper weiblich oder umgekehrt. In der parasitischen Schlupfwespengattung Habrobracon stechen die Weibchen Raupen an, um die Körpersäfte zu saugen und Eier in sie abzulegen. Werden Männchen mit Weibchen zusammengebracht, so laufen sie ‹aufgeregt› und flügelschlagend umher, während die Weibchen passiv bleiben. Auch Tiere mit männlichem Kopf und weiblichem Körper verhalten sich so und sind Raupen gegenüber

Abb. 69: Gynandrisches Muster bei einer zerlegten Fruchtfliege. Weiß sind die genetisch männlichen Teile dargestellt (nach Kaplan 1972).

gleichgültig, Tiere mit weiblichem Kopf und männlichem Körper dagegen sind an Weibchen desinteressiert, versuchen aber, Raupen anzustechen, obwohl sie keinen Stechapparat haben. Offensichtlich ist hier nur das Geschlecht des Kopfes für das Sexualverhalten maßgeblich (vgl. S. 80 f.).

Gynander lassen sich auch künstlich erzeugen. Weibliche Tiere der Fruchtfliege haben in den diploiden Körperzellen zwei gleiche Geschlechtschromosomen (xx). Die Männchen haben normalerweise die Geschlechtschromosomen x und y, aber offenbar ist das y-Chromosom für die Körperzellen bedeutungslos, denn auch xo-Tiere, also solche mit nur einem Geschlechtschromosom (x), sind männlich. Es gibt nun eine Mutante, bei der ein x-Chromosom ringförmig geschlossen ist. Eier mit einem normalen und einem ringförmigen x-Chromosom sind ‹eigentlich› weiblich. Bei den Furchungsteilungen kann das ringförmige x-Chromosom aber gelegentlich und unvorhersehbar verloren gehen, und es resultieren Gynander mit xx- und xo-Zellen. Man kann nun in das normale x-Chromosom durch Crossing-Over ein bestimmtes rezessives Gen, das einen interessiert, einbringen (d. h. also entsprechende Formen auslesen). Es taucht dann in xo-Körperpartien auf. Um solche Partien besser ausfindig zu machen, sucht man sich für die Experimente Tiere aus, bei denen das normale x-Chromosom zusätzlich rezessive Gene z. B. für abweichende Körper- oder Augenfarbe oder Borstenstruktur hat. An den leicht erkennbaren xo-Partien solcher Mosaik-Tiere versucht man dann, die verhaltensbeeinflussende Wirkung des eingebrachten Gens festzustellen.

Entsprechende Untersuchungen stecken noch in den Anfangsstadien. Beispielsweise arbeitet man mit Mutanten, bei denen die Fliegen unter durchaus künstlichen Bedingungen, nämlich einer Betäubung durch einen bestimmten Ätherzusatz zur Luft in den Zuchtgefäßen, in definierter Weise mit einem Bein zittern. Das Beinzittern der Gynander wird nicht vom Geschlecht des Kopfes oder des Hinterleibes beeinflußt, auch die Zusammensetzung der Körperflüssigkeit ist bei den Zitterern offenbar nicht anders als bei normalen Tieren. Die Beinbewegungen der rechten und linken Körperseite werden unabhängig voneinander gesteuert, d. h. wenn nur die rechte Seite des Thorax männlich ist, zittern nur dort die Beine. Elektrophysiologische Ableitungen vom Thorakalganglion stimmen mit der Zitterfrequenz der innervierten Beine überein. Man muß aus diesen und weiteren Befunden schließen, daß die genetische Struktur der zugehörigen Ganglienzellen letzten Endes für das Verhalten zuständig ist. Möglicherweise wird von ihr der Aufbau der Zellmembranen der Nervenzellen so beeinflußt, daß sie leichter erregt werden; aber es sind auch andere Ursachen denkbar.

9.2. Stammesgeschichte und Verhalten

Evolution ist die erdgeschichtliche Entwicklung der Lebewesen von niedrig organisierten Formen zu höheren. Die Evolutionstheorie macht allgemeine Aussagen über diese Entwicklung und die dabei erkennbaren Gesetzmäßigkeiten. *Phylogenese* ist die stammesgeschichtliche Entwicklung einzelner systematischer Gruppen, wie der Art Homo sapiens oder der Ordnung Primates, aber auch die einzelner Merkmale, wie des Schnabels der Amsel oder des Radschlagens beim Pfau. Die Begriffe Evolution und Phylogenese werden häufig nicht scharf getrennt.

Die Belege, die die Evolutionstheorie dafür vorbringt, daß eine Evolution der Organismen stattgefunden hat, stammen vor allem 1. aus der Paläontologie, 2. aus der vergleichenden Entwicklungsgeschichte (Ontogeneseforschung) und 3. aus Disziplinen, die vergleichend gegenwärtige Zustände untersuchen (vergleichende Morphologie, Anatomie, Physiologie, Biochemie). Alle drei Arbeitsrichtungen tragen auch zur Aufhellung der Evolution von Verhaltensweisen bei.

9.2.1. Fossilien als Verhaltenszeugnisse

Die Paläontologie hat ein umfangreiches und oft detailliertes Fossilmaterial zusammengetragen. Sicherlich ist es für unser Bild von der erdgeschichtlichen Tierwelt ein Nachteil, daß zumeist nicht die ganzen Tiere, sondern nur ihre Hartsubstanzen fossilisiert vorliegen. Genaues anatomisches Studium jetzt lebender Wirbeltiere ermöglicht es aber, auch die Proportionen von Muskeln und sonstigen Weichteilen fossiler Formen wenigstens ungefähr aufzuhellen und danach Lebensbilder zu entwerfen, die der Wirklichkeit relativ nahe kommen dürften. Dadurch kann man auch über Verhaltensweisen zumindest in groben Zügen einiges aussagen, etwa über Kampfesweise von Raubsauriern, den Segelflug von Flugsauriern oder Flossenbewegungen mancher Fische. Aber Aussagen über die Form von angeborenen Verhaltensweisen, über AAMs und Lernvermögen lassen sich natürlich nicht machen.

Einiges kann man fossilen Tierspuren entnehmen, unter Berücksichtigung der Kenntnisse, die man über die Spuren heute lebender Tiere hat. Sedimentfresser z. B. ernähren sich dadurch, daß sie den nährstoffreichen Bodenschlamm von Gewässern fressen. Man kennt nun eine Reihe von Fossilspuren, die man einer – als Tier unbekannten – Gattung Dictyodora zuschreibt (Abb. 70), und die vom Kambrium vor 600 Mill. Jahren an während ca. 300 Mill. Jahren eine zunehmende Verhaltensevolution aufweisen. Die frühesten Spuren zeigen, daß die Tiere sich von der Schlammoberfläche einige Millimeter ins Substrat hinuntergruben und dann darin parallel zur Oberfläche in losen Mäandern fraßen; mit den Exkrementen wurde der Fraßgang hinter dem Tier vollgefüllt. Zur Oberfläche streckten die Tiere offensichtlich ein schnorchelähnliches Atemwasserrohr hoch, das beim Durcharbeiten einen schmalen Schlitz durch den Schlamm zog. Wahrscheinlich unter dem Konkurrenzdruck anderer Sedimentfresser wichen die Tiere zuneh-

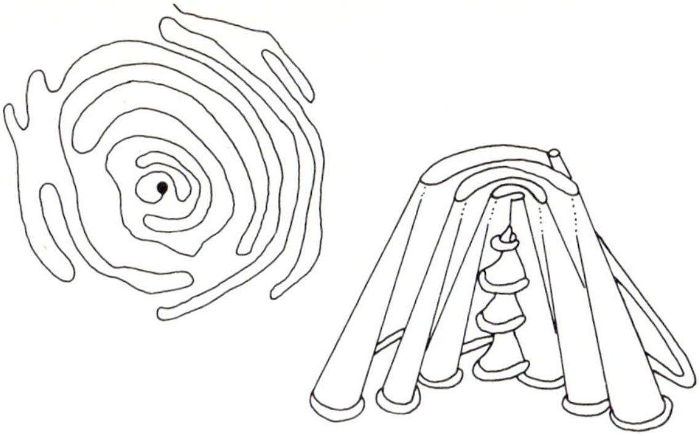

Abb. 70: Kriechspuren eines Angehörigen der fossilen Gattung Dictyodora im Sediment (links) und Rekonstruktion der Kriechgänge (rechts) (nach Seilacher 1967)

mend in tiefere Sedimentschichten aus. Sie fraßen sich jetzt in einer korkenzieherartigen Spirale hinunter, an die sich lose Mäander anschlossen. Noch später wurden die Mäander relativ geordnet eng um die Abstiegsspirale angelegt, und schließlich wurde nur noch die Abstiegsspirale ausgebildet. Auch bei anderen Sedimentfressern – vermutlich ‹Würmern›, Schnecken und Dreilappkrebsen, also nicht näher miteinander verwandten Gruppen – konnte man eine Verhaltensevolution in dem Sinne feststellen, daß zunächst wenig effektive, ungeordnete Fraßgänge zunehmend geordneter, mäandrierend wurden, wodurch das Substrat besser ausgenutzt wurde. Man glaubt sogar, eine Gruppe von Sedimentfressern gefunden zu haben, bei denen die Jungtiere von Arten der erdgeschichtlich jüngeren Formationen die das Substrat weniger ausnutzende Grabweise der älteren Vorfahren aufwiesen, während die erwachsenen Tiere zu einer anderen, effektiveren Methode übergingen. Man kann das als Beispiel für das ‹biogenetische Grundgesetz› ansehen.

9.2.2. Verhaltensontogenese – Ausdruck der Verhaltensphylogenese?

Nach Haeckels Formulierung des ‹*biogenetischen Grundgesetzes*› ist die Ontogenese eines Tieres ein «Auszug» aus seiner Phylogenese; in der Ontogenese auftretende Stadien sollten erwachsenen Stadien der Vorfahrenreihe entsprechen. Das ist in dieser Form sicherlich nur höchst beschränkt richtig. Da man keine Regeln hat, um a priori zu entscheiden, welchen ontogenetischen Strukturen phylogenetische entsprechen, hat man auch keine Möglichkeit, aus der speziellen Ontogenese einer Tierart auf den speziellen Ablauf ihres Phylogenese zu schließen. Das gilt auch für Verhaltensstrukturen. Man kann aber natürlich versuchen, unabhängig voneinander die Phylogenese und die Ontogenese bestimmter Verhaltensmerkmale aufzudecken, und beide miteinander vergleichen. Es kann sich dabei durchaus ergeben, daß sich manche Ontogenesemerkmale aus der Phylogenese verstehen lassen.

Erwachsene Lerchen laufen, wenn sie sich am Boden bewegen, und hüpfen nicht, wie etwa Spatzen. Nach phylogenetischen Befunden stammen sie von hüpfenden Vögeln ab; die Jungvögel hüpfen anfangs. Junge Bartmeisen kriechen sogar zuallererst wie ihre Reptilienvorfahren im Kreuzgang. Schmarotzerraubmöven (Stercorarius parasiticus) ernähren sich in ihrer Jugend, ihrer Phylogenese entsprechend, wie Möwen und Seeschwalben und gehen erst dann dazu über, anderen Seevögeln die Beute abzujagen. Auch bei der Brustflossenbewegung der Fische berichtet man über eine Übereinstimmung von Phylogenese und Ontogenese. Die Flossen schlagen arttypisch rhythmisch oder unrhythmisch. Man verglich die Bewegungen bei jetzt lebenden Fischen, die phylogenetisch gut einzuordnen sind, untersuchte den Flossenbau rezenter und fossiler Fische, berücksichtigte vorhandene oder vermutete ökologische Anpassungserscheinungen und kam zu dem Schluß, daß die Phylogenese der Brustflossenbewegungen von unbewegt über rhythmisch bewegt zu unrhythmisch bewegt erfolgte. Das entspricht auch der Ontogenese, z. B. beim Seeteufel (Lophius piscatorius), wobei als unbewegliche ‹Flossen› etwas unorthodox diejenigen Bereiche des Embryos angesehen werden, aus denen die Brustflossen hervorgehen.

Wenn auch die Ontogenese eines Verhaltensmerkmals nicht unmittelbar etwas über seine spezielle Phylogenese aussagt, ist andererseits nicht zu bezweifeln, daß genetisch bedingtes, in der Individualentwicklung auftretendes Verhalten in mehr oder weniger ähnlicher Form auch in der Ahnenontogenese auftrat. Insofern ist Verhaltensontogenese durchaus Ausdruck der Phylogenese, aber nicht mehr.

9.2.3. Vergleichende Verhaltensforschung

Das Vergleichen, als grundlegende Arbeitsweise der gesamten Biologie, erschließt in den verschiedensten Zusammenhängen Gemeinsamkeiten und Unterschiede und hilft dadurch, die ungeheure Vielfalt der Lebenserscheinungen zu ordnen. Freilich müssen Vergleiche, sollen sie aussagekräftig sein, in sinnvollen Bezugsfeldern durchgeführt werden. Es erbringt vermutlich keine bedeutsamen Einsichten, wenn man den Energieaufwand bei der Entwicklung eines Wirbeltierauges mit dem eines Läufers bei einem Hundertmeterlauf vergleicht. Sinnvoller ist es da schon, den Energiebedarf verschiedener Fortbewegungsweisen auf dem Lande, etwa des Laufens einer Antilope und des Springens eines Känguruhs, zu vergleichen. In der vergleichenden Verhaltensforschung fragt man vor allem danach, ob Verhaltensweisen, die man bei verschiedenen Tierarten (oder auch bei verschiedenen Altersstufen derselben Tierart) findet, einander entsprechen; entsprechen in dem Sinne, daß sie auf gleiches Erbgut zurückführbar sind, daß also eine Abstammungsähnlichkeit vorliegt.

Um diese Frage beantworten zu können, sollte man am besten die betreffenden Verhaltensweisen in einer lückenlosen fossilen Reihe vorliegen haben – ein unerfüllbarer Wunsch. Wie das Erbgut bei der Entfaltung einer Verhaltensweise in der Ontogenese mitwirkt, ist unbekannt. Kreuzungen der teilweise recht entfernt miteinander verwandten Arten, bei denen man abstammungsgleiche Verhaltensweisen vermutet, glücken nur selten. Trotz dieser Schwierigkeiten hat die vergleichende Morphologie und Anatomie einen Weg gewiesen, abstammungsgleiche *(homologe)* Merkmale durch Vergleich an den jetzt lebenden Arten ausfindig zu machen. Man geht zunächst rein beschreibend vor und stellt fest, welche Merkmale gemäß bestimmten *Homologiekriterien* übereinstimmen. Dann interpretiert man Übereinstimmungen als Ausdruck gemeinsamen Erbgutes, wenn sonst keine andere Erklärung möglich ist. In der vergleichenden Morphologie wird dieses Verfahren dadurch gestützt, daß man auch Fossilien heranziehen kann.

Man unterscheidet drei Hauptkriterien, die hier in Anwendung auf Verhalten formuliert werden. *1. Kriterium der speziellen Qualität.* Verhaltensweisen sind mit um so größerer Sicherheit abstammungsgleich, in je mehr Sondermerkmalen sie übereinstimmen, je komplexer die Sondermerkmale und je größer die Übereinstimmungen sind. Beispielsweise lassen sich in der Balz des Stockerpels (Anas platyrhynchos) und der des Spießerpels (A. acuta) nach diesem Kriterium die Verhaltensweisen ‹Kurzhochwerden› homologisieren. «Das Kurzhochwerden ist vielleicht die auffallendste unter den Balzbewegungen des Stockerpels, sicherlich die komplizierteste. Der Erpel reißt zunächst unter einem lauten Pfiff den Kopf mit eingezogenem Kinn nach hinten und oben und krümmt gleichzeitig den Steiß mit stark gesträubtem Bürzelgefieder aufwärts, so daß der ganze Vogel eigenartig kurz und hoch wird. Die Ellenbogen werden dabei hochgehoben, so daß die . . . emporragende Ringelfeder am Bürzel von der Seite her sichtbar bleibt . . . Diese Phase dauert etwa $\frac{1}{20}$ Sekunde, dann sinkt der Körper in Normallage zurück. Nur der Kopf bleibt für einen Augenblick hoch emporgereckt, und dabei wird der Schnabel auf eine bestimmte der beim Gesellschaftsspiel der Erpel anwesenden Enten gerichtet, bei verheirateten Erpeln immer auf die Gattin» (Lorenz 1965, Bd. 2, S. 36/37). Beim Spießerpel sieht das Kurzhochwerden nur ein wenig anders aus als beim Stockerpel. «Vor allem bleiben die Ellenbogen flach am Rücken angelegt, und das Bürzelgefieder wird nicht gesträubt. Dagegen sind die Kopf-, Rumpf- und Schwanzbewegungen denen des Stockerpels durchaus gleich, ebenso die Koppelung an ein Kopfheben mit Hindrehen des Schnabels nach dem Weibchen» (a.a.O., S. 50; vgl. Abb. 71).

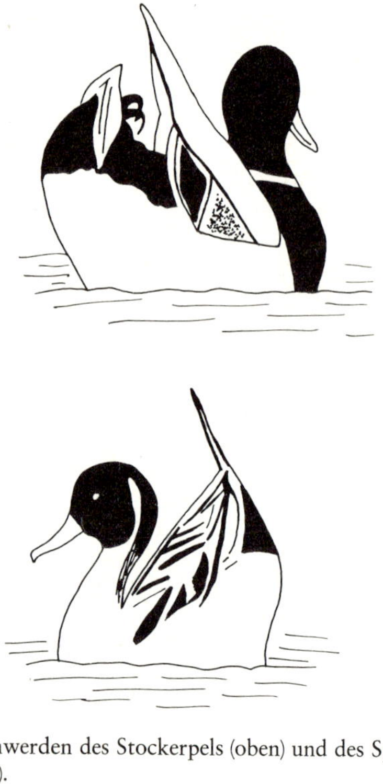

Abb. 71: Kurzhochwerden des Stockerpels (oben) und des Spießerpels (unten) (nach Lorenz 1965).

2. *Kriterium der Lage im Gefügesystem.* Verhaltensweisen sind vermutlich dann homolog, wenn sie entsprechende Lage im gleichen Gefügesystem aufweisen, d. h. beim Ablauf mehrerer Verhaltensweisen in einer Handlungskette an gleicher Stelle auftreten. So ist die Balz des Zehnstachligen Stichlings (Gasterosteus pungitius) ähnlich wie die des Dreistachligen aufgebaut. Bei beiden kommt das Nestzeigen vor, das beim Zehnstachler dem Fächeln der Eier stark ähnelt, beim Dreistach-

ler jedoch nicht. Da das Nestzeigen aber bei beiden an gleicher Stelle in der Abfolge der Balzbewegungen auftritt, schließt man – nicht unumstritten – auf Homologie.

3. Kriterium der Verknüpfung durch Zwischenstufen. Verhaltensweisen können dann als homolog gelten, wenn es verbindende Übergangsformen gibt, bei denen die entsprechenden Verhaltensweisen nach dem 1. und 2. Kriterium homologisiert werden können. Haushuhn und Pfau (Pavo cristatus) gehören beide zur Vogelfamilie der Fasanen. In der Balz des Haushahns tritt das Futterlocken auf: Der Hahn scharrt einige Male wie futtersuchend auf der Stelle, tritt dann zurück und pickt unter Lockrufen auf den Boden, wobei er kleine Steinchen hochhebt. Die Henne läuft herbei und sucht vor ihm nach Futter. Der Pfauhahn schlägt das bekannte Rad, hält den Hals aufrecht und zeigt mit dem Schnabel nach unten. Die Henne sucht ebenfalls vor ihm nach Futter. Beide Balzweisen sehen sich durchaus nicht ähnlich. Sie lassen sich aber über die entsprechenden Balzweisen verschiedener anderer Arten der Fasanen homologisieren. Das Futterlocken des Jagdfasans (Phasianus colchicus) ist ganz ähnlich wie beim Haushahn; der Glanzfasan (Lophophorus impejanus) spreizt zusätzlich die Schwanzfedern, hackt zunächst auf den Boden und bleibt dann, wenn die Henne vor ihm Futter sucht, mit gesenktem Kopf ruhig stehen. – Nach der in Kap. 5 geschilderten Ontogenese des Schnatterns bei Graugänsen lassen sich auch über Zwischenstufen in der Individualentwicklung verschiedene Verhaltensweisen am selben Tier, hier Wi-Laute und Schnattern, homologisieren.

In der Regel versucht man die Homologiekriterien zugleich anzuwenden, wodurch die Sicherheit der Schlußfolgerungen auf eine Homologie dieses Verhaltensmerkmals natürlich erhöht wird. Daraus, daß Verhaltensmerkmale nach den Kriterien als homolog erkannt sind, läßt sich ohne weitere Untersuchungen keineswegs schließen, daß auch die Merkmalsträger, die Tiere also, die die betrachteten Verhaltensweisen besitzen, eng verwandt sind. Witwenvögel haben den gleichen Werbegesang wie die als Wirtsvögel dienenden Prachtfinken. Aber diese Gleichheit beruht auf individuellem Lernen des Gesanges des Wirtsvogels, nicht auf stammesgeschichtlicher Verwandtschaft. Trotzdem muß man beide Gesänge nach dem ersten Homologiekriterium als homolog bezeichnen. Man muß also ausdrücklich nachprüfen, daß Verhaltensgleichheit nicht auf solchen ‹nicht gemeinten› Homologien beruht.

Auch gegen andere Verhaltensähnlichkeiten muß man stammesgeschichtliche Homologien abgrenzen. Es können nämlich in der Stammesgeschichte auch von verschiedenen Ausgangsmerkmalen aus unter dem Druck von gleichen Umweltgegebenheiten gleich aussehende und gleiches leistende Verhaltensweisen entstehen. Man spricht von *analogen* oder *konvergenten Merkmalen.* Beispielsweise gleichen sich die Warnrufe von Buchfink, Kohlmeise und Amsel auf Luftfeinde weitgehend, ohne daß diese Vögel, obzwar Singvögel, direkt miteinander verwandt sind; es handelt sich demnach um Konvergenzen (vgl. S. 152). Wie wichtig es ist, Analogien und Homologien deutlich zu trennen, zeigt sich, wenn man Verhaltensweisen so wie Körpermerkmale zur systematischen Gliederung der Tiere verwenden will. In Frage kommen dafür natürlich nur ‹echte› homologe Merkmale. Das wurde besonders am Saugtrinken von Tauben und Sandflughühnern deutlich. «Schon Aristoteles wußte, daß Tauben saugend trinken, daß sie den Schnabel ins Wasser tauchen und sich satt trinken, ohne ihn zwischendurch herausziehen zu müssen. Die meisten anderen Vögel (typisch z. B. Hühner) schöpfen einen Schluck und lassen ihn bei emporgerecktem Kopf in den Schlund rinnen. Irgendwo tauchte dann die Behauptung auf, Sandflughühner (Pterocles) saugten beim Trinken wie Tauben, und das wurde als entscheidendes Merkmal benutzt, sie samt den Steppenhühnern (Syrrhaptes), die ebenso trinken, zur Taubenverwandtschaft zu rechnen . . .; bis dahin war die systematische Stellung dieser ‹Hühner› unklar. Nun war aber schon lange bekannt, daß auch einige australische Prachtfinken saugend trinken, obwohl sie ganz sicher nicht mit Tauben verwandt sind . . . Ein genauer Vergleich zeigt weiterhin, daß dieses Trinkverhalten bei einigen Prachtfinken . . . und den Tauben genau übereinstimmt, nicht aber mit dem der Sandflughühner. Das verbietet eine taxonomische Auswertung dieser Verhaltensweise.» Selbst innerhalb der Prachtfinken «ist das Saugtrinken mehrmals unabhängig konvergent entstanden und natürlich entsprechend untauglich für die Feinsystematik. Die Übergänge vom normalen zum Saug-Trinken bei Prachtfinken geben einige Hinweise, wie letzteres möglicherweise aus dem Aufsaugen von Tautropfen entstanden ist (Immelmann). Die Pterocles-Arten, die zwar den Schnabel vollsaugen, aber dann doch zu jedem Schluck den Kopf heben, stehen danach noch auf einer niedrigen Spezialisierungsstufe dieses Merkmals» (Wickler 1967, S. 433/4).

Gerade in der vergleichenden Verhaltensforschung sind viele Aussagen nur als Deutungen zu werten, die je nach ‹Hintergrund› des Autors unterschiedliches Gewicht haben können. Wo aber Verhaltensweisen in einem schon vorher durch andere Methoden erschlossenen Verwandtschaftskreis auf Homologien hin untersucht werden, kann das zu einer feineren Systematik führen. In seiner Arbeit über vergleichende Bewegungsstudien an Anatiden gelangt Lorenz zu einer auf über 30 Verhaltens- und einigen morphologischen Merkmalen beruhenden Verwandtschaftstabelle von 20 Enten- und Gänsearten bzw. -gattungen. Das beschriebene Kurzhochwerden des Erpels bei der Balz findet sich z. B. nur bei wenigen Gattungen bzw. Arten.

Eine bedeutsame Entdeckung für die vergleichende Verhaltensforschung ist das Prinzip der *Ritualisierung.* Huxley fand schon 1914 bei der Untersuchung der Balz des Haubentauchers (Podiceps cristatus), daß viele Verhaltensweisen so übertrieben aussehen wie manche Rituale beim Menschen. «Ritualisation kann in der Ethologie definiert werden als unter dem Selektionsdruck zum Überleben erfolgende Verhaltensanpassung, bei der von bestimmten Motivationen abhängiges Verhalten in auffälliger Weise formalisiert oder kanalisiert wird, um folgendes zu erzielen: a) bessere und unverwechselbarere Signale für die inner- und zwischenartliche Kommunikation; b) besonders effektive Auslöser, die bei anderen Tieren besonders wirksame Verhaltensantworten hervorrufen; c) weniger Schäden bei intraspezifischen Auseinandersetzungen; d) sexuelle oder soziale Bindungsmechanismen» (frei übersetzt aus Huxley 1966, S. 250). Eine solche stammesgeschichtliche Veränderung von Verhalten im Dienste der besseren Signalübermittlung dürfte beispielsweise das Radschlagen beim Pfau sein; es wurde aus dem Futterlocken ritualisiert. Hierbei hat sich zusätzlich das ‹Rad› als besonders wirksames Ausdrucksorgan entwickelt. Der Dreistachlige Stichling droht, indem er sich senkrecht stellt – eine vermutlich aus im Übersprung erfolgendem Sandgraben ritualisierte Bewegung. Bei Kommentkämpfen stellen die Kampfpartner ihre Stärke oder ihre Waffen in oftmals auffälliger Weise zur Schau, Buntbarsche etwa, indem sie die Kiemendeckel spreizen und die Flossen aufrichten. Das Schnattern der Gänse ist ritualisiertes Grüßen. Wir wollen zwei Beispiele für die Herleitung von ritualisierten Bewegungen etwas ausführlicher darstellen.

Wenn ein Paar Brandgänse (Tadorna tadorna) einem anderen zu nahe kommt, reagieren die aggressiveren Weibchen mit Drohen und Scheinangriffen. Sie rennen auf das andere Paar los und suchen dadurch gleichsam ihren ‹friedfertigen› Partner zum Angriff anzustacheln. Er bleibt aber stehen, und auf halbem Wege verliert das Weibchen gewöhnlich den ‹Mut› und kehrt zum Männchen zurück. Dabei gewinnt die Aggressivität wieder die Oberhand, und so kann es geschehen, daß das Weibchen noch mit dem Rumpf in Richtung zu seinem Partner steht und nun über die Schulter gerichtet auf das ‹feindliche› Paar droht. Bei der Stockente hetzt das Weibchen seinen Partner gegen einen fremden Erpel auf, indem es den Kopf über die Schulter zurückdreht. Steht der Fremde zufällig richtig, so kann das, wie bei der zurückgelaufenen Brandgans, dazu führen, daß das Weibchen mit dem Schnabel auf ihn weist. Aber auch wenn das Weibchen hinter seinem Partner schwimmt und über ihn hinweg den anderen androhen müßte, dreht es zwanghaft den Kopf nach hinten und dadurch sogar oft vom Fremden weg. Das Hetzen ist also bei der Stockente zu einer angeborenen, ritualisierten Bewegung geworden, die sich aus einem Drohen ähnlich dem der Brandgans herleiten dürfte.

Die Familie der Tanzfliegen (Empididae) umfaßt mehrere tausend Arten. Bei einer Art, Hilaria sartor, findet eine komplizierte Balz statt. Die Männchen spinnen einen leeren Seidenkokon, mit dem sie im Schwarm auf- und abtanzen, bis ein Weibchen ein Männchen auswählt und beide, gemeinsam den Kokon tragend, den Schwarm zur Kopulation verlassen. Die Entstehung dieses Verhaltens ließ sich durch vergleichende Untersuchungen wahrscheinlich machen. Bei manchen, wohl den am wenigsten entwickelten Arten, sucht sich ein Männchen ein Weibchen zur Kopulation. Bei anderen fangen die Männchen vorher ein Insekt, das vom Weibchen während der Kopula verzehrt wird. Die Männchen weiterer Arten bilden mit ihren Hochzeitsgaben Schwärme. Andere fügen einige Seidenfäden zur Beute oder spinnen sie ganz ein. Bei den letzten Arten aus dieser Reihe saugen die Männchen die Beute vor dem Einspinnen aus, oder aber sie suchen, weil Nektarsauger, nur Bruchstücke von toten Insekten auf, um um diese herum ihren Kokon zu spinnen. Die Übergabe eines leeren Kokons erweist sich also als hochritualisiertes ‹Schenken› einer ehemals nahrhaften Hochzeitsgabe.

In der vergleichenden Morphologie kennt man *rudimentäre Organe* als Reste früher gut ausgebildeter Strukturen, z. B. Beckenknochen bei manchen Schlangen. Ähnliche *historische Reste* finden sich auch im Verhalten. Im allgemeinen rollen bodenbrütende Vögel aus dem Nest geratene Eier ein, Baumbrüter – verständlicherweise – nicht. Aber baumnistende Tauben, denen man einen Kragen um das Nest baut, so daß ein Ei nicht sofort hinunterfällt, rollen ein: sie haben sich erst in der jüngeren Erdgeschichte aus Bodenbrütern entwickelt und verfügen noch über die Verhaltensweise der Vorfahren. Andererseits rollen die von Baumbrütern abstammenden bodenbrütenden Lerchen nicht ein. Der maulbrütende Buntbarsch Hemihaplochromis multicolor (früher Haplochromis multicolor) zeigt bei der Brutpflege als historischen Rest noch das für seine Vorfahren typische Fächeln des am Gewässerboden abgesetzten Geleges, obwohl er es im Maul trägt. Ein historischer Rest ist es auch, wenn wir in Situationen sozialer Bedrohung eine ‹Gänsehaut› bekommen. Es kontrahieren sich dabei die kleinen Haaraufrichtemuskeln, allerdings ohne daß diese, früher zum Vergrößern des Pelzes führende, Verhaltensweise jetzt noch in dieser Hinsicht sinnvoll ist.

Viel mehr wollen wir hier über die Einbeziehung des Menschen in die vergleichende Verhaltensforschung nicht sagen; es ist bekannt, daß einzelne Themen und Gesichtspunkte in der Literatur sehr kontrovers diskutiert werden. Daß wir menschliches Verhalten nicht gesondert und ausführlich behandelten, soll aber nicht bedeuten, daß wir es nicht insgesamt als etwas besonderes betrachten. Lorenz hat in knappen Worten hierzu das Nötige gesagt: «Weit davon entfernt, die Verschiedenheit zwischen den . . . Verhaltensweisen höherer Tiere und jenen menschlichen Leistungen zu unterschätzen, die von Vernunft und verantwortlicher Moral gesteuert sind, behaupte ich: Niemand ist imstande, die Einzigartigkeit dieser spezifisch menschlichen Eigenschaften und Leistungen so klar zu sehen, wie derjenige, der sie abgehoben von dem Hintergrund jener weit primitiveren Aktions- und Reaktionsnormen sieht, die uns auch heute noch mit den höheren Tieren gemeinsam sind» (Lorenz 1971, S. 509). Daß zur Erfassung gemeinsamer und unterschiedlicher Aktions- und Reaktionsweisen vielfältige vergleichende Untersuchungen nötig sind, hat nicht nur das letzte Kapitel gezeigt; es ist wohl überall in dieser Einführung deutlich geworden. Deutlich ist hoffentlich auch, daß man Verhalten, will man es wirklich kennenlernen, in geduldiger, zeitraubender Arbeit an Tieren selbst studieren muß und daß der ‹Anfänger› keine Angst davor zu haben braucht, wenn er konsequent arbeitet. «Sich ein Problem auszusuchen ist hauptsächlich eine Sache der Intuition. Im Fortgang der Forschungen jedoch muß man sich an jede zugängliche Methode halten und auch bereit sein, Zufallsereignisse auszunutzen . . . Und schließlich hat man willens zu sein, alle bisherige Literatur über das Thema zu lesen, um die eigenen Ergebnisse richtig einzuschätzen» (Huxley 1974, S. 74/75).

10. Literatur

Das weiterführende theoretische Studium der Verhaltensforschung nach dieser Einführung erfordert sowohl die Auseinandersetzung mit größeren zusammenfassenden Werken als auch das Erarbeiten von Originalliteratur. In unserem Verzeichnis sind Bücher mit umfangreichen Literaturangaben durch ein Sternchen gekennzeichnet. Weiter bringen wir die im Text genannten und zitierten Arbeiten. Es wird jedoch nicht jede im Text genannte Tatsache durch Angabe der Quelle belegt; das würde das Literaturverzeichnis zu umfassend machen. Schließlich nennen wir wichtige Zeitschriften auf dem Gebiet der Verhaltensforschung sowie einige Filmbezugsquellen.

10.1. Literaturverzeichnis

* Alcock, J.: Animal Behavior. Sinauer Association, Inc., Sunderland, Massachusetts 1975.

Apfelbach, R.: A sensitive phase for the development of olfactory preference in ferrets (Mustela putorius f. furo L.). Z. Säugetierkde., **43**, 289–295, 1978.

Apfelbach, R., und D. Leong: Zum Kampfverhalten der Gattung Tilapia (Pisces, Cichlidae). Z. Tierpsychol., **27**, 98–107, 1970.

Barlow, G.: Fragen und Begriffe der Ethologie. In: K. Immelmann (Hrsgb.), Grzimeks Tierleben, Verhaltensforschung. Kindler, Zürich 1974.

Bastock, M.: Das Liebeswerben der Tiere. G. Fischer, Stuttgart 1969.

Becker-Carus, Ch., u. a.: Motivation, Handlungsbereitschaft, Trieb. Z. Tierpsychol., **30**, 321–326, 1972.

Bentley, D., und R. R. Hoy: The Neurobiology of Cricket Song. Scientific American, **231**, No. 2, 34–44, 1974.

Brown, J. L.: The Evolution of Behavior. W. W. Norton u. Co., Inc., New York 1975.

* Buchholtz, Chr.: Das Lernen bei Tieren. G. Fischer, Stuttgart 1973.

Czihak, G., H. Langer und H. Ziegler (Hrsgb.): Biologie. Springer, Berlin/Heidelberg/New York 1976.

Drees, O.: Untersuchungen über angeborene Verhaltensweisen bei Springspinnen (Salticidae). Z. Tierpsychol., **9**, 169–207, 1952.

Dumpert, K.: Das Sozialleben der Ameisen. Parey, Berlin/Hamburg 1978.

* Eibl-Eibesfeldt, I.: Grundriß der vergleichenden Verhaltensforschung. Piper u. Co., München 1978.

Ewald, G.: Führer zur biologischen Fachliteratur. G. Fischer, Stuttgart 1973.

Ewert, J.-P.: Zentralnervöse Analyse und Verarbeitung visueller Sinnesreize. Nat. Rundschau, **25**, 1–11, 1972.

Ewert, J.-P.: Neuro-Ethologie. Springer, Berlin/Heidelberg/New York 1976.

Fabre, J. H.: Bilder aus der Insektenwelt, 2. Reihe. Franckh, Stuttgart, um 1910.

Fischer, H.: Das Triumphgeschrei der Graugans (Anser anser). Z. Tierpsychol., **22**, 247–304, 1965.

Frisch, K. v.: Erinnerungen eines Biologen. Springer, Berlin/Göttingen/Heidelberg 1957.

Frisch, K. v.: Aus dem Leben der Bienen. Springer, Berlin/Heidelberg/New York 1977.

Goethe, F.: Beiträge zur Biologie des Iltis. Z. Säugetierkde., **15**, 180–221, 1940.

Hall, K. R. L., und J. DeVore: Baboon Social Behavior. In: J. DeVore (Hrsgb.), Primate Behavior. Holt, Rinehart und Winston, New York/Chicago/San Francisco/Toronto/London 1965.

Hamburger, V., E. Wenger und R. Oppenheim: Motility in the Chick Embryo in the Absence of Sensory Input. J. Exp. Zool., **162**, 133–160, 1966.

Harlow, H. F.: The Formation of Learning Sets. Psychol. Review, **56**, 51–65, 1949.

* Hassenstein, B.: Verhaltensbiologie des Kindes. Piper u. Co., München 1973.

Heinroth, O.: Beiträge zur Biologie, namentlich Ethologie und Psychologie der Anatiden. Verh. d. 5. Intern. Ornith. Congr. Berlin, 589–702, 1910.

Heinroth, O.: Aus dem Leben der Vögel. Springer, Berlin/Göttingen/Heidelberg 1955.

Hempelmann, F.: Tierpsychologie vom Standpunkt des Biologen. Akademische Verlagsgesellschaft, Leipzig 1926.

Hendrichs, H., und U. Hendrichs: Dikdik und Elefanten. Piper u. Co., München 1971.

Hess, E. H.: Space Perception in the Chick Scientific Americ., **195**, No. 1, 1956.

Hess, E. H.: Das sprechende Auge. Kindler, München 1977.

Hess, W. R.: Das Zwischenhirn. Schwabe, Basel 1949.

Heymer, A.: Ethologisches Wörterbuch. Parey, Berlin/Hamburg 1977.

Hilgard, E. R., und G. H. Bower: Theorien des Lernens I. Klett, Stuttgart 1973.

* Hinde, R.: Animal Behaviour. McGraw Hill, London 1966.

* Hinde, R.: Das Verhalten der Tiere, Bd. 1 und 2. Suhrkamp, Frankfurt, 1973.

Holland, J. G., und B. F. Skinner: Analyse des Verhaltens. Urban und Schwarzenberg, München/Berlin/Wien 1971.

Huber, F.: Nervöse Grundlagen der akustischen Kommunikation bei Insekten. Rhein.-Westf. Akad. Wiss., Vorträge N 205, 41–91. Westdeutscher Verlag, Opladen 1970.

Huber, F.: Insektensprache. Erforschung der Arbeitsweise kleinerer Nervensysteme. Jahrbuch der Max-Planck-Gesellschaft, 55–78, 1978.

Huxley, J.: A Discussion on Ritualization of Behaviour in Animals and Man. Philosophical Transactions Royal Soc. London, B. **251**, 247–271, 1966.

Huxley, J.: Ein Leben für die Zukunft. Paul List Verlag, München 1974.

Iersel, J. J. A. v.: An Analysis of the Parental Behaviour of the Male Three-Spined Stickleback (Gasterosteus aculeatus L.). Behaviour, Suppl. III, Leiden 1953.

Immelmann, K.: Zur ontogenetischen Gesangsentwicklung bei Prachtfinken. Verh. D. Zool. Ges. 1966, Zool. Anz. Suppl., **30**, 320–332, 1967.

Immelmann, K.: Über den Einfluß frühkindlicher Erfahrungen auf die geschlechtliche Objektfixierung bei Estrildiden. Z. Tierpsychol., **26**, 677–691, 1969.

Immelmann, K.: Wörterbuch der Verhaltensforschung. Kindler, Zürich/München 1975.

Immelmann, K.: Einführung in die Verhaltensforschung. Parey, Berlin/Hamburg 1979.

Jürgens, U.: Durch Hirnreiz induzierte Vokalisationen. Verh. D. Zool. Ges., **64**, 253–256, G. Fischer, Stuttgart 1970.

Jürgens, U., und D. Ploog: Von der Ethologie zur Psychologie. Kindler, München 1974.

Kaestner, A.: Lehrbuch der Speziellen Zoologie. Bd. I. Wirbellose. G. Fischer, Stuttgart 1954–1973.

Kandel, E. R.: Kleine Verbände von Nervenzellen. Spektrum der Wissenschaft, Heft 11, 58–67, Nov. 1979.

Kaplan, W. D.: Genetic and Behavioral Studies of Drosophila Neurological Mutants. In: J. A. Kiger (Hrsgb.), The Biology of Behavior, pp. 133–157. Oregon State Univ. Press, Corvallis 1972.

* Klopfer, P.: An Introduction to Animal Behavior.Ethology's First Century. Prentice-Hall, Englewood Cliffs 1974.

Koehler, O.: Das unbenannte Denken. In: K. Immelmann (Hrsgb.), Grzimeks Tierleben, Verhaltensforschung. Kindler, Zürich 1974.

Köhler, W.: Intelligenzprüfungen an Menschenaffen. Springer, Berlin/Göttingen/Heidelberg 1963.

Kurth, G., und I. Eibl-Eibesfeldt (Hrsgb.): Hominisation und Verhalten. G. Fischer, Stuttgart 1975.

Leyhausen, P.: Katzen. Eine Verhaltenskunde. Parey, Berlin/Hamburg 1979.

Lindauer, M.: Verständigung im Bienenstaat. G. Fischer, Stuttgart 1975.

Lorenz, K.: Der Kumpan in der Umwelt des Vogels. J. Ornith., **83**, 137–413, 1935.

Lorenz, K.: Er redete mit dem Vieh, den Vögeln und den Fischen, Deutscher Taschenbuch Verlag, München 1964.

Lorenz, K.: Über tierisches und menschliches Verhalten, Band 1 und 2. Piper u. Co., München 1965.

Lorenz, K.: Innate Bases of Learning. In: K. H. Pribram (Hrsgb.), On the Biology of Learning. Harcourt, Brace and World, New York/Chicago/San Francisco/Atlanta 1969.

Lorenz, K.: Der Mensch, biologisch gesehen. Eine Antwort an Wolfgang Schmidbauer. Studium Generale, **24**, 495–515, 1971.

Lorenz, K.: Vergleichende Verhaltensforschung. Grundlagen der Ethologie. Springer, Wien/New York 1978.

Machemer, H.: Swimming sensory cells: Electrical membrane parameters, receptor properties and motor control in ciliated Protozoa. Verh. Dtsch. Zool. Ges., **70**, 86–110, 1977.

* Manning, A.: An Introduction to Animal Behaviour. Edward Arnold, London 1979.

* Marler, P., und W. J. Hamilton: Tierisches Verhalten. BLV, München/Bern/Wien 1972.

McNaught, A. B., und R. Callander: Illustrated Physiology. Livingstone Ltd., Edinburgh/London 1967.

Miller, N. E.: Experiments on motivation. Science, **126**, 1271–1278, 1957.

Miyadi, D.: Die Weitergabe neuer Gewohnheiten in verschiedenen Gruppen Japanischer Makaken (Macaca fuscata). In: W. Wickler und U. Seibt (Hrsgb.), Vergleichende Verhaltensforschung. Hoffmann und Campe, Hamburg 1973.

Morris, D.: Der Mensch mit dem wir leben. Ein Handbuch unseres Verhaltens. Droemersche Verlagsanstalt Th. Knaur Nachf., München/Zürich 1978.

Netter, F. H.: Nervous System. CIBA Pharm. Comp., Summit, N. J., 1962.

Neumann, J. P.: Sexualhormone. In: O. H. Gauer, K. Kramer und R. Jung

(Hrsgb.), Physiologie des Menschen, Bd. 17. Urban und Schwarzenberg, München/Berlin/Wien 1972.

Osche, G.: Die Welt der Parasiten. Zur Naturgeschichte des Schmarotzertums. Springer, Berlin/Heidelberg/New York 1966.

Otto, D.: Untersuchungen zur zentralnervösen Kontrolle der Lauterzeugung von Grillen. Z. vgl. Physiol., **74**, 227–271, 1971.

Pawlow, I. P.: Die bedingten Reflexe. Kindler, München 1972.

Penzlin, H.: Lehrbuch der Tierphysiologie. G. Fischer, Stuttgart/New York 1977.

Portmann, A.: Biologische Fragmente zu einer Lehre vom Menschen. Schwabe, Basel 1944.

Premack, A. J., und D. Premack: Teaching Language to an Ape. Scientific American, **227**, No. 4, 93–99, 1972.

Pröve, E.: Der Einfluß von Kastration und Testosteronsubstitution auf das Sexualverhalten männlicher Zebrafinken (Taeniopygia guttata castanotis Gould). J. Orn., **115**, 338–347, 1974.

Pröve, E.: Quantitative Untersuchungen zu Wechselbeziehungen zwischen Balzaktivität und Testosterontitern bei männlichen Zebrafinken (Taeniopygia guttata castanotis Gould). Z. Tierpsychol., **48**, 47–67, 1978.

Rathmayer, W.: Zoologie heute. G. Fischer, Stuttgart 1975.

* Rensch, B.: Gedächtnis, Begriffsbildung und Planhandlungen bei Tieren. Parey, Berlin/Hamburg 1973.

Rensch, B., und J. Döhl: Wahlen zwischen zwei überschaubaren Labyrinthwegen durch einen Schimpansen. Z. Tierpsychol., **25**, 216–231, 1968.

Rensch, B., und G. Dücker: Versuche über visuelle Generalisation bei einer Schleichkatze. Z. Tierpsychol., **16**, 671–692, 1959.

Rothenbuhler, W. C.: Behavior Genetics of Nest Cleaning in Honeybees, IV. Responses of F_1 and Backcross Generations to Disease Killed Brood. Amer. Zool., **4**, 111–123, 1964.

Schaller, F.: Die Unterwelt des Tierreiches. Springer, Berlin/Göttingen/Heidelberg 1962.

Schaller, G.: The Mountain Gorilla: Ecology and Behavior. The University of Chicago Press, Chicago/London 1963.

Schmidt, R. F.: Motorische Systeme. In: R. F. Schmidt (Hrsgb.), Grundriß der Neurophysiologie. Springer, Berlin/Heidelberg/New York 1977.

Schmidt-König, K.: Vogelzug und Vogelorientierung. In: K. Immelmann (Hrsgb.), Grzimeks Tierleben, Verhaltensforschung. Kindler, Zürich 1974.

Schneider, D.: Elektrophysiologische Untersuchungen von Chemo- und Mechanorezeptoren der Antenne des Seidenspinners Bombyx mori L.. Z. vgl. Physiol., **40**, 8–41, 1957.

Schneider, D., B. C. Block, J. Boeckh, E. Priesner: Die Reaktion der männlichen Seidenspinner auf Bombykol und seine Isomeren: Elektroantennogramm und Verhalten. Z. vgl. Physiol., **54**, 192–209, 1967.

Seilacher, A.: Fossil Behavior. Scientific American, **217**, No. 2, 72–80, 1967.

Skinner, B. F.: The Behavior of Organisms. An Experimental Analysis. Appleton-Century-Crofts, Inc., New York 1966.

Sossinka, R.: Hormone und Verhalten. In: K. Immelmann (Hrsgb.), Grzimeks Tierleben, Verhaltensforschung. Kindler, Zürich 1974.

Spalding, D. A.: Instinct. With Original Observations on Young Animals. Macmillan's Magazine, **27**, 282–293, 1873. Abgedruckt in: Brit. J. Animal Behav., **2**, 1–11, 1954.

* Stamm, R. A., und H. Zeier (Hrsgb.): Lorenz und die Folgen. Die Psychologie des 20. Jahrhunderts, Bd. VI. Kindler, Zürich 1978.

* Tembrock, G.: Verhaltensforschung. VEB G. Fischer, Jena 1961.

Tembrock, G.: Grundlagen der Tierpsychologie. Akademie-Verlag, Berlin 1967.

Tembrock, G.: Grundriß der Verhaltenswissenschaften. G. Fischer, Stuttgart 1973.

Thorpe, W. H.: Learning and Instinct in Animals. Methuen, London 1963.

* Tinbergen, N.: The Study of Instinct. Oxford University Press, London 1951.

Tinbergen, N.: Tiere untereinander. Parey, Berlin/Hamburg 1955.

Tinbergen, N.: Die Welt der Silbermöwe. Musterschmidt, Göttingen 1958.

Tinbergen, N.: The curious behavior of the Stickleback. In: Psychobiology; Readings from Scientific Americ., pp. 5–9. Freeman and Co., San Francisco/London 1966 a.

* Tinbergen, N.: Instinktlehre. Parey, Berlin/Hamburg 1966 b und 1972.

Tinbergen, N.: Tierbeobachtungen zwischen Arktis und Afrika. Parey, Berlin/Hamburg 1967.

Watson, J. B.: Psychology as the Behaviorist Views it. Psychol. Review, **20**, 158–177, 1913.

Wever, R. A.: The Circadian System of Man. Results of Experiments Under Temporal Isolation. Springer, New York/Heidelberg/Berlin 1979.

Wickler, W.: Die Evolution von Mustern der Zeichnung und des Verhaltens. Die Naturwissenschaften, **52**, 335–341, 1965.

Wickler, W.: Vergleichende Verhaltensforschung und Phylogenetik. In: G. Heberer (Hrsgb.), Die Evolution der Organismen, Bd. I. G. Fischer, Stuttgart 1967.

Wickler, W.: Mimikry, Nachahmung und Täuschung in der Natur. Kindler, München 1968.

Wickler, W., und U. Seibt: Über den Zusammenhang des Paarsitzens mit anderen Verhaltensweisen bei Hymenocera picta. Z. Tierpsychol., **31**, 163–170, 1972.

* Wickler, W., und U. Seibt: Reader, Vergleichende Verhaltensforschung. Hoffmann & Campe, Hamburg 1973.

Wickler, W., und U. Seibt: Das Prinzip Eigennutz. Hoffman & Campe, Hamburg 1977.

* Wilson, E. O.: Sociobiology. Harvard University Press, Cambridge/Massachusetts/London 1975.

10.2. Wichtige Zeitschriften

Animal Behaviour
D. J. McFarland and J. Hirsch (Hrsgb.)
Baillière, Tindall & Casell Ltd., London

Applied Animal Ethology
A. F. Fraser (Hrsgb.)
Elsevier, Amsterdam

Behavioral Ecology and Sociobiology
H. Markl. u. a. (Hrsgb.)
Springer, Berlin/Heidelberg/New York

Behaviour
G. P. Baerends, u. a. (Hrsgb.)
Brill, Leiden

Behavioural Processes
G. Thinès (Hrsgb.)
Elsevier, Amsterdam

Berichte Biochemie und Biologie
H. Bauer, E. Bünning, K. v. Frisch, L. Jaenicke (Hrsgb.)
Springer, Berlin/Heidelberg/New York

Journal für Ornithologie
E. Bezzel (Hrsgb.)
Deutsche Ornithologen-Gesellschaft
Friedländer & Sohn, Berlin

Journal of Comparative and Physiological Psychology
E. Stellar (Hrsgb.)
American Psychological Association, Inc., Washington

Journal of Comparative Physiology, A
H. Autrum, u. a. (Hrsgb.)
Springer, Berlin/Heidelberg/New York

Journal of the Experimental Analysis of Behavior
V. G. Laties (Hrsgb.)
Society for the Exp. Anal. of Behavior, Inc.

Zeitschrift für Säugetierkunde
P. J. H. van Bree, u. a. (Hrsgb.)
Parey, Hamburg/Berlin

Zeitschrift für Tierpsychologie
E. Curio, K. Lorenz, P. Marler, W. Wickler (Hrsgb.)
Parey, Hamburg/Berlin

10.3. Bezugsquellen für Filme

Außer bei den jeweiligen Stadt- und Kreisbildstellen können Filme mit Themen aus der Verhaltensforschung u. a. von folgenden Instituten bezogen werden:

Institut für Film und Bild in
Wissenschaft und Unterricht
Bavaria Filmplatz 3
8022 Grünwald

Institut für Wissenschaftliche Film
Nonnenstieg 72
3400 Göttingen

11. Register

11.1. Tierverzeichnis

11.2. Sachverzeichnis